国家示范性高职院校优质核心课程系列教材

种子贮藏加工

■ 冯云选　主编

U0367827

ZHONGZI
ZHUCANG
JIAGONG

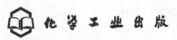

化学工业出版社

·北京·

本教材共分基础知识篇、基本技术篇两大板块三个模块。其中基础知识篇包括种子贮藏、加工的基础知识和种子的物理特性；基本技术篇包括种子贮藏、加工的先进技术和生产上规范的操作方法；根据理实一体化要求，依据种子公司的实际工作，本书还设有情境教学指导。

本书可作为高职高专农学种植类专业教材，也可供相关技术人员参考。

图书在版编目（CIP）数据

种子贮藏加工/冯云选主编．—北京：化学工业出版社，
2011.5（2023.8重印）
国家示范性高职院校优质核心课程系列教材
ISBN 978-7-122-10894-4

Ⅰ．种… Ⅱ．冯… Ⅲ．①种子-贮藏-高等职业教育-教材
②种子-加工-高等职业教育-教材 Ⅳ．S339

中国版本图书馆 CIP 数据核字（2011）第 054184 号

责任编辑：李植峰　　　　　　　　　　文字编辑：何　芳
责任校对：郑　捷　　　　　　　　　　装帧设计：史利平

出版发行：化学工业出版社（北京市东城区青年湖南街 13 号　邮政编码 100011）
印　　装：北京印刷集团有限责任公司
787mm×1092mm　1/16　印张 11¼　彩插 1　字数 260 千字　2023 年 8 月北京第 1 版第 4 次印刷

购书咨询：010-64518888　　售后服务：010-64518899
网　　址：http://www.cip.com.cn
凡购买本书，如有缺损质量问题，本社销售中心负责调换。

定　　价：36.00 元

"国家示范性高职院校优质核心课程系列教材"
建设委员会成员名单

主 任 委 员 蒋锦标

副主任委员 荆　宇　宋连喜

委　　　员（按姓名汉语拼音排序）

蔡智军	曹　军	陈杏禹	崔春兰	崔颂英	丁国志
董炳友	鄂禄祥	冯云选	郝生宏	何明明	胡克伟
贾冬艳	姜凤丽	姜　君	蒋锦标	荆　宇	李继红
梁文珍	钱庆华	乔　军	曲　强	宋连喜	田长永
田晓玲	王国东	王润珍	王艳立	王振龙	相成久
徐　凌	肖彦春	薛全义	姚卫东	邹良栋	

《种子贮藏加工》编写人员

主　编　冯云选

副主编　董炳友　刘　启　杨　志

编写人员　（按姓名汉语拼音排列）

白百一（辽宁农业职业技术学院）

董炳友（辽宁农业职业技术学院）

冯云选（辽宁农业职业技术学院）

郭迎伟（辽宁省铁岭市农业科学院）

梁庆平（广西农业职业技术学院）

梁运波（广西农业职业技术学院）

刘　启（辽宁农业职业技术学院）

梅四卫（河南农业职业学院）

欧善生（广西农业职业技术学院）

钱庆华（辽宁农业职业技术学院）

杨　志（辽宁农业职业技术学院）

张俊阁（辽宁农业职业技术学院）

朱　敏（辽宁农业职业技术学院）

我国高等职业教育在经济社会发展需求推动下，不断地从传统教育教学模式蜕变出新，特别是近十几年来在教育部的重视下，高等职业教育从示范专业建设到校企合作培养模式改革，从精品课程遴选到双师队伍构建，从质量工程的开展到示范院校建设项目的推出，经历了从局部改革到全面建设的历程。教育部《关于全面提高高等职业教育教学质量的若干意见》（教高［2006］16号）和《教育部、财政部关于实施国家示范性高等职业院校建设计划，加快高等职业教育改革与发展的意见》（教高［2006］14号）文件的正式出台，标志着我国高等职业教育进入了全面提高质量阶段，切实提高教学质量已成为当前我国高等职业教育的一项核心任务，以课程为核心的改革与建设成为高等职业院校当务之急。目前，教材作为课程建设的载体、教师教学的资料和学生的学习依据，存在着与当前人才培养需要的诸多不适应。一是传统课程体系与职业岗位能力培养之间的矛盾；二是教材内容的更新速度与现代岗位技能的变化之间的矛盾；三是传统教材的学科体系与职业能力成长过程之间的矛盾。因此，加强课程改革、加快教材建设已成为目前教学改革的重中之重。

辽宁农业职业技术学院经过十年的改革探索和三年的示范性建设，在课程改革和教材建设上取得了一些成就，特别是示范院校建设中的32门优质核心课程的物化成果之一——教材，现均已结稿付梓，即将与同行和同学们见面交流。

本系列教材力求以职业能力培养为主线，以工作过程为导向，以典型工作任务和生产项目为载体，立足行业岗位要求，参照相关的职业资格标准和行业企业技术标准，遵循高职学生成长规律、高职教育规律和行业生产规律进行开发建设。教材建设过程中广泛吸纳了行业、企业专家的智慧，按照任务驱动、项目导向教学模式的要求，构建情境化学习任务单元，在内容选取上注重了学生可持续发展能力和创新能力培养，具有典型的工学结合特征。

本套以工学结合为主要特征的系列化教材的正式出版，是学院不断深化教学改革，持续开展工作过程系统化课程开发的结果，更是国家示范院校建设的一项重要成果。本套教材是我们多年来按农时季节工艺流程工作程序开展教学活动的一次理性升华，也是借鉴国外职教经验的一次探索尝试，这里面凝聚了各位编审人员的大量心血与智慧。希望该系列教材的出版能为推动基于工作过程系统化课程体系建设和促进人才培养质量提高提供更多的方法及路径，能为全国农业高职院校的教材建设起到积极的引领和示范作用。当然，系列教材涉及的专业较多，编者对现代教育理念的理解不一，难免存在各种各样的问题，希望得到专家的斧正和同行的指点，以便我们改进。

该系列教材的正式出版得到了姜大源、徐涵等职教专家的悉心指导，同时，也得到了化学工业出版社、中国农业大学出版社、相关行业企业专家和有关兄弟院校的大力支持，在此一并表示感谢！

蒋锦标

2010 年 12 月

前言

　　高职高专教育是高等教育的重要组成部分。社会经济发展、科技水平提高、教育全球化趋势对高等职业教育提出了更新、更高、更加严格的要求。根据教育部《关于加强高职高专教育教材建设的若干意见》的相关精神，吸取其他高职高专教材编写的经验，按照培养技能型、应用型、实用型高素质人才的要求，本着基础知识够用、重点加强实践动手能力的原则，我们编写了《种子贮藏加工》这本高职高专教材。

　　根据高等职业教育的培养目标，为适应高职教育培养人才标准的要求，教材在内容上打破了以往教材编写的形式，注重种子贮藏与加工的基础知识和基本技术，以种子贮藏与加工技术为主体，反映当前种子贮藏与加工的先进技术和方法。本教材共分基础知识篇、基本技术篇两大板块三个模块。其中基础知识篇包括种子贮藏、加工的基础知识和种子的物理特性；基本技术篇包括种子贮藏、加工的先进技术和生产上规范的操作方法；根据理实一体化要求，依据种子公司的实际工作，本书还设有情境教学指导。

　　由于编写人员水平有限，加上编写时间仓促，书中不足之处在所难免，恳请各校师生和广大读者批评指正，方便以后修改完善。

编者

2011 年 1 月

目录

基础知识篇

基本技术篇

基础知识篇

学习目标

1. 了解种子贮藏加工的意义。

2. 掌握种子的呼吸在种子贮藏中的作用。

3. 了解种子后熟在种子贮藏中的应用。

4. 掌握种子的物理特性在种子加工上的应用。

模块一

种子贮藏、加工

知识点一 种子贮藏、加工概述

一、种子加工、贮藏的意义

种子是植物生命的源泉，是农业生产的重要物质基础，是人类赖以生存的最基本食物及禽畜饲料的来源。因此，世界各国在发展农业生产中都十分重视种子工作。现代种子生产已成为专门的产业，研究种子生产的方法和技术在国内外均已受到广泛重视。

（一）种子的含义

1. 植物学上的种子

"种子"（seed）在植物学上的概念是指种子植物的胚珠经受精后发育成繁殖器官。一般说来，种子由种皮、胚和胚乳等部分组成。胚是种子中最重要的部分，包括胚芽、胚根、胚轴和子叶，萌发后长成新个体。

2. 栽培学上的种子

在栽培学中所应用的种子含义较广，包括以下四类。

（1）植物学上的种子　植物在有性世代中所形成的雌雄配子相结合后，由胚珠发育成种子。例如萝卜、菜豆、黄瓜、番茄、洋葱、棉花、油菜、黄麻、亚麻、蓖麻、烟草、胡麻（芝麻）、茶、柑橘、梨、苹果、银杏以及松柏类等。

（2）植物学上果实　这类植物的所谓种子是由胚珠和子房以及花萼部分发育而成。例如莴苣、芹菜、菠菜、水稻、玉米、小麦、大麦、荞麦、大麻、苎麻、板栗等。

（3）营养器官　有些种类的植物既可以用种子和果实作为播种材料，又可以用营养器官繁殖后代，甚至有些植物只能用营养器官繁殖后代。例如马铃薯、菊芋的地下块茎；甘薯、山药的地下块根；大葱、大蒜、百合的地下鳞茎；莲藕、姜、草莓的地下根茎；金针菜的根系分株；襄荷的地下有2～3个芽的茎段；荸荠、慈菇和芋的地下球茎；甘蔗的地上茎以及苎麻的吸枝等。以上这些作物，大多数亦能开花结子，并可供繁殖用，但在农业生产上一般均利用其营养器官进行种植，常能显示其特殊的优越性，只有在少数情况下，如进行杂交育种时，才直接利用种子作为播种材料。

（4）繁殖孢子　食用真菌的种类很多，有野生的，也有人工栽培的。食用菌的繁殖基本上都是依靠孢子。如野生的"猴头"，在干燥之后呈淡黄色块状，表面布以子实层，子实层上着生许多孢子，成熟了的孢子能随风飘荡，落到邻近树上的树洞里或枯枝上，当遇有适宜的环境条件后便会迅速发育，生长出新的"猴头"来。又如栽培蘑菇的生活周期就是孢子→一次菌丝→二次菌丝→子实体原基→子实体→孢子的世代交替过程。

3. 包衣种子

"包衣种子"（encapsulated seed）即用人工方法包裹一层胶质的天然种子。根据种子包衣所用材料性质（固体或液体）不同，包衣种子可分为丸化种子（pelletted seed）或种子丸（seed pellets）和包膜种子（encrusted seed）。国际种子检验协会（ISTA）对丸化种子的定义是："为了精密播种，发展的一种或大或小的球形种子单位，通常做成在大小和形状上没有明显差异的单位种子。丸化种子添加的丸化物质可能含有杀虫剂、染料或其他添加剂"。对包膜种子的定义是："有点像原有种子形状的种子单位，其大小和重量的变化范围可大可小。包壳物质可能含有杀虫剂、杀菌剂、染料或其他添加剂"。

4. 人工种子

"人工种子"（artificial seed），又称合成种子（synthetic seed）、人造种子（man-made seed）或无性种子（somatic seed），与上述提及的种子概念不一样，是指通过组织培养，诱导产生体细胞胚（培养物），再用有机化合物加以包裹，并具有一定的强度，由此而获得的可以代替种子的人工培养物。目前研制成的人工种子由人工种皮、人工胚乳和体细胞胚（培养物）三部分组成。

（二）种子工作的内容及任务

种子工作的中心任务是通过生产和经营优良品种的优质种子，以促进和提高植物生产的产量和质量。围绕这一中心任务，种子工作必然包括以下几个方面。

（1）品种审定（cultivar assessment）　即对新育成的作物品种给予客观的科学评价，以确定其是否可以推广或推广范围。为此，需有组织地进行连续 2～3 年的区域试验和生产试验。品种试验及其评定工作由法定的权威机构如省、市品种审定委员会等进行。经过审定、命名的新品种由政府法定机构公开发布后，方可在适应地区大规模推广。

（2）良种繁育（stock breeding）　良种繁育工作需要政府部门、育种机构、商业部门及专业化的种子生产部门或生产者的良好协作和配合，建立科学的良繁体系，种子的分级繁殖制度及合理的种子生产程序等。只有这样，才能保证新品种的及时推广，以及当生产上发生品种退化时，能有原种及时加以替换或更新。

（3）种子加工（seed processing）　包括种子的清洗、干燥、分级、包装、贮藏及运输等工作环节。研究种子的加工工艺技术，对提高劳动效率，保证种子质量等有着重要的意义。种子贮藏是保持种子高度生活力的关键技术。它直接关系到种子寿命和使用价值，防止种子质量的降低，减少经济损失，保证农业生产的正常发展。

（4）种子品质检验（seed quality test）　包括种子活力的检验和品种纯度的检验。种子活力与耐藏性、抗逆性、田间出苗率以及作物的产量有很大关系。

（5）种子检疫和种子健康测定（seed quarantine and seed health test）　检疫是杜绝外来品种种子带来新病虫害的必要措施。健康测定主要指对作物种子病虫害的检测与防治以确保健康良种种子的供应。

（6）种子经营与管理（seed management）　经营和管理是相辅相成的两个方面，其成功与否直接影响着育种者、种子生产者和消费者等各方的利益和积极性，也可作为衡量种子工作水平的一个标准。

广义地讲，作为种子业，其工作还应涉及新品种选育方面的内容。鉴于"育种学"对此已做专门阐述，本教材不再讨论。

二、种子生产的进展

（一）我国种子生产的发展概况

新中国成立前，我国种子工作处于放任自流状态，生产上使用的种子多是沿袭多年的农家种，类型多，产量低。自新中国成立以来，建立健全了良种繁育推广体系，种子工作的发展大体经历了三个不同的历史阶段。

1. 家家种田、户户留种阶段

在这个时期（1949～1957年），农业部根据解放初期的农业生产状况，制定了《五年良种普及计划》，要求广泛开展群选群育运动，选育出的品种就地繁殖、就地推广，在农村实行家家种田、户户留种。这在当时一定程度上起到了促进农业生产发展的作用。本阶段也有在农户间相互串换种子及小规模的种子交易，但基本上是小农经济自给自足的生产方式，种子杂而乱的现象普遍存在，尤其是一些异花授粉作物，由于无法解决隔离问题，混杂退化现象更为严重。

2. "四自一辅"阶段

在这个时期（1958～1977年），农村普遍成立了农业生产合作社，原有的家家种田、户户留种已不适应生产发展的需要。1958年，农业部提出了我国第一个种子工作方针，即"每个农业社都要自繁、自选、自留、自用，辅之以国家必要调剂"。简称为"四自一辅"方针，同时充实了种子机构，并逐步开展了种子经营业务，实行行政、技术、经营三位一体。贯彻"四自一辅"方针，对种子杂乱现象有一定程度的改善，但由于缺乏专业技术指导，也没有种子加工、贮藏的专门设施，种子生产仍谈不上专业化和标准化，因而种子质量仍得不到保证。

3. "四化一供"阶段

随着农业生产水平的提高，"四自一辅"种子工作方针已不适应生产力的发展。1978年4月，国务院批转了农业部《关于加强种子工作的报告》，批准在全国建立各级种子公司，并继续实行行政、技术、经营三位一体。同时提出种子要实现"四化一供"的工作方针，即品种布局区域化、种子生产专业化、种子加工机械化和种子质量标准化，以县为单位组织统一供种。随着改革开放的深入进行，我国农业正从自给半自给生产方式向较大规模的商品生产转化，种子作为特殊商品，也正由自然经济形式向商品经济形式迅速转变。商品经济的发展，必将赋予"四化一供"以新的内涵，种子的生产和供应将逐步打破行政区划，按照商品经济规律发展。

（二）现代种子生产的发展趋势

当前世界农业竞争的焦点逐渐集中到种子，各国都在加强研究，竞争日趋激烈。我国种子科学出现蓬勃发展趋势，种子科学技术的发展将为更加深刻地揭示种子的奥秘和种子生产的规律性创造条件，从而使人类能够更加有效地利用种子，促进农业的稳定发展。

纵观当前国际国内种子工作的发展动态，概括起来有以下明显之趋势。

1. 完善品种更换机制

合理的品种更换，能使科研成果尽快转化为生产力，从而提高生产的经济效益和社会效益。有资料表明，自新中国成立以来，我国主要农作物的品种已进行了 4～5 次大面积更换，每次更换都取得了增产 10% 以上的效果。专家测算，包括生产设施改善以及其他科技措施在内的诸多增产因素中，推广优良品种的贡献率在 30% 左右。但品种更换又直接受到社会背景、自然条件、新旧品种交替等规律的影响。因此，如何改进和完善品种更换机制，对搞好种子工作至关重要。随着科学技术的进步，国内外品种更换正朝着促进农业生产有利的方向发展，主要表现在：①由单一化向综合化方向发展，即以多个优良品种同时推广应用于生产。这不仅仅是因为近年来人们已经充分认识到品种单一化的潜在危险，也是因为育种科技的发展使育成的新品种大大增多，从而能够满足生产上对适应不同生态条件、不同成熟期及不同消费要求的各类品种的需要。②种子由常规种向杂交种发展，社会进步、经济的发展和人民生活水平的改善，使作物的产量和品质育种日益受到重视，而杂种优势育种就是提高作物产量最有效的方法之一。杂种优势利用是 20 世纪植物育种工作中的突出成就之一，它是生物遗传的普遍现象，也是作物品种改良工作赖以提高单产、改进品质、增强抗逆性的一条重要途径。目前，在十字花科、茄科、葫芦科的大多数蔬菜作物上，已普遍使用杂交种。总的来说，杂种优势的利用还处于发展中阶段，杂种的繁育还受到多种因素的制约，但相信随着生物技术的应用，更多地结合多抗及其他优质特性，随着人们对高等植物雄性不育、自交不亲和机制认识的提高，杂种优势育种技术将更趋于简便、稳定可靠，有更多的杂交种将会代替常规种。③品种更换速度不断加快，这一方面是由于育种技术的飞速发展使新品种选育有了突破性的进展，另一方面是由于市场经济的发展，使农民进行农业生产的积极性大为提高，使品种更换由被动变为主动。

2. 应用高新技术

当今分子遗传学和植物生物技术的发展必将影响到种子业和种子技术。离体培养再生植株已成为商业繁殖材料，如马铃薯微型种球、试管兰花苗等；体细胞胚或胚状体已经用来产生新的植株世代并开辟了"人工种子"的研究和生产领域；原生质体融合及基因工程等已能进行基因组或基因的转移，培育出传统育种方法很难甚至不可能的植物新品种或物种。种子生化技术的发展也令人瞩目。利用电泳技术、DNA 分子标记技术及免疫化学技术等来检验、鉴定作物品种的研究已在世界各国广泛开展，如美国许多私人种子公司的检验室已贮存有全部自己品种的电泳指纹档案，以供种子管理和鉴定使用。电子计算机工业和应用技术迅猛发展，不仅影响了人们的日常生活，且波及农业技术。

早在 20 世纪 70 年代电子计算机技术已渗透到种子科技领域，且已在种子检验、品种资源管理和种子加工等方面得到应用。1984 年新西兰 D. J. Scott 等设计了种子检验站的电子计算机管理系统，应用于国家种子检验室的样品接收、登记、数据处理、种子分级、结果报告、种子证书签发、检验费用计算和有关情报管理等全部工作。为提高电泳技术鉴定品种的准确性和工作效率，许多学者已利用计算机系统来处理电泳图谱资料。1986 年加拿大 H. D. Sapirstein 等用计算机-光密度摄像仪描绘了 122 个小麦品种醇溶蛋白的电泳图谱，并直接做了分析比较，以鉴定小麦品种。1989 年中国黄亚军等利用 CASIOPB-700 微型计算机编制了电泳图谱的打印程序，并打印出按 ISTA 标准方法所做 88 个小麦和大麦品种的醇溶蛋白图谱，同样适用于其他作物种子电泳图谱的打印。另外，1988 年瑞典 E. Westerlind 等利用计算机-扫描仪对混入几种粮食种子的其他植物种子进行分离测定。

在种质资源管理方面，美国较早建立了种质信息网络系统，现保存有 40 万份种质。日本已在筑波科学城建立了现代化的种子贮藏室，利用计算机管理 170 种作物的种质，其数据库已贮存大约 30 万条品种信息，实现了全国联机检索系统。在种子加工方面，1988 年美国得克萨斯的 Gustafson 公司和美国农业部种子清选研究所设计了种子清选的计算机系统。

3. 重视"包衣种子"的研制

种子包衣（coating）是发达国家普遍采用的种子处理技术，是一项集生物、化工、机械为一体的高新技术。该技术可分为种子丸化技术（pelletting）和种子包膜技术（film coating）。种子丸化技术是 20 世纪 30 年代欧美等国家以医药业制造药丸为基础发展起来的种子处理技术。目前主要应用于种子粒小且不规则的蔬菜（甜菜、莴苣、芹菜、洋葱、胡萝卜、番茄、茄子、辣椒等）和牧草种子，在水稻、小麦、豆类、油菜种子上也有应用。种子包膜技术是国际上近年发展起来的一种种子处理技术。

我国种子包衣技术的研究和应用起步较晚。20 世纪 80 年代初开始研究。80 年代中后期，国产种衣剂进入田间试验示范阶段，重点作物是玉米、棉花、小麦等。90 年代进入推广应用阶段。至 1996 年中国化学工业部门批准的种衣剂厂有 20 多家，年生产能力 1.7 万吨左右，并呈现快速发展的好势头。

目前包衣技术推广应用中存在不少困难和制约因素：①种衣剂的剂型偏少；②缺少高效低毒的种衣剂；③种衣剂及包衣机的生产管理缺乏必要的法规。

随着农业生产对种子质量要求的不断提高，包衣机械的应用推广，种衣剂的优化，将来包衣种子的利用必将大大增加。我国计划，到 2000 年，50% 的商品种子经过包衣处理；到 2010 年，80%～90% 的商品种子经过包衣处理。到现在已经都超额完成。

4. 重视"人工种子"的研制

关于人工种子的研制，在 20 世纪 70 年代就有人进行了探讨。1983 年 11 月，美国加州戴维斯一家生物技术公司宣布了芹菜人工种子研制初步成功的消息。但当时研制的人工种子不具有种皮。1986 年，雷登鲍等做了比较成功的报道。

人工种子的研制已引起不少国家的重视。美国早已把它列入高技术的攻关项目，投入相当的人力和财力，并致力于将技术进行商品化生产；法国也把该项技术列入欧洲国家共同开发尖端技术的"尤里卡"计划中；我国从 1986 年开始将人工种子研究纳入国家高技术发展计划（863 计划）。目前，人工种子技术已在小麦、玉米、水稻、芹菜、苜蓿、莴苣、胡萝卜、番茄、花椰菜、甜菜、黄连、刺五加、西洋参、山茶、柑橘等作物上获得成功。

至今，可能限制人工种子推广应用的主要因素有：①许多重要作物目前还不能靠组织培养快速产生大量高质量的体细胞胚（培养物）。②离体培养中无性系的变异问题还不能完全控制。③造价偏高，工艺流程不完善，生产效率偏低。

尽管如此，展望未来，人工种子研制的前景十分诱人，必将引起农业翻天覆地的变化。

5. 加快种子技术自动化，推进种子产业化

种子技术的自动化是种子工作现代化的重要标志。美国、德国是世界上种子技术自动化水平较高的国家，种子生产中农业操作及加工环节如种子收获、清选分级、干燥、包装、贮藏及运输等，大都实现了自动化。在种子检验中也已研制使用了一系列的自动化仪

器。一种梦寐以求的种子检验室将是完全机械化加计算机化的程序来测定种子批的物理、生理和遗传的潜力。这就可提供有关种子净度、发芽势/率、活力、纯度和病害等全部品质情报。为此，发达国家对种子工作自动化的研究更加深入和广泛。发展中国家也不甘落后，纷纷奋起直追，努力使本国的种子工作水平尽快跃上新的台阶。相信经过世界各国科技工作者的共同努力，全世界种子技术将会愈来愈朝着科学化、自动化、标准化的方向发展。种子产业化是集种子科研、生产、加工、销售环节为一体，相互促进、共同发展的一项系统工程。在一些发达国家，种子早已经成为一个新兴产业发展起来。他们采用先进的育种技术、信息处理技术、种子加工技术，实行专业化生产、标准化加工、集团化经营、现代化管理，已具有很大的经济实力和市场竞争力，对国际种子市场有很高的占有率，如玉米国际市场中，美国占45％的份额，法国占33％的份额。目前，他们主要经营对象除玉米外，还有蔬菜、牧草和甜菜种子。我国也不甘落后，通过"九五"种子工程实施，我国种子工作将实现四个根本性转变：由传统的粗放生产向机械化、现代化大生产转变；由行政区域封闭的自给性生产经营向社会化、国际化市场竞争转变；由分散的小规模、"小全散"的生产经营向专业化的企业集团转变；由科研、生产、经营相脱节向育繁推销一体化转变。通过组织大生产、建立大市场、组建大集团、开展大联合，最终实现种子管理法制化、生产专业化、加工机械化、质量标准化、经营集团化、育繁推销一体化的"六化"目标。建设适应我国社会主义市场经济的现代化种子产业体系，进一步提高作物品种的遗传潜力、种子的商品质量和科技含量，为实现种植业生产的高产、优质和高效提供数量充足、质量符合国家标准的优良作物品种的优质种子。

三、种子生产的重要性

种子是有生命的特殊生产资料，是农业增产的内因，是农业科学技术的载体。

早在新石器时代，人类以定居代替狩猎生活方式，便是由于利用种子进行作物栽培，建立了农业。20世纪30～50年代，美国育成并推广了杂交种玉米，使其总产量约而占全球玉米总产量的50％；50年代墨西哥矮秆高产小麦品种育成后，30年内使小麦产量提高了394％；50～60年代，我国和菲律宾国际水稻研究所相继育成高产抗倒伏的水稻；70年代我国杂交水稻"三系"配套选育成功，并迅速得到推广应用，使水稻生产进入一个新阶段，为改善世界农业生产和粮食供应作出了巨大贡献。80年代我国又完成油菜"三系"配套，并大力推广。90年代我国独创的"两系法"杂交稻技术基本成熟，比"三系"杂交稻增产10％～15％。上述被称之为"绿色革命"的一系列成果，显然也只有在向广大生产者提供优质种子的前提下才有价值。

在科学技术高度发达的今天及未来，种子业必将备受重视。一些外国专家认为，种子将成为国际农业竞争的焦点，"种子战"将会取代西方现在的"农产品战"。国外一些有眼光的种子公司，都把能否掌握自家独有的新品种视为公司的"生命线"、竞争中的"杀手锏"，足见种子在世界经济竞争中的突出地位。

目前，我国农业正在从以追求产品数量增长、满足人民温饱需要为主，开始转向高产和优质并重、提高经济效益阶段，这是我国农业发展史上的一个重大转折。高产高效农业要求农村产业结构要趋向合理，栽培技术要实现模式化，植物保护要最大限度地减少各种病虫害所造成的损失，这一切在相当程度上都依赖于优良品种的选育和推广。因此，种子是农业依靠科学的中心环节，必须抓紧抓好。

知识点二　种子贮藏、加工的基础知识

一、种子的呼吸作用

种子是活的有机体，每时每刻都在进行着呼吸作用，即使是非常干燥或处于休眠状态的种子，呼吸作用仍在进行，但强度减弱。种子的呼吸作用与种子的安全贮藏有非常密切的关系。因此了解种子的呼吸及其各种影响因素，对控制呼吸作用和做好种子贮藏工作有重要的实践意义。

（一）基本概念

1. 呼吸作用概念

呼吸作用是种子内活的组织在酶和氧的参与下将本身的贮藏物质进行一系列的氧化还原反应，最后放出二氧化碳和水，同时释放能量的过程。种子的任何生命活动都与呼吸密切相关，呼吸的过程是将种子内贮藏物质不断分解的过程，它为种子提供生命活动所需的能量，促使有机体内生化反应和生理活动正常进行。种子呼吸过程中释放的能量一部分以热能的形式散发到种子外面。种子的呼吸作用是贮藏期间种子生命活动的集中表现，因为贮藏期间不存在同化过程，而主要进行分解作用和劣变过程。

2. 种子呼吸作用部位

呼吸作用是活组织特有的生命活动。如禾谷类种子中只有胚部和糊粉层细胞是活组织，所以种子呼吸作用是在胚部和糊粉层细胞中进行。种胚虽只占整粒种子的 $3\%\sim13\%$，但它是生命活动最活跃的部分，呼吸作用以胚部为主，其次是糊粉层。果种皮和胚乳经干燥后，细胞已经死亡，不存在呼吸作用，但果种皮和通气性有关，也会影响呼吸的性质和强度。

（二）种子呼吸的性质

种子呼吸的性质根据是否有外界氧气参与有关。分为有氧呼吸和无氧呼吸两类。

1. 有氧呼吸

有氧呼吸即通常所指的呼吸作用，其过程如下：

$$C_6H_{12}O_6 + 6O_2 \longrightarrow 6CO_2 + 6H_2O + 2870.224kJ$$

葡萄糖　　氧气　　二氧化碳　　水　　　能量

2. 无氧呼吸

无氧呼吸一般指在缺氧条件下，细胞把种子贮存的某些有机物分解成不彻底的氧化产物，同时释放能量的过程，反应如下：

$$C_6H_{12}O_6 \longrightarrow 2C_2H_5OH + 2CO_2 + 100.416kJ$$

葡萄糖　　　　酒精　　二氧化碳　能量

一般无氧呼吸产生酒精，但马铃薯块茎、甜菜块根、胡萝卜和玉米胚进行无氧呼吸时，则产生乳酸，其反应如下：

$$C_6H_{12}O_6 \longrightarrow 2CH_3COCOOH + 4H \longrightarrow 2CH_3CHOHCOOH + 75.312kJ$$

葡萄糖　　　　丙酮酸　　　　　　　乳酸　　　　能量

综上所述，有氧呼吸需要外界氧气参加，将物质彻底分解，释放出大量能量；而无氧呼吸不需要外界氧气参加，物质分解不彻底，释放的能量要大大低于有氧呼吸。

（三）种子的呼吸强度和呼吸系数

呼吸作用可以用两个指标来衡量，即呼吸强度和呼吸系数。

1. 呼吸强度

呼吸强度是指一定时间内，单位重量种子放出的二氧化碳量或吸收的氧气量。它是表示种子呼吸强弱的指标。种子贮藏过程中，呼吸强度增强无论在有氧呼吸和无氧呼吸条件下都是有害的。种子长期处在有氧呼吸条件下，放出的水分和热量会加速贮藏物质的消耗和种子生活力的丧失。对水分较高的种子来说，在贮藏期间若通风不良，种子呼吸放出的部分水汽就被种子吸收，而释放出的热量则聚集在种子堆内不易散发出来，因而加剧种子的代谢作用；在密闭缺氧条件下呼吸强度越大，越易缺氧而产生有毒物质，使种子窒息而死。因此，对水分含量高的种子，入库前应充分通风换气和晒干，然后密闭贮藏，由有氧呼吸转变为缺氧呼吸。干燥种子，由于大部分酶处于钝化状态，自身代谢作用十分微弱，种子内贮藏养分的消耗极少，即使贮藏在缺氧条件下，也不容易丧失发芽率。

2. 呼吸系数

呼吸系数是指种子在单位时间内，放出二氧化碳的体积和吸收氧气的体积之比。呼吸系数是表示呼吸底物的性质和氧气供应状态的一种指标。

$$呼吸系数 = \frac{放出二氧化碳体积}{吸收氧气体积}$$

当糖类用作呼吸底物时，若氧化完全，呼吸系数为1。如果呼吸底物是分子中氧/碳值比糖类小的脂肪和蛋白质，则其呼吸系数小于1。如果底物是一些糖类含氧较多的物质，其呼吸系数大于1。

由此可见，呼吸系数随呼吸底物而异，实际上种子中含有各种底物，往往不是单纯利用一种物质作为呼吸底物的，所以呼吸系数与底物的关系并非容易确定。一般而言，贮藏种子利用的是存在于胚部的可溶性物质，只有在特殊情况下受潮发芽的种子才有可能利用其他物质。

呼吸系数还与氧的供应是否充足有关。测定呼吸系数的变化，可以了解贮藏种子的生理作用是在什么条件下进行的。当种子进行缺氧呼吸时，其呼吸系数大于1；在有氧呼吸时，呼吸系数等于1或小于1。如果呼吸系数比1小得多，表示种子进行强烈的有氧呼吸。

氧气的供应还与果种皮的结构有关，果种皮致密、透氧性极低的种子，往往存在缺氧呼吸现象。呼吸系数还与温度、微生物活动、中间产物是否移作他用有关系。

（四）影响种子呼吸强度的因素

种子呼吸强度的大小，因作物、品种、收获期、成熟度、种子大小、完整度和生理状况而不同，同时还受环境条件的影响，其中水分、温度和通气状况的影响最大。

1. 水分

呼吸强度随着种子水分的提高而增强。潮湿的种子的呼吸作用很旺盛，干燥种子的呼吸作用则非常微弱。因为种子内的酶类随种子水分的增加而活化，把复杂的物质转变成简单的呼吸底物。所以种子内的水分越多，贮藏物质的水解作用越快，呼吸作用越强烈，氧气的消耗量越大，放出的二氧化碳和热量越多。可见种子中游离水的增多是种子新陈代谢急剧增加的决定因素。

种子内出现游离水时，水解酶和呼吸酶的活性变为活跃，增强种子呼吸强度和物质的消耗。当种子内将出现游离水时所含水量称为临界水分。一般禾本科作物种子临界水分为 13.5% 左右（如水稻 13%、小麦 14.6%、玉米 11%）；油料作物种子的临界水分为 8%～8.5%。

表 1-1 为不同水分小麦种子的呼吸强度，从表中可以看出，随着种子水分的升高不仅呼吸强度增加，而且呼吸性质也随之变化。

表 1-1　小麦种子水分对呼吸强度和呼吸性质的影响

水分/%	100g 干物质 24h 内		呼吸系数	呼吸性质
	消耗 O_2/mg	放出 CO_2/mg		
14.4	0.07	0.27	3.80	缺氧
16.0	0.37	0.42	1.27	
17.0	1.99	2.22	1.11	
17.6	6.21	5.18	0.88	
19.2	8.90	8.76	0.98	
21.2	17.73	13.04	0.73	有氧

临界水分与种子贮藏的安全水分有密切关系，而安全水分随各地区的温度不同而有差异。禾谷类作物种子的安全水分，在温度 0～30℃ 范围内，温度一般以 0℃ 为起点，水分以 18% 为基点，以后温度每增加 5℃，种子的安全水分就相应降低 1%。在我国多数地区，水分不超过 14%～15% 的禾谷类作物种子，可以安全度过冬春季；水分不超过 12%～13% 可以安全度过夏秋季。

2. 温度

在一定温度范围内种子的呼吸作用随着温度的升高而加强。一般种子处在低温条件下，呼吸作用极其微弱，随着温度升高呼吸作用不断增强，尤其在种子水分增高的情况下，呼吸强度随着温度而发生显著变化。但是这种增长受一定温度范围的限制。在适宜的温度下，原生质黏滞性较低，酶的活性强，所以呼吸旺盛；而温度过高，则酶和原生质遭受损害，使生理作用减慢或停止。

3. 通气

空气流通的程度可以影响呼吸强度与呼吸方式。如表 1-2 所示，不论种子水分和温度高低，在通气条件下的种子呼吸强度均大于密闭贮藏。同时还表明种子水分和温度越高，则通气对呼吸强度的影响越大。高水分种子，若处于密闭条件下贮藏，由于旺盛的呼吸，很快会把种子堆内部间隙中的氧气耗尽，而被迫转向缺氧呼吸，结果引起大量氧化不完全的物质如醇、醛、酸等积累，对种胚产生毒害，导致种子迅速死亡。因此，高水分种子，尤其是呼吸强度大的油料作物种子不能密闭贮藏，要特别注意通风。含水量不超过临界水分的干燥种子，由于呼吸作用非常微弱，对氧气的消耗很慢，密闭条件下有利于保持种子生活力。在密闭条件下，种子发芽率随着其水分提高而逐渐下降。如表 1-3 所示。

表 1-2　通气对大豆种子呼吸强度的影响

μg/(100g 干物质·周)，以 CO_2 计

温度/℃	10.0%水分		12.5%水分		15.0%水分	
	通风	密闭	通风	密闭	通风	密闭
0	100	10	182	14	231	45
2~4	147	16	203	23	279	72
10~12	286	52	603	154	827	293
18~20	608	135	979	289	3526	1550
24	1037	384	1667	704	5851	1863

表 1-3　通气状况对水稻种子发芽率的影响（常温库贮藏 1 年）

材料	原始发芽率/%	入库水分/%	贮藏方法	
			通气/%	密闭/%
珍汕 97A	94.0	11.4	73.0	93.5
		13.1	73.5	74.5
		15.4	71.5	19.0
汕优 6 号	90.3	11.5	70.2	85.6
		13.0	67.0	83.0
		15.2	61.0	26.5

通气对呼吸的影响还与温度有关。种子处在通风条件下，温度越高，呼吸作用越旺盛，生活力下降越快。生产上为有效地长期保持种子生活力，除干燥、低温外，进行合理的密闭和通风是必要的。

4. 种子本身状态

种子的呼吸强度还受种子本身状态的影响。凡是未充分成熟的、不饱满的、损伤的、冻伤的、发过芽的、小粒的和大胚的种子，呼吸强度高；反之，呼吸强度就低。因为未成熟、冻伤、发过芽的种子含有叫多可溶性物质，酶的活性也较强，损伤、小粒种子接触的氧气面积较大，大胚种子则由于胚部活细胞所占的比例较大，使得呼吸强度较高。

从上可知，种子入仓前应该进行清选分级，剔除杂质、破碎粒、未成熟粒、不饱满粒与虫蚀粒，把不同状态的种子进行分级，以提高贮藏稳定性。凡受冻、虫蚀过的种子不能作种用，而对大胚种子、呼吸作用强的种子、贮藏作用强的种子，贮藏期间要特别注意干燥和通气。

5. 化学物质

二氧化碳、氮气、氨气以及农药等气体对种子呼吸作用也有明显影响，浓度高时往往会影响种子的发芽率。例如，种子间隙中二氧化碳含量积累至 12% 时，就会抑制小麦和大豆的呼吸作用；若提高小麦水分，在二氧化碳含量 7% 时就有抑制作用。目前，有些粮食部门采用脱氧充氮或提高二氧化碳含量等方法保留粮食，即可以杀虫灭菌，一定程度上也抑制了粮食的呼吸作用。这种方法在粮食的保管方面已有成效，但在保存农业种子方面，还有待进一步的研究。据报道，磺胺类杀菌剂、氮气和氨气、氯化苦等熏蒸剂对种子的呼吸作用也有影响，浓度加大时，往往会影响种子发芽率。

6. 仓虫和微生物

如果贮藏种子感染了仓虫和微生物，一旦条件适宜时便大量繁殖，由于仓虫、微生物

生命活动的结果放出大量的热能和水汽，间接地促进了种子的呼吸强度的增高。同时，三者（种子、仓库害虫、微生物）的呼吸构成种子堆的总呼吸，会消耗大量的氧气，放出大量的二氧化碳，也间接地影响种子呼吸方式。据试验，昆虫的氧气消耗量为等量谷物的130000倍。栖息密度越高，则其氧气消耗量越大。在有仓虫的场合，氧气随温度的增高而减少的越快。随着仓内二氧化碳的积累，仓虫会窒息死亡。但有的仓虫能忍耐60％的二氧化碳。虽然二氧化碳含量的提高会影响仓虫的死亡，但仓虫死亡的真正原因是氧气的减少，当氧气含量减少到2％～2.5％时，酒会阻碍仓虫和霉菌的发生。在密封条件下，由于仓虫本身的呼吸，使氧气浓度自动降低，而阻碍仓虫继续发生，即所谓自动驱除，这就是密封贮藏所依据的一个原理。

（五）呼吸与种子贮藏的关系

种子的呼吸是种子贮藏期间的生命活动集中和具体表现，种子的呼吸强度和种子的安全贮藏有密切的联系。呼吸作用对种子的贮藏有两方面的影响。有利方面是呼吸可以促进种子的后熟作用，但通过后熟的种子还是要设法降低种子的呼吸强度；利用呼吸自然缺氧，可以达到驱虫的目的。不利的方面是，在贮藏期间种子呼吸强度过高引起许多问题。

（1）旺盛的种子呼吸消耗了大量贮藏干物质　据计算，每放出1g二氧化碳必须消耗0.68g葡萄糖。贮藏物质的损耗会影响种子的重量和种子的活力。

（2）种子呼吸作用释放出大量的热量和水分　例如，每克葡萄糖氧化可产生0.5g水分，种子有氧呼吸释放的能量的44％，微生物分解种子时释放能量的80％转变热能。种子堆是热的不良导体，这些水分和热量不易散发出去。使种子堆湿度增大，种温升高，湿度和热量重新被种子吸收后，使得种子的呼吸强度提高。如此恶性循环最后造成种子发热霉变，完全丧失生活力。

（3）缺氧呼吸会产生有毒物质，积累后会毒害种胚，降低或使种子丧失生活力。

（4）种子的呼吸释放水汽和热量，使仓虫和微生物活动加强，加剧对种子的取食和危害。由于仓虫、微生物生命活动的结果放出大量的热能和水汽，间接地促进了种子的呼吸强度的增高。

因此，尽可能地在种子贮藏期间降低种子的呼吸强度，使种子处于极微弱的生命活动状态。在种子贮藏期间把种子的呼吸作用控制在最低的限度，就能有效地保持种子生活力和活力。一切措施（包括收获、脱粒、清选、干燥、仓库、种子品质、环境条件和管理制度等）都必须围绕降低种子呼吸强度和减缓劣变进程来进行。

二、种子的后熟作用

（一）基本概念

1. 后熟的概念

种子成熟应该包括两方面的意义，即种子形态上的成熟和生理上的成熟，只具备其中的一个条件时，都不能称为种子真正的成熟。种子形态成熟后被收获，并与母株脱离，但种子内部的生理变化过程仍然在继续进行，直到生理成熟。这段时期的变化实质上是成熟过程的延续，有时在收获后进行的，所以称为后熟。种子通过后熟作用，完成其生理成熟阶段，才可认为是真正成熟的种子。种子在后熟期间所发生的变化，主要是在质的方面，而在量的方面只减少而不会增加。从形态成熟到生理成熟变化的过程，称为种子后熟作用。完成后熟作用所需的时间，成为后熟期。

2. 休眠和后熟的关系

这里的休眠指生理休眠（即种子是活的，给以适宜条件也不发芽），休眠是广义名词，后熟是休眠的一种状态，或是引起休眠的一种原因。

种子未通过后熟作用，不宜作为播种材料，否则发芽率低，出苗不整齐，影响成苗率。小麦子粒未通过后熟，磨成面粉，影响烘烤品质；大麦子粒未通过后熟，制成的麦芽不整齐，不适于酿造啤酒。

3. 种子后熟期的长短

不同作物种子后熟期的长短有差异。是由作物品种的遗传特性和环境条件影响而形成的。一般说，麦类后熟期较长，粳稻、玉米、高粱后熟期较短，油菜、籼稻基本无后熟期或很短，在田间可完成后熟，在母株上就可以发芽，称为"穗发芽"。杂交稻种子也易发芽的现象。

（二）促进种子后熟的意义

未完成后熟的种子，发芽率低，出苗不整齐，影响成苗率，而且影响子粒的加工和食用品质。提早收获的种子，更是会延长后熟过程。促进种子后熟的顺利完成，对提高种子的质量具有重要意义。在农业实践上为争取生长的季节，往往将前茬作物稍稍提早收获，使后茬作物可以提前播种。针对这一情况，可采用留株后熟的方法，在作物收割后让种子暂时留在母株上，等在母株上完成后熟再进行脱粒，可大大提高种子品质。如果种子已充分成熟，则收获时当即脱粒与留在母株上进行后熟的种子在品质上差异不大。

禾谷类作物在蜡熟期进行收获后，茎秆中的营养物质仍能够继续输送到子粒中去而使千粒重有所增加，大约可增加10%重量。有些连作稻地区，在早稻成熟期间，为了合理安排劳动力，适当提早晚季稻移植期，往往将早稻稍提前收割，收割时不立即脱粒，让其通过后熟期，再进行脱粒、暴晒、贮藏。这种留株后熟的方法，不仅是调剂劳力的有效措施，同时对提高早稻种子的播种品质和保证晚稻插秧不误农时也有显著效果。

检查种子是否已经完成其后熟作用，通常应用最简便的方法就是进行标准的发芽试验，即按检验规程中所确定的操作技术和条件测定种子的发芽势和发芽率，而发芽势可作为反映种子后熟作用所达到的程度的最好指标，将测定结果与同品种已经通过后熟作用的种子比对，如果二者数值很近似，则表明该种子基本上已完成后熟，可以立即供生产上使用。否则必须再贮藏一段时期，等待后熟期完全通过，或采取适当的措施（如加温通风）以促进种子的新陈代谢作用，加速其通过。后一情况在生长季节比较短促的地区是值得注意的。

（三）种子后熟期间的生理生化变化

种子的后熟作用是贮藏物质由量变到质变为主的生理活动过程。在后熟期间，种子内部的贮藏物质的总量变化很微小，只减少而不增加。其主要变化是各类物质组成的比例和分子结构的繁简及存在状态等。变化方面和成熟期基本一致，即物质的合成作用占优势。随着后熟作用逐渐完成，可溶性化合物不断减少，而淀粉、蛋白质和脂肪不断积累，酸度降低；另一方面，种子内酶的活性（其中包括淀粉酶、脂肪酶和脱氢酶）由强变弱。当种子通过了后熟期，其生理状态即进入一个新阶段，而与后熟期的生理状态显然由很大的差异。主要表现在以下几方面。

① 种子内部低分子和可同化的物质的相对含量下降，而高分子的贮藏物质积累达最高限度，如单糖脱水缩合成为复杂的糖类（淀粉是其中最主要的一种），可溶性的含氮物质结合成为蛋白质。

② 种子的水分含量降低，自由水大大减少，成为促进物质合成作用的有利条件。

③ 由于脂肪酸及氨基酸等有机酸转化为高分子的中性物质，细胞内部的总酸度降低。

④ 种胚细胞的呼吸强度降低。

⑤ 酶的主要作用在适宜条件下开始逆转，使水解作用趋向活跃。

⑥ 发芽力由弱转强，即发芽势和发芽率开始提高，可适于生产上做播种材料。

（四）影响种子后熟的因素

种子后熟作用在贮藏期间进行的快慢和环境条件有很大关系，主要的影响因素有温度、湿度、通气等。

1. 温度

通常较高的温度（不超过 45℃），有利于细胞内生理生化作用的进行，促进种子后熟。反之，种子长期贮藏在低温条件下，使生理生化的作用进行得非常缓慢，甚至处于停滞状态，这样就会阻碍种子的后熟作用，使发芽率不能提高（表1-4）。例如小麦在收获后，适当加温（在 40～45℃左右）促使其干燥，同时保持通风条件，则可使细胞内部酶的作用加强，因而很快使种子完成后熟过程。但林木种子后熟有时需要较低的温度。

表1-4　小麦种子后熟期间贮藏条件与发芽率变化的关系　　　　　/%

贮藏条件	测定发芽日期（月/日）	样品号码				
		1	2	3	4	5
冷藏	11/21	38	85	14	23	26
冷藏	1/9	35	89	32	30	31
室温	1/9	99	99	93	93	87

2. 湿度

湿度对种子的后熟也有较大的影响。空气相对湿度低有利于种子水分向外扩散，促进后熟过程的进行。空气相对湿度大，不利于种子水分向外扩散，延缓种子的后熟作用。

3. 通气

通气良好，氧气供给充足，有利于种子的后熟作用完成。二氧化碳对后熟过程有阻碍作用。含水量为 15% 的小麦种子于 20℃ 分别在空气、氧气、氮气及二氧化碳中贮藏，以二氧化碳中贮藏的种子通过后熟最迟。

（五）后熟与种子贮藏的关系

1. 后熟引起种子贮藏期间的"出汗"现象

新入库的农作物种子由于后熟作用尚在进行中，细胞内部的代谢作用仍然比较旺盛，其结果使种子水分逐渐增多，一部分蒸发成水汽，充满种子堆的间隙，一旦达到过饱和状态，水汽就凝结成微小水滴，附在种子颗粒表面，这就形成种子的"出汗"现象。当种子收获后，未经充分干燥就进仓，同时通风条件较差，这种现象就更容易发生。

从生理生化的角度进行分析，新种子在贮藏过程中释放较多的水分是由于下列原因造成的。

① 种子刚收获后，尚未完成后熟过程，细胞内部（特别是胚部的细胞）的呼吸作用仍保持相当旺盛，由于呼吸而放出的水分在通风不良的情况下越积累越多。

② 种子在后熟过程中，继续进行着物质的转化作用，即由可溶性低分子物质合成高分子的胶体物质同时放出一定量的水，例如，由两分子葡萄糖变为较复杂的一分子麦芽糖，同时放出一分子水。

$$2C_6H_{12}O_6 \longrightarrow C_{12}H_{22}O_{11} + H_2O$$

葡萄糖　　　　麦芽糖　　水

又如，两分子氨基酸缩合成为一分子二肽时，也同时放出一分子水。

$$R-CHCOOH + R-CHCOOH \longrightarrow R-CHCO-NH-CHCOOH + H_2O$$

氨基酸　　　　氨基酸　　　　　　二肽　　水

此外，种子中胶体物质束缚水的能力随后熟的过程而减弱，使一部分胶状结合水转变为自由水。

2. 种子在贮藏期间发生"出汗"现象

表明种子尚处于后熟过程中，进行着旺盛的生理生化变化，引起种子堆内湿度增大，以致出现游离的液态水吸附在种子表面。这时候可导致种子堆内水分的再分配现象，更进一步加强局部种子的呼吸作用，如果没有及时发现，就会引起种子回潮发热，同时也为微生物造成有利的发育条件，严重时种子就可能霉变结块甚至腐烂。因此，贮藏刚收获的种子，在含水量较高而且未完成后熟的情况下，必须采取有效措施如摊晾、暴晒、通风等，以控制种子细胞内部的生理生化变化，防止积聚过多的水分而发生上述各种不正常现象。

这里应该特别指出，种子的"出汗"现象和种子的"结露"现象是很相似的，但他们的导致原因却截然不同。"出汗"是由于种子细胞内部生理生化活动的结果释放出大量的水分所造成，产生矛盾的主要方面是内因；而"结露"是由于种子堆周围大气中温湿度和种子本身的温度及水分存在一定差距所造成，产生矛盾的方面主要是外因（即大气中温湿度的变化）。

在生产实践中，为防止后熟期不良现象的发生，必须适时收获，避免提早收获使后熟期延长；充分干燥，促进后熟的完成；入库后勤管理，入库后1个月内勤检查，适时通风，降温散湿。

3. 后熟期种子抗逆力强

种子在后熟期间对恶劣环境的抵抗力较强，此时进行高温干燥处理或化学药剂熏蒸杀虫，对生活力的损害较轻。如小麦种子的热仓库，利用未通过后熟种子抗性强的特点，采用高温暴晒种子后进仓，起到杀死仓虫的目的。

情境教学一　种子贮藏基础

学习情境	学习情境 1　种子贮藏基础	
学习目的要求	1. 掌握种子的呼吸作用和生理特性 2. 掌握种子休眠、后熟作用	
任务	通过种子呼吸作用，了解种子的生理特征和种子贮藏的关系	
基础理论知识	了解种子的呼吸、休眠、后熟的特性	
用具及材料	新收获的玉米种子	
实境教学方法	**种子的呼吸作用**	**种子的后熟与休眠**
	（一）种子呼吸的实验 在实验室里进行种子呼吸实验 （二）种子呼吸的概念 1. 呼吸作用概念 2. 种子呼吸作用部位 （三）种子呼吸的性质 1. 有氧呼吸 2. 无氧呼吸 （四）种子的呼吸强度和呼吸系数 1. 呼吸强度 2. 呼吸系数 （五）影响种子呼吸强度的因素 1. 水分 2. 温度 3. 通气 4. 种子本身状态 5. 化学物质 6. 仓虫和微生物 （六）呼吸与种子贮藏的关系	（一）种子的后熟 1. 后熟的概念 2. 休眠和后熟的关系 3. 种子后熟期的长短 4. 促进种子后熟的意义 （二）种子后熟期间的生理生化变化 （三）影响种子后熟的因素 1. 温度 2. 湿度 3. 通气 （四）后熟与种子贮藏的关系 1. 后熟引起种子贮藏期间的"出汗"现象 2. 后熟期种子抗逆力强 （五）种子的休眠 1. 休眠的概念 2. 影响种子休眠的因素 （六）种子休眠与贮藏的关系
注意事项	1. 种子呼吸试验装置一定要密闭 2. 在保证一定的温度下，让种子逐渐吸水	
考核评价标准	1. 学生按照要求逐项操作，没有违规现象，能正确区分组织和杂质 2. 种子清选操作规范，种子清选达到要求	
评定学习效果	按考核评价标准分别按优秀、良好、及格、不及格来评定学生的学习和操作效果	

模块二

种子的物理特性

种子的物理特性（physical property）包括两类，一类根据单粒种子进行测定，求其平均值，如子粒大小、硬度和透明度等；另一类根据一个种子群体进行测定（取相当数量的种子作为样品），如重量（一般用千粒重或百粒重表示）、比重（specific gravity）、容器（volume weight）、密度（density）、孔隙度（porosity）及散落性（flow movement）等。种子的物质特性和种子的形态特征及生理生化特性一样，主要决定于作物品种的遗传特性，但在一定程度上受环境条件的影响。

种子物理特性和种子化学成分往往存在密切的相关，如小麦种子含蛋白质越高，则其硬度与透明度越大；油质种子含油分越多，则比重越小；一般种子水分越低，则比重比较大，散落性也越好。

从种子加工和贮藏的角度看，种子的物理特性和清选分级、干燥、运输以及贮藏保管等生产环节有密切的关系。在建造种子仓库时，对于仓库的结构设计、所用材料以及种子机械设备的装配等，都应该从种子物理特性方面做比较周密的考虑。例如，散落性好的种子，在进行机械化清选和输送过程中比较方便有利，但却要求具有较高坚固度的仓库结构。由此可见，深入了解各种种子的物理特性，对做好种子贮藏等工作，具有一定的指导意义。

一、种子的容重和比重

种子的千粒重（绝对重）对衡量同一作物品种不同的来源（如生产地区或季节不同等情况）的种子播种品质有一定参考价值。但对不同品种的种子而言，则只能说明品种特性而不能作为评定种子品质标准。因此，在某种情况下，测定种子的容量和比重更具有生产实践意义。

1. 种子的容重

种子的容重是指单位容积内种子的绝对重量，单位为"g/L"。种子容重的大小受多种因素的影响，如种子颗粒大小、形状、整齐度、表面特性、内部组织结构、化学成分（特别是水分和脂肪）以及混杂物的种类和数量等，凡颗粒较小、参差不齐、外形圆润、内部充实、组织结构致密、水分及油分含量低、淀粉和蛋白质含量高，并混有各种沉重物质（如泥沙等），则容量较大，反而容量较小。

由于容量所涉及的因素较为复杂，测定时必须做全面考虑，否则可能引起误解，而得出于实际情况相反的评价。例如原来品质优良的种子，可能因收获后清理不够细致，混有许多轻的杂质而降低容重；瘦小皱瘪的种子，因水分较高，容重就会增大（这一点和饱满充实的种子不同）；油料作物种子可能因脂肪含量特别高，容重反而较低。诸如此类的特殊情况，都应在测定时逐一加以分析，以免造成错误结论。

水稻种子因带稃壳，其表面又覆有稃毛，因此充实饱满的水稻种子不一定能从容重反映出来，一般不将水稻种子的容重作为检查项目。

一般情况下，种子的水分越低，则容重越大，这和绝对重量有相反的趋势。但种子水分超过一定限度，或发育不正常的种子，关系就不明显了。

种子的容重再生产上的应用相当广泛，如检验上将容重列为品质的指标之一。在贮运工作上可根据容量推算一定容量内的种子重量，或一定重量的种子所需的仓容和运输时所需的车厢数目，计算时可应用下列公式：

$$种子容量 = \frac{重量}{体积}$$

上述中需用对应的单位，如重量为 kg，容重为 g/L，得出的体积为 m^3。

2. 种子的比重

种子的比重是种子绝对重量和它的绝对体积之比。就不同作物或不同品种而言，种子的比重因形态构造（有无附属物）、细胞组织的致密程度和化学成分的不同而有很大差异。就同一品种而言，种子比重以成熟度和充实饱满度为转移。大多数的作物种子成熟越充分，内部积累的营养物质越多，则子粒越充实，比重就越大。但油料作物的种子恰好相反，种子发育的条件越好，成熟度越高，则比重越小，因为种子所含的油质随成熟度和饱满度而增加。因此，种子的比重不仅是一个衡量种子品质的指标，在某种情况下，可作为种子成熟度的间接指标。

种子在高温高湿的条件下，经长期贮藏，由于连续不断的呼吸作用，消耗掉一部分有机养料，可使比重逐渐下降。

测定种子比重的方法有好几种，其中最简便的方法是用有精致刻度的 5～10mL 的小量筒，倒入约 1/3 体积的 50％酒精，记下酒精或水体积的刻度，然后称适当重量（一般为 3～5g）的净种子样品，小心放入量筒中，观察酒精平面升高的刻度，即为该种子样品的体积，代入下式，求出比重。

$$种子比重 = \frac{种子重量(g)}{种子体积(mL)}$$

上法比较粗放，如要求更精确些，可用比重瓶测定。其操作程序如下：

① 称净种子样品 2～3g（精确度到毫克）。

② 将二甲苯（也可用甲苯或 50％酒精）装入比重瓶，到标线为止，超过标线部分用吸水纸吸去。如果比重瓶配有磨口瓶塞，则把二甲苯装满到瓶塞处，再把溢出的揩干。

③ 把装好二甲苯的比重瓶称重（W_2）。

④ 倒出一部分二甲苯，将已称好的种子（W_1）投入比重瓶中，再用二甲苯装至比重瓶的标线，用吸水纸吸去多余的二甲苯。投入种子后，注意种子表面应不附着气泡，否则会影响结果的准确性。

⑤ 将装好二甲苯和种子的比重瓶称重（W_3）。

⑥ 应用下式计算出种子比重（S）：

$$S = \frac{W_1}{W_2 + W_1 - W_3} \times G$$

式中，G 代表二甲苯的比重，在 15℃时为 0.863。如用其他药液代替二甲苯，须查出该药液在测定种子比重时的温度条件下的比重（表 2-1）。

表 2-1　各种农作物种子的容重和比重

作物种类	容重/(g/L)	比重	作物种类	容重/(g/L)	比重
稻谷	460~600	1.04~1.18	大豆	725~760	1.14~1.28
玉米	725~750	1.11~1.22	豌豆	800	1.32~1.40
谷子	610	1.00~1.22	蚕豆	705	1.10~1.38
高粱	740	1.14~1.28	油菜	635~680	1.11~1.18
荞麦	550	1.00~1.15	蓖麻	495	0.92
小麦	651~765	1.20~1.53	紫云英	700	1.18~1.34
大麦	455~485	0.96~1.11	茗子	740~790	1.35
裸麦	600~650	1.20~1.37			

种子的比重和容重在一般情况下呈直线正相关，可应用回归方程式从一种特性的测定数值推算另一特性的估计数值，表明小麦子粒的比重和容重呈直线相关的趋势。

二、种子的密度和孔隙度

种子装在一定容量的容器中，所占的实际容器仅仅是其中一部分，其余部分为种子间隙，充满着空气或其他气体。种子的实际体积与容器的容积之比，如用百分率表示，即为种子的密度。容器内种子的间隙的体积与容器的容积之比，用百分率表示即为种子的孔隙度，二者之和恒为 100%。因此种子的密度与种子的孔隙度是两个互为消长的物理特性。一批种子具有较大的密度，其孔隙度就相应小一些。

各种作物种子的密度和孔隙度相差悬殊，品种间差异很大，这主要决定于种子颗粒的大小均匀度、种子形状、种皮松紧程度、是否带秤壳或其他附属物、内部细胞结构及化学组成。此外还与种子水分、入仓条件及堆积厚度等有关。

测定种子密度，首先要测定种子的绝对重量（即千粒重）、绝对体积（即千粒实际体积）及容重，然后代入下式即得：

$$种子密度 = \frac{绝对体积 \times 容重}{绝对重量} \times 100\%$$

由前述已知种子的比重为"绝对重量/绝对体积"的比值，因此上式亦可写成：

$$种子密度 = \frac{种子容重}{种子比重} \times 100\%$$

计算时需注意种子的容重的单位，上式中容重单位应为 kg/100L，如容重单位为 g/L，则需将上式改为：

$$种子密度 = \frac{种子容重}{种子比重 \times 10} \times 100\%$$

在一个装满种子的容器中，除种子所占的实际体积外，其余均为孔隙，因此种子的孔隙度即为：

$$孔隙度 = 100\% - 密度$$

表 2-2 为一些作物种子的密度和孔隙度。作物种子的密度和孔隙度，不但在不同作物种类间有差异，而且同一作物不同品种间也存在着很大变幅。一般凡带有秤壳和果皮的种子，如稻谷、大麦、燕麦、向日葵等，其密度都比较小，而孔隙度则相应比较大。

表 2-2　几种作物种子的密度和孔隙度

作物	密度/%	孔隙度/%	作物	密度/%	孔隙度/%
稻谷	35～50	50～65	玉米	45～65	35～65
小麦	55～65	35～45	黍稷	50～70	30～50
大麦	45～55	45～55	荞麦	40～50	50～60
燕麦	30～50	50～70	亚麻	55～65	35～45
黑麦	55～65	35～45	向日葵	20～40	60～80

从上述计算密度的公式来看，密度与容重成正比，而与比重成反比，似乎种子比重越大，则密度越小，二者变化的趋势是相反的。事实上，他们之间的关系并非这样简单，因为比重可以影响容重，比重大，容重亦往往相应增大，密度也随之提高。例如玉米的比重一般比稻谷稍大，而其容重则远远超过稻谷，因而玉米的密度一般也较稻谷为高。

种子堆的孔隙度大小标志着种子堆中空气的流通状况，孔隙度大的种子堆空气流通较畅，产生的热量和水汽容易散发；投药熏蒸时，带有药蒸气的空气容易深入到种子堆内部。如果种子堆的孔隙度小，热量容易积累，发热时必须强制机械通风；投药时也必须在种子堆中安放探管使药进入到种子堆内部。

种子堆中的孔隙度还可以用于计算种子堆中氧气的贮存量，以及在密闭状态下绝氧（氧气消耗完毕）所需时间。

例如小麦种子容重为 790g/L，孔隙度为 48.2%，种子在 14.4% 含水量时，呼吸强度为 0.67mL/(kg·24h)，求在密闭状态下的绝氧时间。

小麦种子的体积为：1000g÷790g/L＝1.27L

其中所含空气：1.27L×48.2%＝0.61L

其中所含氧气（按氧气占空气 21% 计算）：0.61L×21%＝0.128L＝128mL

在密闭条件下种子堆中的氧气可供种子呼吸 128mL÷0.67＝191.04d

种子堆中的氧气消耗量与种子的含水量有关，含水量高的种子呼吸强度高，耗氧量大，氧气消耗完毕的时间短（表 2-3）。

表 2-3　小麦种子的绝氧时间

种子含水量/%	呼吸强度/[mL/(kg·24h)，以 O_2 计]	绝氧时间/d	种子含水量/%	呼吸强度/[mL/(kg·24h)，以 O_2 计]	绝氧时间/d
14.4	0.67	191.04	19.2	74.66	1.71
16.0	2.84	45.07	21.2	142.33	0.899
17.0	52.81	2.42			

三、种子的散落性和自动分级

1. 种子的散落性

作物种子就每一个单粒而言，是团干缩的凝胶，其形状固定，非遇强大外力，不易改变。但通常一大批种子是一个群体，各子粒相互间的排列位置，稍受外力，就可发生变动，同时又存在一定的摩擦力。因此，就种子群体而言，它具有一定程度的流动性。当种子从高处落下或向低处移动时，形成一股流水状，因而称为种子流，种子所具有的这种特性称为散落性。

当种子从一定高度自然落在一个平面上，达到相当数量时，就形成一个圆锥体。由于各种作物种子散落性的不一致，其形成的圆锥体也有差别。圆锥体的斜面与底部直径所成之角可作为衡量种子散落性好与差的指标，这个角称为种子的静止角或自然倾斜角。散落性较好，静止角比较小，散落性较差，静止角比较大。

种子停留在圆锥体的斜面上所以不继续向下滚动而呈静止状态，是由于种子的颗粒间存在着一定大小的摩擦力，摩擦力越大，则散落性越差，而静止角越大。

种子散落性的好与差，与种子的形态特征、夹杂物、水分含量、收获后的处理和贮藏条件等有密切关系。凡种子颗粒比较大，形状近球形而表面光滑，则散落性较好，如豌豆、油菜子等；如因收获方法不善或清选手续太粗放而混有各种轻的夹杂物（如破碎叶片、稃壳、断芒、虫尸等），或因操作用力过猛而致种子损伤、脱皮、压扁、破裂等情况，则散落性大为降低。

种子的水分含量越高，则颗粒间的摩擦力越大，其散落性也相应减少。若用静止角表明这一关系，则呈正相关的趋势（表2-4）。

表 2-4 种子水分与静止角的关系

项目	水分/%	静止角/°	项目	水分/%	静止角/°
稻谷	13.7	36.4	玉米	14.2	32.0
	18.5	44.3		20.1	35.7
小麦	12.5	31.0	大豆	11.2	23.0
	17.6	37.1		17.7	25.4

由表2-4可知，测定种子的静止角时，必须同时考虑种子水分；而同品种的种子，则大致可从静止角的大小估计其水分含量。

种子的散落性可通过除芒机、碾种机或其他机器处理而发生变化。一般经过处理后，由于种子表面的附着物大部分脱除，比较光滑，因而散落性增大。

种子在贮藏的过程中，散落性也会逐渐发生变化。例如贮藏条件不适当，以致种子回潮、发热、发酵、发霉或发生大量仓虫，散落性就会显著下降。尤其经过发热、发酵、发霉的种子，严重时成团结块，有时使整个种子堆形成直壁，完全失去散落性。所以种子在贮藏过程中，定期检查散落性的变化情况，可大致预测种子贮藏的稳定性，以便必要时采取有效措施，以免造成意外损失。

静止角的测定可采用多种简易方法。通常用长方形的玻璃皿一个，内装种子样品约1/3，将玻璃皿慢慢向一侧横倒（即转动90°的角），使其中所装种子成一个斜面，然后用半径较大的量角器测得该斜面与水平面所成的角度，即为静止角。另一方法是取漏斗一个，安装在一定高度，种子样品通过漏斗落于一平面上，形成一个圆锥体，再用特别的量角器测得圆锥体的斜度，即为静止角。

测定静止角时，每个样品最好重复多次，记录其变异幅度，同时附带说明种子的净度和水分，以便和其他结果比较。表2-5的资料表明主要作物种子的静止角。

表 2-5 主要作物种子静止角及其变化幅度

作物	静止角/°	变幅/°	作物	静止角/°	变幅/°
稻谷	35～55	20	大豆	25～37	12
小麦	27～38	11	豌豆	21～31	10
大麦	31～45	14	蚕豆	35～43	8
玉米	29～35	6	油菜子	20～28	8
小米	21～31	10	芝麻	24～31	7

表示种子散落性的另一指标是自流角。当种子摊放在其他物体的平面上，将平面的一段向上慢慢提前形成一个斜面，此时斜面与水面所成之角（即斜面的陡度）亦随之逐渐增大，种子在斜面上开始滚动时的角度和绝大多数种子滚落时的角度，即为种子的自流角。种子自流角的大小，很大程度上随斜面的性质而异，如表 2-6 所示。

表 2-6　几种作物种子的静止角和自流角

作物	静止角/°	自流角			
		薄铁皮	粗糙三合板	涂磁漆三合板	平板玻璃
籼谷	36～39	26～32	33～43	22～32	26～31
粳谷	40～41	26～31	35～47	20～27	27～31
玉米	31～32	24～36	27～36	18～24	22～31
小麦	34～35	22～29	26～35	17～23	24～30
大麦	36～40	21～27	29～37	18～24	25～31
裸麦	38～40	21～26	30～41	19～23	26～30
大豆	31～32	14～22	16～23	11～17	13～17
豌豆	26～29	12～20	21～26	12～20	13～18

种子自流角也在一定程度上受种子水分、净度及完整性的影响。必须注意在有关因素比较一致的情况下测定。有时由于取样方法、操作技术的微小差异，也往往不易获得一致的结果。

种子的静止角与自流角虽不能测得一个精确的数值，但在生产上仍有一定实践意义。如建造种子仓库，就要根据种子散落性估计仓壁所承受的侧压力大小，作为选择建筑材料与构造类型的依据，侧压力的数值可用下式求得：

$$P = 1/2mgh^2 \tan^2(45° - a/2)$$

式中　P——每米宽度仓壁上所承受的侧压力，kN/m；

　　　m——种子容量，g/L 或 kg/m³；

　　　g——重力加速度，9.80665m/s²；

　　　h——种子的堆积高度，m；

　　　a——种子静止角，°。

假定建造一座贮藏小麦种子的仓库，已测得小麦的静止角为 30°～34°，容重为 750kg/m³，在仓库中堆积高度以 2m 为最大限度，则可应用上式求出仓壁所承受的压力 $P = 4.9$kN/m（因静止角小，侧压力大，所以 a 取 30°），表面该仓库种子所堆高度的仓壁在每米宽度上将承受 4.9kN 左右的侧压力。

在种子清选、输送及保管过程中，常利用种子散落性以提高工作效率，保证安全，减少损耗。如自流淌筛的倾斜角应调节到稍大于种子的静止角，使种子能顺利地流过筛面，收到自动筛选除杂效果；用运输机运送种子时，其坡度应调节到略小于种子的静止角，以免种子发生倒流。此外，在种子的保管过程中，特别是入库初期，应经常观察种子散落性有无变化，如有下降趋势，则可能出现回潮、结露、出汗以致发热霉变的预兆，应该做进一步检查，并及时采取措施，以防造成意外损失。

2. 种子的自动分级

当种子堆在移动时，其中各个组成部分都受到外界环境条件和本身物理特性的综合作用而发生重新分配现象，即性质近似的组成部分趋向聚集于相同的部位，而失去它们在整个种子堆里原来的均匀性，在品质上和成分上增加了差异程度，这种现象称为自动分级（auto-grading）。

种子堆移动时之所以发生自动分级现象，主要由于种子堆的各个组成部分具有不同的散落性所致；而散落性的差异是由各个组成部分的摩擦力不等和受外力不同的影响所引起。种子堆的自动分级还受其他复杂因素的影响，如种子堆移动的方式、落点的高低以及仓库类型等。通常人力搬运倒入仓库的种子，落点较低而随机分散，一般不发生自动分级现象；种子用袋装方法入库，就根本不存在自动分级的问题。严重的自动分级现象往往发生在机械化大厂库中。种子数量多，移动距离大，落点比较高，散落速度快，就很容易引起种子堆各组成部分强烈的重新分配。显而易见，种子的净度和整齐度越低，则发生自动分级的可能性越大。当种子流从高处向下散落形成一个圆锥形的种子堆时，充实饱满的子粒和沉重的杂质大多数集中于圆锥形的顶端部分或滚到斜面中部，而瘦小皱瘪的子粒和轻浮的杂质则多数分散在圆锥体四周而积集于基部。种子装入圆筒仓内的自动分级见表2-7。

表 2-7 种子装入圆筒仓内的自动分级

从种子堆上取样的部位	容重/(g/L)	绝对重/g	碎粒/%	不饱满粒/%	杂草种子/%	有机杂质/%	轻杂质/%	尘土/%
顶部	704.1	16.7	1.84	0.09	0.32	0.14	0.15	0.75
斜面中部	708.5	16.9	1.57	0.11	0.21	0.04	0.36	0.32
基部	667.5	15.2	2.20	0.47	1.01	0.65	2.14	0.69

从表2-7可见，落在种子堆基部靠近仓壁的种子品质最差，其容重和绝对重均显著降低。碎种子和尘土则大多数聚集在种子堆的顶部和基部，斜面中部较少。而轻的杂质、不饱满与杂草种子则大部分散落在基部即仓壁四周边缘，因而使这部分种子容重大大降低。在小型仓库中。种子进仓时，落点低，种子流动距离短，受空气的浮力作用小，轻杂质由于本身滑动的可能性小，就容易聚集在种子堆的顶端，而滑动性较大的大型杂质和大粒杂草种子则随饱满种子一齐冲到种子堆的基部，这种自动分级现象在散落性较大的小麦、玉米、大豆等种子中更为明显。

当种子从仓库中流出时，亦同样会发生自动分级现象。种子堆中央部分比较饱满充实的种子首先出来，而靠近仓壁的瘦小种子和轻的杂质后出来，结果因出仓先后不同而使种子品质发生很大的差异。

在运输过程中，用输送带搬运种子，或用汽车、火车长距离运输种子，由于不断震动的影响，就会按其组成部分的不同发生自动分级现象，结果使饱满度差的种子、带秕壳的种子、经虫蚀而内部有孔洞的种子以及轻浮粗大的夹杂物，都集拢到表面。

自动分级使种子堆各个组成部分的分布均衡性减低，某些部位积聚许多杂草种子、瘪粒、破碎粒和各种杂质，增强吸湿性，常引起回潮发热以及仓虫和微生物的活动，从而影响种子的安全贮藏。灰杂几种部位，孔隙度变小，熏蒸时药剂不易渗透，而且这些部位吸附性强，孔隙间的有效浓度降低，因而会降低熏蒸杀虫的效果。

种子堆由于发生自动分级而增高差异性，在很大程度上影响种子检验的正确性，因而必须改进取样技术，以免从中抽得完全缺少代表性的样品。在操作时，应严格遵守技术规程，选择适当的取样部位，增加点数，分层取样，使种子堆各个组分有同等被取样的机会，这样，检验的结果就能反映种子品质的真实情况。

在生产上要彻底防止由于种子自动分级造成的各种不利因素，首先必须从提高进仓前清选工作的技术水平，除尽杂质，淘汰不饱满或不完整的种子着手。其次在贮藏保管业务上，如遇大型仓库，可在仓顶安装一个金属圆锥器，使种子流中比较大而重的组成部分落下时不致聚于一点而分散到四周，轻而小的组成部分能靠近中心落下，以抵消由于自动分级所产生的不均衡性。另一方面，可在圆筒仓出口处的内部上方安装一锥形罩，当仓内种子移动时，中心部分会带动周围部分同时流出，使各部分种子混合起来，不致因流出先后而导致种子品质差异悬殊。

从生产观点看，自动分级也有它有利的一面，许多清选工具和方法就是利用种子的这一特性而设计的。例如用簸箕和畚斗簸除种子中所混的空瘪粒和轻质细小杂质，用筛子的旋转运动或前后摇摆而将比重不同的种子和杂种分离，或利用垂直螺旋式清选机以及各种斜面清选机进行种子清选分级，都是根据同样的原理设计的。同时在种子清选分级过程中，还可利用种子自动分级这一特性来提高工作效率。

四、种子的导热性和比热容

1. 种子的导热性

种子堆传递热量的性能为导热性。种子本身是浓缩的胶体，具有一定的导热性能，但种子堆却是不良导体。热量在种子堆内的传递方式主要通过两个方面：一方面靠种子间彼此直接接触的相互影响而使热量逐渐转移（传导传热），其进行速度非常缓慢；另一方面靠种子间隙里气体的流动而使热量转移（对流传热）。一般情况下，由于种子堆内的阻力很大，气体流动不可能很快，因此热量的传导也受到很大限制。在某些情况下，种子颗粒本身在很快移动（如通过烘干机时），或空气在种子堆里以高速度连续对流（如进行强烈通风），则热量的传导过程发生剧烈变化，同时传导速度也大大加速。种子的导热性差，在生产上会带来两种相反的作用，在贮藏期间，如果种子本身温度比较低，由于导热不良，不易受外界气温上升的影响，可保持比较长期的低温状态，对安全贮藏有利。但当外界气温较低而种子温度较高的情况下，由于导热很慢，种子不能迅速冷却，以致长期处在高温条件下，持续进行旺盛的生理代谢作用，促使生活力迅速减退和丧失，这就成了种子贮藏的不利因素。因此，作物种子经干燥后，必须经过一个冷却过程，并使种子的残留水分进一步散发。

种子导热性的强弱通常用传热系数来表示。它决定于种子的特性、水分的高低、堆装所受压力以及不同部位的温差等条件。种子的传热系数就是指单位时间内通过单位面积静止种子堆的热量。在一定的时间内，通过种子堆的热量是随着种子堆的表层与深沉的温差而不同。各层之间温差越大，则通过种子堆的热量越多，传热系数也越大。

生产上要测出种子的传热系数，先要测定种子的热导率，种子的热导率是指 1m 厚的种子堆，当表层和底层的温差相差 1℃时，在每小时内通过该种子堆每平方米表层面积的热量，其单位是 kJ/(m·℃)。作物种子的热导率一般都比较小，大多数在 0.4184～0.8368kJ/(m·℃) 之间，并随种温和水分的变化而有增减，见表 2-8。

表 2-8　几种作物种子的热导率

作物种类	种温/℃	水分/%	热导率/[kJ/(m·℃)]	作物种类	种温/℃	水分/%	热导率/[kJ/(m·℃)]
小麦	20.0	22.8	0.8284	燕麦	18.0	17.7	0.4978
小麦	16.6	17.8	0.5481	黑麦	16.7	11.7	0.7248
小麦	10.0	17.5	0.3849	黍	18.0	11.9	0.6025
大麦	17.5	18.6	0.64.1				

一般作物的热导率介于水与空气之间，在 20℃时，空气的热导率为 0.0908kJ/(m·℃)，而水的热导率为 2.1338kJ/(m·℃)。可见在相同温度条件下，水的热导率远远超过了空气，因此，当仓库的类型和结构相同，贮藏的种子数量相近时，在不通风的密闭条件下，种子的水分越高，则热的传导越快；种子堆的空隙越大，则热的传导越慢，亦即干燥而疏松的种子在贮藏的过程中不易受外界高温的影响，能保持比较稳定的种温；反之，潮湿紧

密的种子则容易受外界温度变化的影响，温度波动较大。

在大型仓库中，如进仓的种子温度高低相差悬殊，由于种子的导热性太弱，往往经过相当长的时间仍存在较大的温差，不能使各部分达到平衡；于是种子堆温度较高的部分的水分将以水蒸气的状态逐渐转移到温度较低的部分而吸附在种子表面，使种子回潮，引起强烈的呼吸以致发热霉变。因此，种子入库时，不但要考虑水分是否符合规定标准，同时还需注意种温是否基本上一致，以免招致意外损失。

种子堆的导热性能与安全贮藏还存在着另一方面的密切关系。生产上往往可以利用种子的导热性比较差这个特性，使之成为有利因素。例如在高温潮湿的气候条件下所收获的种子，需加强通风，使种子的温度和水分逐渐下降，直到冬季达到稳定状态，来春气温上升，空气的湿度增大，则将仓库保持密封，直到炎夏，种子仍能保持接近冬季的温度，因而可以避免夏季高温影响而确保贮藏安全。

2. 种子的比热容

种子的比热容是指 1kg 种子温度升高 1℃ 时所需的热量，其单位为 kJ/(kg·℃)。种子的比热容的大小决定于种子的化学成分（包括水分在内）及各种成分的比率。在种子的主要化学成分中，干淀粉的比热容为 1.5481kJ/(kg·℃)，油脂为 2.0501kJ/(kg·℃)，干纤维为 1.3388kJ/(kg·℃)，而水为 4.184kJ/(kg·℃)。绝对干燥的作物种子的比热容大多数在 1.6736kJ/(kg·℃) 左右，如小麦和黑麦均为 1.5481kJ/(kg·℃)，向日葵为 1.6443kJ/(kg·℃)，亚麻为 1.6610kJ/(kg·℃)，大麻为 1.5522kJ/(kg·℃)，蓖麻为 1.8409kJ/(kg·℃)。

水的比热容较一般种子的干物质比热容要高出 1 倍以上，因此水分越高的种子，其比热容亦越大。如果已经测知种子干物质的比热容和所含的水分，则按下式计算出它的比热容：

$$C = C_0(1-V) + 4.184V$$

式中　C——含有一定水分的种子的比热容；

　　　C_0——种子绝对干燥时的比热容；

　　　V——种子所含的水分。

例如，已测得小麦种子的水分为 10%，则其比热容为：

$$C = 1.5481 \times (1-0.1) + 4.184 \times 0.1 = 1.8117 kJ/(kg·℃)$$

从上式推算所得的热容量，只能表示大致情况，因各种作物种子的组成成分比较复杂，对比热容都有一定影响。根据实际测定，当种子水分为 14%，小麦的比热容为 1.6736kJ/(kg·℃)，燕麦的比热容为 2.1338～2.3849kJ/(kg·℃)，黑麦为 1.8410～2.0083kJ/(kg·℃)。

当种子干物质的比热容和所含水分的数据缺乏时，可应用量热器直接测定种子比热容，其步骤如下：在一定温度条件下，将一定量的水注入量热器，然后将一定量的种子样品加热到一定温度，亦投入量热器中，等种子在水中热量充分交换而达到平衡时，观察量热器中水的温度比原来升高几摄氏度，再将平衡前后的温差折算成单位重量的水与种子的温差比率，即为种子的比热容。其计算公式如下：

$$C = B(T_3 - T_2)/S(T_1 - T_3)$$

式中　C——种子比热容；

　　　B——水的重量，mL 或 g；

　　　S——种子的重量，g；

　　　T_1——加热后的种温，℃；

T_2——原来的水温，℃；

T_3——种子放入后达到平衡时的水温，℃。

了解种子的热容量，可推算一批种子在秋冬季节贮藏期间放出的热量，并可根据比热容、传热系数和当地的月平均温度来预测种子的冷却速度。通常一座能容 $2.5 \times 105 kg$ 种子的仓库，种温从进仓时 30℃降到秋冬季 15℃以下，放出的总热量可达百万千焦。同样，在春夏季种温随气温上升，亦需吸收大量热量。因此在前一种情况下，需装通风设备以加速降温，在后一种情况下，需密闭仓库以减缓升温，这样可保持种子长期处在比较低的温度条件下，抑制其生理代谢作用而达到安全贮藏的目的。

刚收获的作物种子，水分较高，比热容亦较大，如直接进行烘干，则使种子升高到一定温度所需的热量亦最大，即消耗的燃料亦越多；而且不可能一次完成烘干的操作过程，如加温太高，会招致种子死亡。因此，种子收获后，放在田间或晒场上进行预干，是最经济且稳妥的办法。

五、种子的吸附性和吸湿性

1. 种子的吸附性

种子胶体具有多孔性和毛细管结构，在种子的表面和毛细管的内壁可以吸附其他物质气体分子，这种性能称为吸附性。当种子与挥发性的农药、化肥、汽油、煤油、樟脑等物质贮藏在一起，种子表面内部会逐渐吸附此类物质的气体分子，分子的浓度越高和贮藏的时间越长，则吸附量越大，不同种子吸附性的差异主要决定于种子内部毛细管内壁的吸附能力，因为毛细管内壁的有效表面的综合比种子本身外部的表面积超过 20 倍左右。

吸附作用通常因吸附的深度不同分为三种形式，即吸附、吸收和毛细管凝结或化学吸附。当一种物质的气体分子凝聚在种子胶体的表面为吸附；其后，气体分子进入毛细管内部而被吸着，称为吸收；再进一步，分子气体在毛细管内达到饱和状态开始凝结而被吸收，则称为毛细血管的凝结。但对种子来说，这三种形式都可能存在，而且很难严格加以区分。

种子在一定条件下能吸附气体分子的能力称为吸附容量，而在单位时间内能被吸附的气体数量称为吸附速率。被吸附的气体分子亦可能从种子表面或毛细管内部释放出来而释放出来而散发到周围的空气中去，这一个过程是吸附作用的逆转，称为解吸作用。一个种子堆在贮藏过程中，所有子粒对周围环境中的各种气体都在不断进行吸附作用和解吸作用，如果条件固定不变，这两个相反的作用可达到平衡状态，即在单位时间内吸附的和解吸的气体数量相等。当种子移置于另一个环境中，则种子内部的气体或液体分子就开始向外扩散，或者相反，由外部向种子内部扩散。如果种子贮藏在密封的状态中，经过一定的时间，就可以达到新的平衡。

种子堆里的吸附与解吸过程主要是靠气体扩散作用来进行的。首先种子堆周围的气体由外部扩散到种子堆的内部，充满在种子的间隙中，一部分气体分子就吸附在每颗子粒的表面，另有一部分的气体分子扩散到气体毛细管内部而吸附在内壁上，达到一定限度后，气体开始凝结成液体，转变成液态扩散；最后有一部分气体分子渗透到细胞内部而与胶体微粒密切结合在一起，甚至和种子内部的有机物质起化学反应，形成一种不可逆的状态，即所谓的化学吸附。若被吸附的气体可以被可逆地完全解吸出来，则称物理吸附。

农作物种子吸附性的强弱取决于多种因素，主要包括下列几个方面。

① 种子的形态结构（子粒表面粗糙、皱缩的程度和组织结构）凡组织结构疏松，吸附力较强；表面光滑、坚实或被有蜡质，吸附力较弱。

② 吸附面的大小　子粒的有效面积越大，吸附力越强。当其他条件相同时，子粒越小，比面积越大，其吸附力比大粒种子为强。此外，胚部较大的和表面漏出较多的种子，其吸附性也较强。

③ 气体浓度　环境中气体的浓度越高，则种子内部与外部的气体压力相差也越大，因而加速其吸附。

④ 气体的化学性质　凡是容易凝结的气体，以及化学性质较为活泼的气体，一般都易被吸附。

⑤ 温度　吸附式放热过程，当气体吸附于吸附剂（种子）表面的同时，伴随放出一定的热量，称为吸附热。解吸则是吸热过程，气体从吸附剂表面脱离时，需吸收一定热量。在气体浓度不变的条件下，温度下调，放热过程加强，有利于吸附的进行，促使吸附量增加；温度上升，吸热过程加强，有利于解吸过程的进行，吸附量减少。熏蒸后在低温下散发毒气较为困难，原因就在于此。

2. 种子吸湿性

种子对于水汽的吸附和解吸的性能称为种子的吸湿性。吸湿性是吸附性的一种具体表现。由于种子的主要组成成分是亲水胶体（典型的油质种子除外），所以大多数种子对水汽的吸附能力是相当强的。

水汽和其他气体一样，吸附和解吸过程都是通过水汽的扩散作用而不断进行的。首先是水分子以水汽状态从种子外部经过毛细管扩散到内部去，其中一部分水分子被吸附在毛细管的有效表面，或进一步渗入组织细胞内部与胶体微粒密切结合，成为种子的结构水或束缚水。当外部水汽继续向内扩散，使毛细管中的水汽压力逐渐加大，结果水汽凝结成水，称为液化过程。外部的汽态水分子继续扩散进去，直到毛细管内部充满游离状态的水分子，通常称游离水。这些水分子在种子中可以自由移动，所以也称自由水。当种子含自由水较多时细胞体积膨大，子粒外形饱满，内部的生理过程趋向旺盛，往往引起种子的发热变质。种子收获后遇到的潮湿多雨季节，空气中的湿度接近饱和状态，就容易发生这种情况。

当潮湿的种子摊放在比较干燥的环境中，由于外界水汽压力比种子内部低，水分子就从种子内部向外扩散，直到自由水全部释放出去。有时遇到高温干燥的天气，即使是束缚水也会被释放一部分，结果种子的水分可达到安全贮藏水分以下，这种情况在盛夏和早秋季节是经常会发生的。

据研究，在相同温度和相对湿度条件下，同一种种子吸湿增加水分和解吸降低水分这两种情况下的平衡水分不同。种子的吸湿到达平衡的水分始终低于解吸达到平衡的水分，这种现象称吸附滞后效应。种子贮藏过程中，如干种子吸湿回潮，水分升高，以后即使大气湿度恢复到原来水平，种子吸湿水汽，但最后种子水分也不能恢复到原有的水平。因此，这一问题是生产上值得注意的。

种子吸湿性的强弱主要决定于种子的化学组成和细胞结构。种子的亲水胶体的比例越大，吸湿性越强；反之，含油脂较多的种子吸湿性较弱。禾谷类作物种子由于胚部含有较多的亲水胶体物质，其吸湿性要较胚乳部分强得多，因此，在比较潮湿的气候条件下，胚部比胚乳部分容易吸湿回潮，往往成为每颗子粒发霉变质的起点。在贮藏上解决这个问题的根本措施是干种子密闭贮藏，以隔绝外界水分的侵入。

3. 种子的平衡水分

种子水分随着吸附与解吸过程而变化，当吸附过程占优势，则种子水分增高；当解吸过程占优势，则种子的水分减少。如果将种子放在固定不变的温度和湿度条件下，经过一段时间，则种子水分保持在一定水平，基本上稳定不变，此时种子对水汽的吸附和解吸作用以同等的速度进行着，即达到动态平衡状态，这时种子所含的水分为种子在该特定条件下的平衡水分，此时的相对湿度称平衡相对湿度。

平衡水分测定一般在 20～25℃条件下进行。平衡水分的测定方法如下：将种子样品与各种盐的饱和溶液（产生不同的相对湿度）放在一密闭容器内，注意种子样品不可和溶液直接接触。经过一段时间，当种子的水分和容器内的蒸汽压力达到平衡，即种子水分不再增减时，此时种子的水分即为该温度和湿度的条件下的平衡水分。常用的盐类见表2-9。当温度固定，将不同湿度下的种子平衡水分画成曲线，就得到一条 S 形曲线，称为等温吸附曲线（吸湿平衡曲线）。

表 2-9　盐类的饱和溶液与平衡相对湿度

盐类	温度/°F(℃)	相对湿度/%	盐类	温度/°F(℃)	相对湿度/%
BaCl₂·2H₂O	77(25)	91.2	NaCl	32(0)	74.9
	86(30)	90.8		50(10)	75.2
	95(35)	90.2		68(20)	75.5
	104(40)	89.7		86(30)	75.6
CaCl₂	20(−6.7)	44.0		104(40)	75.4
	32(0)	41.0		122(50)	74.7
	50(10)	40.0	Mg(NO₃)₂·6H₂O	50(10)	57.8
	71(21)	35.0		68(20)	54.9
KNO₃	32(0)	97.6		86(30)	52.0
	50(10)	95.5		104(40)	49.2
	68(20)	93.2	MnCl₂·4H₂O	68(20)	54.2
	86(30)	90.7		86(30)	53.9
	104(40)	87.6		104(40)	52.3
KCl	68(20)	89.2	CuCl₂·2H₂O	68(20)	68.7
	77(25)	87.2		77(25)	68.7
	86(30)	85.3		86(30)	68.3
	95(35)	83.8		104(40)	67.4
LiCl·H₂O	50(10)	13.3	NH₄Cl	20(−6.7)	82
	68(20)	12.4		32(0)	83
	86(30)	11.8		50(10)	81
	104(40)	11.6		70(21)	75
MgCl₂	73(22.8)	32.9	MgCl₂·6H₂O	50(10)	34.2
	86(30)	32.9		68(20)	33.6
	100(37.8)	31.9		86(30)	32.8
K₂CO₃	68(20)	43.9		104(40)	32.1
	77(25)	43.8	NaNO₃	68(20)	65.3
	86(30)	43.6		77(25)	64.3
	100(37.8)	43.4		86(30)	63.3
K₂SO₄	50(10)	97.9		100(37.8)	61.8
	68(20)	97.2	NH₄H₂PO₄	68(20)	93.2
	86(30)	96.6		77(25)	92.6
	104(40)	96.2		86(30)	92.0
(NH₄)₂SO₄	50(10)	81.7		100(37.8)	91.1
	68(20)	80.6	Ca(NO₃)₂·4H₂O	68(20)	53.6
	86(30)	80.0		77(25)	50.4
	104(40)	79.6		86(30)	46.6
				95(35)	41.5

这两个曲线有两个转折点：第一个转折点（阶段Ⅰ与阶段Ⅱ之间）出现时因为种子非常干燥，种子胶体中的亲水基因处于裸露状态，对水分子有极强的亲和力，因此强烈地吸收水分，平衡水分很快上升。当种子的所有亲水集团都吸附水分形成第一层水膜。由于有第一层水膜的存在，种子和空气中的水分子有一层间隔，不是靠种子的亲水胶体而是靠水分子之间的微弱的氢键吸引才能形成第二层水膜。因此尽管空气的相对湿度增加，第二层水膜形成很慢，因此造成此时平衡水分增加缓慢。第二个转折点（阶段Ⅱ与阶段Ⅲ）出现是因为种子水分增加后逐渐趋向饱和而凝结，种子内部的水汽压突然下降，空气中的水汽在外界水汽压作用下大量进入种子中，所以种子的平衡水分迅速上升。

种子的平衡水分受温度、相对湿度和种子本身的影响。在湿度不变时，种子的平衡水分随温度升高而减小，呈负相关。这是因为当温度升高时空气的保湿能力增加，温度每上升 10℃每千克空气中达到饱和的水蒸气量约可增加 1 倍，使得相对湿度变小，从而使种子的平衡水分减少。当温度不变时，种子的平衡水分随相对湿度的增加而增大，与湿度呈正相关。当外界湿度高时，显然产生的水汽压高，水汽浓度大，水分子容易进入种子，所以种子的平衡水分高，从种子本身来看，种子的胚中轴或胚所占整个子粒的比例较大者平衡水分高，因为与胚乳比较，胚更容易吸收水分和保存水分。例如小麦种子整粒计算种子水分是 18.49%，而胚部水分可达到 20.04%。凡种子表面粗糙、破损，种子内部结构致密、毛细管多而细者，种子平衡水分高，因为种子增加了与水汽分子接触的表面积。

此外，种子化学物质的亲水性对种子的平衡水分有极大影响，亲水性由种子的化学物质的分子组成中含有大量的亲水基所致。如羟基（—OH）、醛基（—CHO）、巯基（—SH）、氨基（—NH$_2$）、羧基（—COOH）均为亲水基。而各种亲水基吸收水分子的能力不同的，一个羧基可以吸收 4~5 个水分子，氨基可以吸收 3 个水分子。蛋白质与糖类的分子中均含有这类极性基，所以具有亲水性。蛋白质分子含有—NH$_2$ 和—COOH，亲水性强。脂肪分子中不含极性基，表现疏水性。因此凡含大量蛋白质、淀粉的种子的平衡水分较高，而含大量脂肪的种子平衡水分较低。这也就解释为什么油类种子的安全贮藏水分较低的原因。粉质种子几乎全部由淀粉和蛋白质组成，所以水分分布在整粒种子上。而油脂种子含有大量脂肪，水分子只能分布在其余的亲水胶体上，就亲水胶体而言，它已经含有大量水分，但按整粒种子计算，水分仍很低。例如，某油质种子的含油率 40%，那么 60% 为亲水胶体。如果要达到禾谷类种子相同的安全程度（安全水分 13%），它的安全水分应为 13%×60%，即 7.8%。

种子的平衡水分有广泛的应用。首先，可以用平衡水分来确定种子的安全贮藏水分。吸湿平衡曲线上第一个转折点是第一层水和第二层水的界限，第二个转折点是第二层水与多层水的界限，两个转折点的 1/2 处为束缚水与自由水的界限，即临界水分。自由水的存在会引起种子内部一系列旺盛的生命活动，呼吸强度增大，不利于种子贮藏。所以，种子的安全水分一般不应超过临界水分。安全水分的确定还要考虑不同地区所处的温度、常年大气湿度。南方的安全水分必须低于北方。

也可将平衡水分看作是某一特定条件下种子是解吸还是吸湿的分界线。例如某一仓库中的相对湿度 80%，温度 20℃，小麦入库水分 13%。查表 2-10 可知该条件下小麦的平衡水分 15.9%因此小麦会吸收空气中的水分，需要进行通风和隔湿工作。也可将平衡水分看作是某一特定条件下的种子的最大持水量，种子在某一个特定条件下失水多少也与平衡水分有关，后者在种子的干燥中有广泛的应用（表 2-10）。例如用热空气干燥的种子，通入热空气含有一定的相对湿度和温度，该条件下平衡水分就是种子能降低水分的最低限度。由上所述，种子的平衡水分，可以从不同的角度去理解、应用，从而为种子的安全贮藏服务。

表 2-10　一些作物种子在不同温度和相对湿度下的平衡水分

作物种子	温度/℃	相对湿度/%							
		20	30	40	50	60	70	80	90
小麦	0	8.7	10.1	11.2	12.4	13.5	15.0	16.7	21.3
大麦		9.2	10.6	12.1	13.1	14.4	16.4	18.3	21.1
黍		8.7	10.2	11.7	12.5	13.6	15.2	17.1	19.1
稻谷	20	7.5	9.1	10.4	11.4	12.5	13.7	15.2	17.6
玉米		8.2	9.4	10.7	11.9	13.2	14.9	16.9	19.2
小麦		7.8	9.0	11.6	12.7	14.3	15.9	18.3
大麦		7.8	9.2	11.3	13.1	14.3	16.0	19.9
黍		8.8	9.5	10.9	12.0	13.4	15.2	17.5	20.9
大豆		5.4	6.5	7.1	8.0	9.5	14.4	15.3	20.9
小麦	30	7.4	8.8	10.2	11.4	12.5	14.0	15.7	19.3
大麦		7.6	9.1	10.4	12.2	13.2	14.3	16.6	19.0
黍		7.2	8.7	10.2	11.0	12.1	13.6	15.3	17.7

情境教学二　种子加工基础

学习情境	学习情境 2　种子加工基础	
学习目的要求	1. 掌握种子的物理特性 2. 掌握种子物理特性在种子加工方面的利用	
任务	通过对种子的观察,了解种子的物理特性	
基础理论知识	了解种子的容重和比重、密度和孔隙度、散落性和自动分级、导热性和比热容、吸附性、吸湿性和平衡水分	
用具及材料	新收获的玉米种子、大豆、玻璃板、木板等	
一、种子的容重和比重	种子的容重是指单位容积内种子的绝对重量,单位为"g/L"。种子容重的大小受多种因素的影响	种子比重为一定的绝对体积的种子重量和同体积的水的重量之比,也就是种子绝对重量和它的绝对体积之比
	1. 作物种子的容重和比重的测量方法 2. 作物种子的容重和比重的测量标准	
二、种子的密度和孔隙度	种子的密度:测定种子密度,首先要测定种子的绝对重量(即千粒重)、绝对体积(即千粒实际体积)及容重	种子的孔隙度:在一个装满种子的容器中,除种子所占的实际体积外,其余均为孔隙,因此种子的孔隙度即为孔隙度=100%-密度
	1. 作物种子的密度和孔隙度的测量方法 2. 作物种子的密度和孔隙度的测量标准	
三、种子的散落性和自动分级	当种子从高处落下或向低处移动时,形成一股流水状,因而称为种子流,种子所具有的这种特性称为散落性	当种子堆在移动时,其中各个组成部分都受到外界环境条件和本身物理特性的综合作用而发生重新分配现象,即性质相似的组成部分,趋向聚集于相同的部位,这种现象称为自动分级
	认识种子的散落性,掌握种子的自动分级在种子贮藏和加工中的作用	
四、种子的导热性和比热容	种子的导热性:种子堆传递热量的性能为导热性	种子的比热容:种子的比热容是指 1kg 种子温度升高 1℃时所需的热量,其单位为 kJ/(kg·℃)
	认识种子的导热性和比热容,掌握种子在贮藏中种子温度的变化规律	
五、种子的吸附性、吸湿性和平衡水分	种子的吸附性:种子胶体具有多孔性和毛细管结构,在种子的表面和毛细管的内壁可以吸附其他物质气体分子,这种性能称为吸附性	种子的吸湿性:种子对于水汽的吸附和解吸的性能称为种子的吸湿性	种子的平衡水分:在一定的温度和湿度下,经过相当时间,则种子水分保持一定水平,基本上稳定不变,此时种子对水汽的吸附和解吸作用以同等的速度进行着,亦即达到动态平衡状态,这时种子所含的水分为种子在该特定条件下的平衡水分
	1. 了解种子的吸附性和吸湿性,掌握种子在贮藏过程中水分的变化规律 2. 平衡水分在种子贮藏中的应用	

模块二

种子的物理特性

31

基本技术篇

学习目标

1. 了解种子加工所有机械的工作原理。

2. 掌握种子加工各环节的要求和种子加工的标准。

3. 掌握种子从收获到销售整个加工的流程。

4. 了解种子在贮藏期间生理生化变化。

5. 掌握种子在贮藏期间病虫害防治。

6. 掌握主要种子的贮藏技术。

模块三 基本技术

技术一　种子清选分级

种子加工（seed processing），即对采收的种子进行清选、分级、干燥、消毒、脱毛或包衣等处理，是提高和保证种子质量的主要措施。清选是从采收的种子中去除未熟、空瘪、受损种子及杂物的过程。种子必须干燥，达到安全贮藏的含水分标准，才能在一定的时期内保持活力和种用价值。种子消毒和包衣是采用物理、化学方法处理，杀死病原生物，提高种子抗逆性和改善播种质量。脱毛是指种子表面脱毛和对伞形花科植物的果实（如胡萝卜的双悬果）除去其表面刺毛的加工工艺。脱毛后便于保存、包衣和播种。

种子贮藏（seed storage），就是为了能较长时间保持种子旺盛的生活力，延长种子的使用年限，保证种子具有较高的品种品质和播种品质，以满足生产对种子数量和质量的需求。

未经清选的种子堆（seed bulk），成分相当复杂，其中不仅含有各种不同大小、不同饱满度和完整度的本品种种子，还含有相当数量的混杂物。而各类种子或各种混合物各具不同的物理特性，如形状、大小、比重及表面结构等。种子的清选和分级（seed cleaning and classification）就是根据种子群体的物理特性以及种子和混合物之间的差异性，在机械操作过程中（如运输、振动、鼓风等）将种子与种子、种子与混杂物分离开。

一、种子清选分级的原理

（一）根据种子大小进行分离

根据种子的大小（图 3-1），可用不同形状和规格的筛孔，把种子与夹杂物分离开，也可以将长短和大小不同的本品种种子进行分级。

1. 按种子的长度分离

长度分离（separation by length）是用圆窝眼筒来进行的。窝眼筒为一内壁上带有圆形窝眼的圆筒，筒内置有盛种槽。工作时，将需要进行清选的种子置于筒内，并使窝眼筒做旋转运动，落于窝眼中的短种粒（或短小夹物）被旋转的窝眼滚筒带到较高位置，接着靠种子本身的重力落于盛种槽内。长种粒（或长夹物）进不到窝眼内，由窝眼筒壁的摩擦力向上带动，其上升高度较低，落不到盛种槽内，于是长、短种子分开（如图 3-2）。一般圆窝筒转速为 30～45r/min。

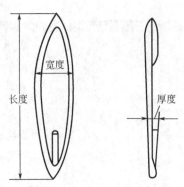

图 3-1　种子的尺寸（多年生黑麦草）

（引自国际种子检验协会，会刊 Vol. 34，1969）

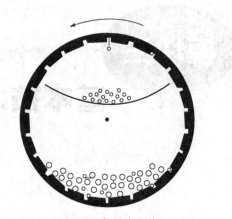

图 3-2　窝眼式滚筒

（引自 Mercer，S. P.，Farm and Garden Seeds，19）

2. 按种子的宽度分离

宽度分离（separation by width）是用圆孔筛进行的。凡种粒宽度大于孔径者不能通过。当种粒长度大于筛孔直径 2 倍时，如果筛子只做水平运动，种粒不易竖直通过筛孔，需要带有垂直振动 ［图 3-3(a)］。

3. 按种子的厚度分离

按厚度分离（separation by thickness）是用长孔筛进行的。筛孔的宽度应大于种子的厚度而小于种子的宽度，筛孔的长度应大于种子的长度，分离时只有厚度适宜的种粒能通过筛孔。

根据种子大小，在固定作业的种子精选机上，就可以利用各种规格的分级筛圆孔筛、长孔筛和窝眼滚筒，精确地按种子宽度、厚度和长度分成不同等级 ［图 3-3(b)］。

（二）利用空气动力学原理进行分离

这种方法按种子和杂物对气流产生的阻力大小进行分离。种子在垂直向上的气流中会出现三种情况，即种子下落、吹走和悬浮在气流中。使种子悬浮在气流中的气流速度，称为临界风速。在分离过程中，可以利用种子和夹杂物之间临界风速的差异将其分开。如在清选小麦种子时，小麦种子的临界风速为 89m/s，可选择小于此风速的气流速度将颖壳和碎茎全部吹走，把小麦种子留下。

目前利用空气动力分离种子的方式除垂直气流分离外，还有平行气流分离和倾斜气流分离。上述临界风速的大小与种子形状、重量、大小和气流状态有关。一般要从实验中求得，且随条件不同，所得的数据也不相同，有时会相差很大。

（三）根据种子表面结构进行分离 （separation by surface texture）

如果种子混杂物中的某些成分，难以依尺寸大小或气流作用分离时，可以利用它们表

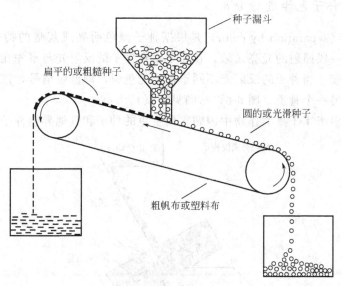

图 3-4　倾斜面布清选机
(引自美国农业部手册，第 179 页)

面的粗糙程度进行分离。采用这种方法，一般可以剔除杂草种子和谷类作物中的野燕麦。例如清除豆类种子中的菟丝子和老鹳草，可以把种子倾倒在一张向上移动的布上，随着布的向上转动，杂草种子被带向上，而光滑的种子向倾斜方向滚落到底部（图 3-4）。对形状不同的种子，可在不同性质的斜面上加以分离。斜面角度的大小与各类种子的自流角度有关，若需要分离的物质自流角有显著差异时，很容易分离。

（四）根据种子的比重进行分离（separation by specific gravity）

种子的比重因作物种类、饱满度、含水量以及受病虫害程度的不同而有差异，比重差异越大，其分离效果越显著。

1. 应用液体进行分离

利用种子在液体中的浮力不同进行分离，当种子的比重大于液体的比重时，种子就下沉；反之则浮起。这样，即可将轻、重不同的种子分开。一般用的液体可以是水、盐水、黄泥水等。这是静止液体的分离法。此外还可利用流动液体分离（图 3-5）。种子在流动液体中，是根据种子的下降速度与液体流速的关系来决定种子流动得近还是远。种子比重大的流动得近，小的则远。当液体流速快时种子也被流送得远，故流速过快会影响分离效果。

用此法分离出来的种子，若不立即用来播种，则应洗净、干燥，否则容易引起发热霉变。

2. 重力筛选

其工作原理是重力筛在风的吸力（或吹力）作用下，使轻种子或轻杂质瞬时处于悬浮状态，做不规则运动，而重种子则随筛子的摆动做有规则运动，借此规律将轻重不同的种子分离。

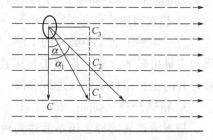

图 3-5　按种子密度在液体中分离

（五）利用种子色泽进行分离

用颜色分离（separation by color）是根据种子颜色明亮或灰暗的特征分离的。要分离的种子在通过一段照射的光亮区域，在那里每粒种子的反射光与事先在背景上选择好的标准光色进行比较。当种子的反射光不同于标准光色时，即产生信号，该种子就从混合群体中被排斥落入另一个管道（图 3-6，彩图见插页）。

这类分离法多半用于豆类作物中因病害而变色的种子和其他异色种子。

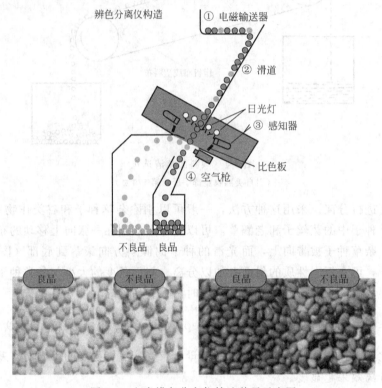

图 3-6　电光辨色分离仪精选种子示意图

二、种子清选分级的程序

1. 预先准备（conditioning or precleaning）

为种子基本清洗做准备。包括脱粒（主要指玉米及许多蔬菜）、预清、脱芒（水稻、大麦和燕麦）、脱绒（棉花）。种子的预清主要是利用粗选机进行。是否需要预清，应根据不同批量种子质量情况而定，如种子中的夹杂物对种子流动有显著影响，就需预清；反之则不用预清。

2. 基本清洗（basic cleaning）

为一切种子加工中必要的工序。其目的是清除比清选种子的宽度或厚度过大过小的杂质和重量更轻的物质。粗加工是采用风筛清选机进行，主要根据种子大小和密度进行分离，有的也根据种子形状进行分离。

3. 精选分级（separation and up-grading）

基本清选后的种子还不能达到种子质量标准，必须进行精加工。精加工包括按种子长度分级，按种子宽度和厚度分级，按比重分级和处理。

情境教学三　种子清选

学习情境	学习情境3　种子清选
学习目的要求	1. 掌握玉米种子的物理特性 2. 学会玉米种子筛选技术
任务	对收获的玉米种子进行筛选
基础理论知识	了解玉米种子的特性，了解玉米种子中杂质的种类和特性
用具及材料	圆孔套筛、新收获的玉米种子
种子清选的原理	（一）根据种子尺寸特性分离——筛选机 （二）根据空气动力学原理进行分离——风选机 （三）根据种子比重分离——重力筛选 （四）按种子表面特性即粗糙程度分离——用于牧草种子 （五）其他方法 1. 根据种子的色差进行分离 2. 根据种子的弹性差异分离种子
种子清选的程序	1. 预先准备：为种子基本清洗做准备。包括脱粒（主要指玉米及许多蔬菜）、预清、脱芒（水稻、大麦和燕麦）、脱绒（棉花）。种子的预清主要是利用粗选机进行。是否需要预清，应根据不同批量种子质量情况而定，如种子中的夹杂物对种子流动有显著影响，就需预清；反之则不用预清 2. 基本清选：为一切种子加工中必要的工序。其目的是清除比清选种子的宽度或厚度过大过小的杂质和重量更轻的物质。粗加工是采用风筛清选机进行，主要根据种子大小和密度进行分离，有的也根据种子形状进行分离
学生实境教学操作	用圆孔套筛清选方法 1. 选择适宜的圆孔筛筛孔，最好是两层筛。保证小种子、瘪种子和其他小粒种子筛到最下层，符合标准的种子留在中层，其他大种子和草棍等留在上层 2. 进行筛选，保证小种子、瘪种子和其他小粒种子筛到最下层，符合标准的种子留在中层，其他大种子和草棍等留在上层
注意事项	1. 种子筛选要保持一定的时间（3～5min） 2. 玉米种子最好是含水量一致的种子 3. 风力清选必须注意风力和风向 4. 清选后应立即把种子和杂质分开
考核评价标准	1. 学生按照要求逐项操作，没有违规现象，能正确区分组织和杂质 2. 种子清选操作规范，种子清选达到要求
评定学习效果	按考核评价标准分别按优秀、良好、及格、不及格来评定学生的学习和操作效果

情境教学四　种子精选分级

学习情境	学习情境4　玉米种子的精选分级
学习目的要求	1. 掌握玉米种子的精选分级标准 2. 学会玉米种子精选分级技术
任务	对清选的玉米种子进行精选分级
基础理论知识	了解玉米种子的特性，了解玉米种子精选分级特征特性
用具及材料	种子精选分级机械、清选过的玉米种子
种子精选分级过程和方法	1. 用种子比重精选机，选去重型杂质和轻的、瘪的种子 2. 用颜色选机械，选去与本品种颜色不一致的种子 3. 按着种子粒的大小、形状，把种子分成几个不同的级别 基本清选后的种子还不能达到种子质量标准，必须进行精加工。精加工包括按种子长度分级，按种子宽度和厚度分级，按比重分级和处理 以小麦、水稻、玉米为例
学生实境教学操作	学生在种子公司的种子加工中心，观察学习种子精选分级机械对种子进行精选分级的实际加工过程，注意种子的筛选标准，分级标准，分级情况，种子分级后一个级别内种子的整齐度
注意事项	1. 种子重力选一定选好风速 2. 玉米种子要均匀下落
考核评价标准	1. 学生按照要求逐项操作，没有违规现象，能正确区分种子不同级别 2. 种子精选分级操作规范，种子精选分级达到要求
评定学习效果	按考核评价标准分别按优秀、良好、及格、不及格来评定学生的学习和操作效果

模块三

基本技术

技术二　种子干燥

种子含水量高，耐藏性差，在短期内便失去种用价值，严重时会引起发热、生虫甚至霉变。因此，种子干燥（seed drying）是保证种子质量的一项关键措施。

一、种子干燥的基本原理

种子是活的有机体，又是一团凝胶，具有吸湿和解吸的特性。当空气中的蒸汽压超过种子所含水分的蒸汽压时，种子就开始从空气中吸收水分。反之，当空气相对湿度低于种子平衡水分时，种子就向空气中释放水分，直到种子水分与该条件下的空气相对湿度达到新的平衡时，种子水分才不再降低。种子干燥就是利用或改变空气与种子内部的蒸汽压差，使种子内部的水分不断向外散发的过程。

种子干燥的条件主要取决于相对湿度、温度和空气流动的速度，而温度和空气流速又直接影响相对湿度的大小。在一定条件下，1kg空气所含的水分是有限度的。当空气中水分达到最大含量时，称为饱和状态，这时的含水量叫做饱和含水量。空气的饱和含水量是随着温度的递升而增加的（表3-1）。

表3-1　空气在不同温度条件下的饱和含水量

温度/℃	4.5	10.0	15.5	26.6	30.0
单位空气饱和含水量/kg	0.0052	0.0074	0.0109	0.0222	0.027

在一定温度条件下，空气相对湿度越低，种子干燥效果越好。但提高气温，对增强干燥种子的能力和缩短干燥时间，比降低相对湿度效果更好。因此，在相对湿度较高的情况下，只有采用较热的空气干燥，效果才较显著。

相对湿度随着气温的上升而降低。一般情况下，气温每上升11℃，相对湿度大约降低一半。这说明在干燥种子时，提供适当的热量，也是提高干燥工效的有效措施。

空气流动速度愈快，带走的水汽就愈多，同时造成的蒸汽压差也愈大，干燥效果愈明显。但是，提供种子干燥条件必须确保在不影响种子生活力的前提下进行，否则就失去了干燥的意义。

二、影响种子干燥的内在因素

1. 种子的生理状态

刚收获的种子含水量比较高，大部分种子尚处在后熟阶段，因此其生理代谢作用比较旺盛，本身呼吸作用释放的热量较大。对这类种子要逐步干燥，一般采用先低温后高温或二次间隙干燥法进行干燥。如果干燥过急，采用高温快速一次干燥，反而会破坏种子内的毛细管结构，引起种子表面硬化，内部水分不能顺利蒸发，甚至还会出现体积膨胀或胚乳变软而导致种子生活力的丧失。

2. 种子的化学成分

不同植物种子的化学成分不同，其组织结构差异很大，因此，干燥时也应区别对待。

（1）淀粉类种子（粉质种子）　这类种子胚乳主要由淀粉组成，组织结构较疏松，子粒内毛细管粗大、传湿力强、蒸发水分快，因此容易干燥，可以采用较严格的干燥条件，干燥效果较好。

（2）蛋白质类种子　这类种子肥厚的子叶中含有大量的蛋白质，其组织结构致密、毛细管较细、传湿力较弱。但这类种子的种皮组织疏松、毛细管较粗，易失水，如果干燥过快，会造成外紧内松，外干里湿造成种皮破裂，而不利于安全贮藏。同时，若干燥温度超过55℃，蛋白质就会变性而凝固，丧失种子生活力。因此，在生产实践中，一般都习惯于先带荚干燥，然后再脱粒。

（3）油料类种子（油质种子）　这类种子的子叶中含有大量脂肪，高温干燥不但使种皮松脆易破，同时也易走油。因此，油菜种子应带荚干燥，减少翻动次数，既能防止走油，也能保持子粒完整。

三、种子的干燥方法

种子的干燥方法可以分为自然干燥和人工机械干燥两类。

1. 自然干燥法

即利用日光暴晒、通风和摊晾等方法降低种子水分。此法简单、经济、安全，一般不易丧失种子生活力，但必须备有晒场，同时易受到气候条件的限制。

为使种子干燥达到预期效果，应注意以下几点：

（1）选择天气　应选择晴朗天气，气温较高，相对湿度低，干燥种子才能收到最佳效果。

（2）清场预晒　晒种当天早晨应首先清理晒场，然后预晒场面。场温升高后再摊晒种子。

（3）薄摊勤翻　薄摊勤翻的目的是为了增加种子与阳光和空气的接触面积，从而提高干燥效果。

（4）适时入库　需要热进仓的种子，应在下午3点收堆闷放一段时间后，趁热入库（如小麦、豌豆）。其他种子应待散热冷却后再行入库，以免发生结露现象。

2. 人工机械干燥法

即采用动力机械鼓风或通过热空气的作用以降低种子水分。此法不受自然条件的限制，并具有干燥快、效果好、工作效率高等优点，但必须有配套的设备，并严格掌握温度和种子含水量两个重要环节。人工机械干燥又可分为自然风干燥和热空气干燥。

（1）自然风干燥法　这种方法较为简便，只要有一个地面能透风的房子和一个鼓风机即可，但干燥性能有一定限度，当种子水分降低到一定程度时就不能继续降低。这是因为种子与任何其他物质一样，具有一定的持水能力，当种子的持水能力与空气的吸水力达到平衡时，种子既不向空气中散发水分，也不从空气中吸收水分。假设种子的含水量为17%，这时种子与相对湿度78%、温度为45℃的空气相平衡。如果空气相对湿度超过78%，就不能进行干燥（表3-2）。此外，达到平衡的相对湿度是随种子水分的减少而变低，随温度的上升而增高。因此，水分为15%的种子，不可能在相对湿度为68%、温度为45℃的空气中得到干燥。故在常温下（25℃）采用自然风干燥，使种子水分降低到15%左右时，可以暂停鼓风，使空气相对湿度低于77%时再鼓风，使种子得到进一步干燥。如果相对湿度等于或超过77%，开动鼓风机不仅起不到干燥作用，反而会使种子从空气中吸收水分。

表 3-2　不同含水量的种子在不同温度下的平衡相对湿度

种子水分/%	平衡相对湿度/%		
	4.5℃	15.5℃	25℃
17	78	83	85
16	73	79	81
15	68	74	77
14	61	68	71
13	54	61	65
12	47	53	58

（2）热空气干燥　在一定条件下，提高空气的温度可以改变种子水分与空气相对湿度的平衡关系。温度越高，达到平衡的相对湿度值越大。空气的持水量也随之增多，所以干燥效果越明显。但在过高温度下种子会失去生活力，尤其是高水分种子，因此，采用热空气干燥，必须在保证不影响种子生活力的前提下，适当地提高温度。在干燥机内的热空气温度一般高于种温，热空气温度愈高，则种子停留在机内的时间应愈短。而且，种子在干燥机内所受的温度，应根据种子水分适当调节，当种子水分较高时，种温应低些；反之则可适当提高。

当种子水分超过 17％时，一般应采取二次间隙干燥法，不宜采用一次高温干燥，否则会影响发芽率。对于豆类和油料种子，进行热空气干燥时，更应控制在低的温度，否则会引起种皮裂开等现象。此外，热空气干燥种子还应注意：第一，不能将种子直接放在加热器上焙干，而应该导入加热空气进行间接烘干，防止种子烤焦而丧失生活力。第二，严格控制温度。第三，对高水分种子应采取二次干燥法，勿使种子水分散失过快，以免使种子内部有机组织破坏，或出现外干内湿现象。第四，烘干后的种子，要摊晾散热冷却后才能入库，以免引起"结露"现象。

情境教学五　种子干燥

学习情境	学习情境 5　种子干燥
学习目的要求	1. 了解种子干燥的几种方法 2. 掌握烘干塔干燥的工作原理 3. 学会烘干塔干燥的种子工艺流程和标准
任务	对收获的玉米种子进行干燥
基础理论知识	了解烘干塔干燥工作原理，了解烘干塔干燥的种子工艺流程和标准
用具及材料	种子烘干塔、新收获的玉米种子
种子干燥特性	种子干燥介质 1. 种子干燥介质：空气、加热空气、煤气（烟道煤气和空气的混合体） 2. 干燥中介质对水分的影响
种子干燥方法	1. 自然干燥——非机械天然干燥，分晒干和阴干 2. 机械通风干燥 3. 加热干燥 4. 干燥剂脱湿干燥
学生实境操作	在种子公司的种子加工中心，学生观察学习种子烘干塔对种子进行干燥的实际加工过程，注意种子的流向，鼓风机，空气加热器，种子烘干前后水分的变化
注意事项	1. 种子烘干塔干燥一次只能降低种子含水量的 2％以内，不能超过 2％ 2. 烘干塔风速、热风温度要时时监控 3. 种子在烘干塔内的时间 4. 一次干燥后一定要进行水分测定
考核评价标准	1. 学生按照要求逐项操作，没有违规现象，能正确了解烘干塔干燥 2. 种子干燥操作规范，种子干燥达到要求
评定学习效果	按考核评价标准分别按优秀、良好、及格、不及格来评定学生的学习和操作效果

技术三　种子包衣

一、种子包衣的意义

种子包衣技术可根据所用材料性质（固体或液体）的不同，分为种子丸化技术（pelleting）和种子包膜技术（film coating）。种子丸化技术是用特制的丸化材料通过机械处理包裹在种子表面，并加工成外表光滑，颗粒增大，形状似"药丸"的丸（粒）化种子（或称种子丸）。种子包膜技术是将种子与特制的种衣剂按一定"药种比"充分搅拌混合，使每粒种子表面涂上一层均匀的药膜（不增加体积），形成包衣种子（或称包膜种子）。种子包衣技术与传统的种子处理技术相比具有许多不可比拟的优点。

（1）确保苗全、苗齐、苗壮　种衣剂和丸化材料是由杀虫剂、杀菌剂、微量元素、生长调节剂等经特殊加工工艺制成，故能有效防控作物苗期的病虫害及缺素证。

（2）省种省药，降低生产成本　包衣处理的种子必须经过精选加工，子粒饱满，种子的商品品质和播种品质好，有利于精量播种，因此可降低用种量3%左右。同是，由于包衣种子周围形成一个"小药库"，药效持续期长，可减少30%的用药量。也减少了工序，节省了劳动时间。投入产出比一般为1：10～1：80。

（3）利于保护环境　种衣剂和丸化材料随种子隐蔽于地下，能减少农药对环境的污染和对天敌的杀伤。而一般用粉剂拌种，易脱落，费药，对人、畜不安全，药效不好；而浸种（闷种）不是良种标准化的措施，只是播前对种子带菌消毒的植保措施，且浸种式闷种需要立即播种，而不能贮藏，因而不能作为种子标准化、服务社会化的措施。

（4）利于种子市场管理　种子包衣上连精选，下接包装，是提高种子"三率"的重要环节。种子经过精选、包衣等处理后，可明显提高种子的商品形象，再经过标牌包装，有利于粮、种的区分，有利于识别真假和打假防劣，便于种子市场的净化和管理。

另外，对于子粒小且不规则的种子，经丸化处理后，可使种子体积增大，形状、大小均匀一致，有利于机械化播种。

二、种子丸化技术

1. 种子丸化材料

种子丸化材料主要包括三部分：惰性填料、活性物质、黏合剂。

（1）惰性填料　主要包括黏土、硅藻土、泥炭、云母、蛭石、珍珠岩、铝矾土、淀粉、砂、石膏、活性炭、纤维素、磷矿粉、硅石、水溶性多聚物等，这些惰性填料中有些材料不仅仅是作为填料，同时还起到保护、供氧、改善土壤条件等作用。

（2）活性物质　主要包括杀菌剂（克菌丹、福美双等）、抗生素、杀虫剂、化肥、菌肥、植物生长调节剂等。

（3）黏合剂　主要有羧甲基纤维素（CMC）、甲基纤维素、乙基纤维素、阿拉伯树胶、聚乙烯醇（PVA）、聚乙烯醋酸纤维（盐）、石蜡、淀粉类物质、朊藻酸钠、聚偏二氯乙烯（PVDC）、藻胶、琼脂、树脂、聚丙烯酰胺等。

另外，因为丸化材料本身带菌或操作过程中造成污染，必须加入防腐剂。为了区分不同品种的种子，需加入着色剂。常用染料有胭脂红、柠檬黄、靛蓝三种，它们三者按不同比例配制即可得多种颜色。

2. 种子丸化的加工式工艺

种子丸化的加工工艺是种子丸化技术中的一个重要环节，丸化质量的好坏直接影响种子的质量。被丸化的种子需精选（包括脱茎、脱绒等）。种子质量必须达到国家一级种子标准。

机械加工一般选用旋转法或漂浮法。种子丸化机械国外有多种机型，由收机座、电机、减速箱、滚动罐、气泵、喷雾装置组成（图3-7，彩图见插页）。作业时，除种子和粉料由人工加入外，喷雾和鼓风由仪表自动控制。目前我国也研制生产了自行设计的包衣机，如南京食品机械所研制的6ZY型种子包衣机等。

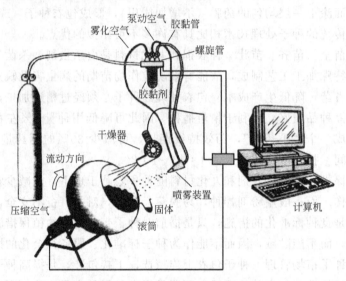

图 3-7 种子包衣配套设备

种子丸化过程可分四个时期。

① 成核期：种子放入滚动罐中匀速滚动，同时向罐内喷水雾，待种子表面潮湿后，加入少量粉料，在滚动中粉料均匀地包在种子外面，重复上述操作，形成以种子为核心的小球，杀虫剂、杀菌剂一般在此阶段加入。

② 丸粒加大期：罐内改喷雾状黏合剂，同时投入粉料、化肥及生长素等混合物，喷黏合剂和加粉料要做到少量多次，直至接近要求的种子粒径。

③ 滚圆期：此期仍向罐内喷雾状黏合剂，同时投入较前两个时期更细的粉料，吹热风并延长滚动时间，以增加丸粒外壳的圆度和紧实度，待大部分丸粒达到要求后，停机取出种子过筛，除去过大或过小的丸粒种子、种渣。

④ 撞光染色期：将过筛后的种子放回滚动罐中，加入滑石剂和染色剂，不断滚动，使种子外壳有较高的硬度、光滑度，并用不同颜色加以区分。

三、种子包膜技术

（一）种衣剂

种衣剂是用成膜剂等配套助剂制成的乳糊状新剂型。种衣剂借助成膜剂黏着在种子上，很快固化成均匀的薄膜，不易脱落。

国际上种衣剂有四大类：物理型、化学型（药肥型）、生物型（激素型）和特异型（逸氧、吸水功能等）。国外多为单一剂型，如美国 FMC 公司的呋喃丹 35ST 为单一杀虫剂型，友利来路公司的卫福 200 为单一杀菌剂型。

目前我国已研制了复合种衣剂、生物型种衣剂 20 多个剂型，可应用于玉米、小麦、棉花、花生、水稻、大豆等多种作物，有 9 个剂型已大量投产。

种衣剂的主要成分包括：活性组合（农药、肥料、激素）、胶体分散剂（聚醋酸乙烯酯与聚乙烯醇的聚合物等）、成膜剂（PVAC、PVRN 等）、渗透剂（异辛基琥珀酸磺酸钠等）、悬浮剂（苯乙基酚聚氧乙基醚等）、稳定剂（硫酸等）、防腐剂、填料、警戒色等。

（二）种子包膜的加工工艺

种子包膜（图 3-8，彩图见插页）的关键是用好的种子包衣机进行作业。包膜工艺并不复杂，种子经过精选分级后，在包衣机内种衣剂通过喷嘴或甩盘，形成雾状后喷洒在种子上，再用搅拌轴或滚筒进行搅拌，使种子外表敷有一层均匀的药膜，包膜后的种子外表形状变化不大。包膜时，种子与种衣剂必须要保持一定的比例，如玉米的药种比为 1：50，而大豆则为 1：80 效果较好。下面以德国佩特库斯 CT5-25 型包衣机（图 3-9，彩图见插页）来说明种子包膜的工艺流程：种子从喂料口进入包衣机；种子甩盘使种子幕状分布；包衣药剂通过剂量泵进入甩盘；甩盘使药剂均匀雾化并与种子充分接触；搅拌器使药剂包在种粒上。

未处理的种子

处理过的种子

成丸的种子

图 3-8　种子包膜

图 3-9　佩特库斯包衣机

（三）包衣种子的类型和包装要求

1. 包衣种子的类型

（1）包膜种子　即仅一层薄薄的种衣剂包裹在外。

（2）重型丸粒种子　用于小粒、形状不规则的种子，如烟草、芹菜等。

（3）速生丸化种子　在播种前处理加工进行催芽，这种丸粒种子能提前出苗和保证一次全苗。

（4）扁平丸粒种子　用于飞机播种的牧草、林木种子，即把细小的种子制成较大较重的扁平丸粒片，避免播种时被风吹刮，从而提高飞播时的准确性和落地的稳定性，保证播种质量。

（5）快裂丸粒种子　播种后丸粒经过一段时间能自行裂开，有利种子出芽、生长。

2. 包衣种子的包装要求

实现种子包衣，必须改进种子的包装方式。实验证明，包衣种子成膜时间一般为10～20min，若将包衣种子装入麻袋，麻袋纤维粘连种子，效果不好。聚乙烯袋包装透气性差，对种子不利。最好用塑料编织袋包装，即透气又不会粘连种子。

情境教学六　种子处理

学习情境	学习情境 6　玉米种子包衣
学习目的要求	1. 掌握玉米种衣剂的类型和物理特性 2. 学会玉米种子包衣技术
任务	对收获的玉米种子进行包衣
基础理论知识	了解玉米种子的特性，了解玉米种子种衣剂的种类和特性
用具及材料	玉米种子包衣机械、新收获的玉米种子
玉米种子包衣方法和操作过程	种衣剂包衣处理种子技术 1. 种衣剂准备 2. 确定种衣剂用量 3. 种子包衣的方法：机械包衣、人工处理
学生实境精选过程	（一）在种子公司的种子加工中心，学生观察学习种子包衣机对种子进行包衣的实际加工过程，注意种子的流速，种衣剂的加入量，种衣剂的选择，种子包衣时间 （二）学生手工操作进行种子包衣 　1. 圆底大锅包衣：把大锅固定好，先放一定数量的种子，按比例称取种衣剂倒入锅内，用铲子快速翻动拌匀 　2. 大瓶或小铁桶包衣：称取 2.5kg 种子放入能装 10kg 的有盖瓶子或小铁桶，再称一定比例种衣剂倒入，封好盖子，迅速摇动，直至均匀 　3. 塑料袋包衣：把两个一样的塑料袋套在一起，采取一定数量的种子和种衣剂倒入，扎好袋口，用双手快速揉搓，直至拌匀
注意事项	1. 种子包衣工作人员必须穿防护服，戴口罩，戴胶皮手套 2. 种子与种衣剂一定要混合均匀 3. 包衣后的种子一定要妥善保管，不要让畜禽误食
考核评价标准	1. 学生按照要求逐项操作，没有违规现象，能正确进行种子包衣 2. 种子包衣操作规范，种子包衣达到要求
评定学习效果	按考核评价标准分别按优秀、良好、及格、不及格来评定学生的学习和操作效果

技术四　种子包装

一、种子包装

种子加工以后，为防止品种混杂、感染病虫害及种子变质、保证安全贮运及便于销售、防止假冒等，应实行种子包装（seed storage）。

1. 包装工作的要求

要求包装的种子符合含水量、发芽率和净度标准；包装的容器必须防湿、清洁、无毒、不易破裂，重量轻等；按作物种类的苗床或大田播种量，确定适合的包装数量，以利使用和销售；包装容器外应加印或粘贴标签，注明作物和品种的名称、品种特征特性、栽培技术要点，还要注明种子重量、产地、采种年月、种子品质指标等，最好附有醒目的成熟商品图案或照片。

2. 包装材料

大田作物种子包装一般用麻袋、棉布袋、无缝多层纸袋等。有些公司用防潮包装，如弹性的多层纸袋（具有一层沥青或一层聚乙烯）、有聚乙烯衬里的麻袋或布袋等。

蔬菜种子的包装材料主要取决于购买者属于哪一类顾客。批发种子常装于织物袋（由聚乙烯衬里或无）或多层沥青纸的叠层袋中。零售种子则大多装在纸袋或铝箔复合袋中。

批发的花卉种子通常装在类似油漆罐的容器、玻璃瓶和有聚乙烯衬里的织物袋中。而零售种子的包装材料通常的类型有纸、纸/聚乙烯、醋酸酯、玻璃纸及金属箔叠制的袋。

3. 密封容器中种子含水标准

种子在密封前，务必将种子水分降低至一定标准，这是种子安全贮藏的关键。美国联邦种子法中的规程和条例（美国农业部，1968年，17～18页）规定在密封容器中的种子，不得超过水分标准，见表3-3。

表 3-3　农作物种子水分百分率（以湿重为基数）

作物类型	最高含水率/%
绛三叶、紫羊茅、一年生黑麦草、多年生黑麦草、菠菜、叶用甜菜、甜玉米	8.0
饲用甜菜、糖用甜菜、达菜	7.5
菜豆、豇豆、胡萝卜、利马豆、甜芹、块根芹、豌豆	7.0
西瓜、葱、洋葱、韭菜、细香葱、皱叶欧芹	6.5
甜瓜、黄瓜、南瓜、西葫芦、茄子、欧洲防风、六月禾、其他全部	6.0
番茄、莴苣	5.5
白菜、甘蓝、硬花甘蓝、孢子甘蓝、花椰菜、芥菜、羽衣甘蓝、球茎甘蓝、萝卜、芜菁	5.0
辣椒	4.5

二、种子寿命

（一）种子寿命的概述

母体植株上的种子达到完全生理成熟时，具有最高的发芽能力，采收后，随着贮藏时间的推移，其生活力逐渐衰退，直至死亡，所以，所谓种子寿命是指种子生活力在一定的环境条件下所能保持的最长期限。实际上，一批种子中的每一粒种子都有它一定的生命生存期限，并且由于母体植株所处的环境条件、种子部位、种子发育过程所处的环境条件差异，种子个体间生活力长短的差异也很显著。因此，一批种子的寿命，是指一个种子群体的发芽率从种子收获后降低到50%所经历的时间，即种子群体的平均寿命（average longevity），又称种子的"平活期"。

由于衰老的种子其种性会发生遗传变异，因而在育种、良种繁育以及生产上，一般不是以种子发芽率降低到50%为标准的，而是把发芽率高于50%甚至高达95%的健壮种子作为播种材料的。因此，农业种子寿命的概念是：一批种子群体生活力在一定环境条件下贮藏，能保持在母体植株上达到生理成熟采收时的种子发芽率，而且能长成正常植株的期限。

1. 种子寿命的差异性

在植物界中，不同植物种子其寿命长短之差异是极其悬殊的。曾有报道，埋藏在加拿大北部冻土层地下一万年以上的羽扇豆种子仍有发芽能力；千年以前的古莲子仍能发芽开花；法国巴黎国家博物馆发现早在 $100 \sim 180$ 年以前收集的种子仍有生命力；还有传说压在埃及金字塔下面被称为"木乃伊"的小麦种子仍能发芽等。但与其相反，有些植物种子的寿命却很短，如热带植物可可的种子，在自然条件下存放，其生活力只能保持 35h 左右；甘蔗和橘子的种子离开果实后，只能活几天，最多也不超过十多天；有一种能生长在沙漠中的植物"梭梭树"，它的种子离开母体后只能活几小时，是世界上寿命最短的种子之一。另外，像银杏、板栗、茶叶、橡树等种子，在干燥环境中贮藏时生活力很快丧失，而在低温、潮湿的条件，甚至存放于流水中，寿命便会大大延长。因此，凡具有这种特性的种子，统称为忌干种子。

除了各类植物种子本身的遗传性和种子生长发育的环境条件不同影响其寿命长短差异之外，从种子结构上看，如前所述的长寿种子都具有一层坚硬的不易透水和不易透气的种皮，如果这一层种皮不受到破坏的话，水分和空气就很难进入种子内部，使种子处于强迫的休眠状态。"短命"种子之所以会在短期内丧失生活力，是由于种子本身含水分较多，并且其种皮透性好，这样，在适宜的条件下，种子内部的代谢过程旺盛，大量消耗种子本身所贮藏的物质而逐渐丧失生活力。因此，种子收获之后的贮藏条件严重影响种子寿命。

2. 主要作物种子的寿命与适用年限

种子的寿命和它在农业生产上的利用年限是密切相关的。因为种子寿命愈长，生产上所能利用的年限愈长。因此在种子贮藏过程中，如何千方百计地创造良好贮藏环境条件，保持种子较高的生活力，延长其寿命，提高其在生产上的利用年限（表 3-4），具有重大经济意义。

表 3-4　蔬菜种子寿命及在生产上可利用年限

蔬菜种类	种子寿命/年	生产上利用年限	蔬菜种类	种子寿命/年	生产上利用年限
茄子	3～6	2～3	蚕豆	3～6	2～4
番茄	3～6	2～3	辣椒	3～4	2～3
西瓜	3～6	2～3	丝瓜	3～6	2～4
萝卜	3～5	2～3	胡瓜	3～6	2～4
黄瓜	3～5	2～3	葫芦	3～5	2～4
白菜	3～5	2～3	胡萝卜	1～2	1 左右
南瓜	3～5	2～3	芹菜	1～2	1 左右
甜菜	3～6	2～3	大葱	0.5～1	0.5～1
甘蓝	3～5	2～3	洋葱	1～2	1 左右
菠菜	3～4	2～3	韭菜	1～2	1 左右
菜豆	3～5	2～3	鸭儿芹	1～2	1 左右
豌豆	3～5	2～3	莴苣	3～5	2～3

（二）影响种子寿命的因素

种子的寿命受到其本身的特性（由自然因素造成的内在条件）和人为的处理与加工保管条件（外在因素）两方面的影响。

1. 内在因素

（1）遗传的影响　由于遗传基因的不同，种子的寿命呈现出明显的种属差异，同一个种内的不同栽培品种间也往往有差异。

（2）种子生理状态　种子寿命的长短与其个体发育的生理状态有密切关系。

Harrington（1960）曾指出，从受精到种子成熟期间存在许多影响种子寿命的物质因素。缺乏氮、磷、钾、钙、水分过多，土壤盐分浓度过高，病虫危害等都会造成种子生理状态不良，病虫危害等都会造成种子生理状态不良，从而导致种子寿命缩短。胡萝卜、甘蓝、莴苣、洋葱等在雨季成熟采收的种子，不仅发芽率弱，而且不耐贮藏。

未充分成熟的种子比充分成熟的种子寿命短，这是因为未成熟种子含水量特别高，种子内部含有较多的易被氧化的水解了的单糖及非蛋白氮和其他物质，因此呼吸强度较大的缘故。

在收获、晾晒、贮藏、运输过程中，种子一旦遭遇雨水和受潮，即使把种子再干燥到原来的含水量的程度，其呼吸强度仍然很高，特别是遭雨淋后未及时干燥和几乎进入萌发状态的种子，其内部可溶性物质增加，酶活性增强，呼吸作用旺盛，消耗贮藏物质的速度大大提高，从而加速了种子的死亡。

凡具有以上生理状态的种子，均不宜较长时期贮藏，应及早处理，减少经济损失。

（3）种子子粒的大小和完整性　同品种种子子粒大小不同，呼吸强度也有明显差异。小粒种子因为有相对较大的表面，吸湿性和气体交换能力强；另外，胚在整个种子中所占的比例增大，更加促进了胚部的呼吸强度，从而缩短种子寿命。因此，凡是准备较长期贮藏的种子，必须进行子粒分级和分别处置。

种皮受到机械擦伤的种子，由于气体交换进行得比较顺利而促使呼吸作用大大增强。另外，种皮受损伤的种子，抵抗外界条件的能力减弱，暴露在外部的种胚和胚乳容易受到各种微生物的侵蚀而加速种子的死亡。凡欲贮藏的种子，必须清除破损的子粒，以提高贮藏的安全性，延长种子的寿命。

（4）种子的化学成分　与种子寿命长短有密切关系的主要是种胚的化学成分，胚乳或其他部分的化学成分相对次要。一般说来，凡含油量较高的种子，其寿命往往比较短促，但这又与种皮的特征特性有关。种子化学成分及其含量的多少不只影响呼吸作用的性质，还影响呼吸作用的强度。例如，水是种子中的主要的化学成分之一，含水量不同，强烈影响种子呼吸作用的强弱，种子含水量高并且经常波动，对种子寿命会产生巨大的不良影响。

（5）种皮的结构特征　种皮细胞结构的疏松与紧密，坚实程度及厚薄，对种子本身的新陈代谢作用，抵抗外界环境条件的变化，以及防御微生物的侵害均有密切关系。凡寿命较长的种子，都伴有坚固的通水性、透气性不良的种皮，例如莲子。

2. 外在因素

影响种子寿命的外在因素非常复杂，大体可分为以下两个方面。

（1）影响采种母株生长发育的外界条件对种子生活力的影响　凡影响采种母株生长发育的外界条件均能影响种子的生活力。为了生产优质的种子，必须选择环境条件良好的地区建立专门的种子生产基地。良好的种子生产基地应具备以下基本条件：在种株开花的季节里，天气多晴朗，阳光充沛；在种子成熟的季节里，应是无风少雨的干燥天气；此外，土壤肥沃，排灌水条件方便。

① 光照条件：日照的长短对种子发育有很大影响，尤其是在果实已达到最终大小但仍呈绿色的时候。凡采种的植株接受 8h 日照的，所产种子发芽率高；凡接受 15h 的日照

的，所产种子其种皮透性与萌发受到阻碍。可见短日照有利于种子的发育和萌发，但是，如果种子过度成熟，则处于短日照下成熟的种子往往容易在果实内萌发，而处于长日照下成熟的种子不易发生这种现象。日照的影响表现在种皮颜色、结构以及透水性方面，如芝柄草及阿拉伯胡萝卜，在短日照下所产生的种子种皮呈褐色，种皮结构发育不全，一旦浸水即萌发；反之，在长日照下形成的种子，种皮呈黄色，具有发育良好的种皮结构，萌发迟缓。光质好时对种子的萌发也有一定的影响。拟南芥菜种子在采种株上成熟时，如给予红光可使形成的种子能在暗处萌发，这一特性虽经长期贮藏后仍可保持。

② 温度条件：种子发育期间的外界温度可以影响种子的发芽能力。例如莴苣"Greel-akes"种子，生长在平均温度为 19.2℃ 时，其发芽率仅为 25.2%；而在平均温度为 26.2℃ 时，发芽率高达 81.3%。

③ 营养状况：采种种株在缺乏营养时所产的种子的发芽能力及寿命均受影响。Harrington（1960）研究了辣椒在明显缺氮、磷、钾、钙的培养液中生长时，除磷外，均能降低种子的发芽率。缺钾植株的种子往往在果实中萌发，从低钾、低钙水平植株采收的种子，在贮藏过程中种子发芽力迅速下降（表3-5）。

表 3-5　辣椒种株营养状况对种子发芽率的影响

营养状况	发芽率/%	营养状况	发芽率/%
完全溶液	68.8	—K	28.6
—N	21.3	—Ca	37.8
—P	66.5		

④ 种子成熟度：一般来讲，种子未达到生理成熟，是难以获得较高的发芽率的。但对易产生硬实的种子来讲，完全成熟时的发芽率反而降低（表3-6）。

表 3-6　甜椒种子发芽率与果实发育年龄的关系（北京农大甜椒组）

开花后天数	农大 40 号		茄门	
	发芽率/%	果实表现	发芽率/%	果实表现
52	57	果皮绿色挂有红线	33.67	果皮绿色挂有红线
60	93.33	果实红色	87	果实红色
68	97.67	果实完全红透	97.33	果实完全红透

⑤ 种子着生部位与发芽率：在同一株上或同一穗上的果实其种子着生部位决定它们发育的先后，早开花早结实的着生部位其种子发育较好，种子发育饱满，千粒重大，发芽率也较高。

（2）贮藏条件对种子生活力的影响　种子在贮藏过程中，对其寿命起主要影响作用的是水分和温度，其次是光、气体、仓虫和微生物等。

① 水分对种子寿命的影响：影响种子寿命的水分因素，包括种子本身含水量种贮藏环境的相对湿度两个方面。前者的影响是直接的，后者的影响是间接的。

种子含水量愈高，呼吸作用愈强，贮藏物质的水解作用愈快，消耗的物质愈多，种子生活力丧失速度愈快。

种子含水量是由贮藏环境的空气相对湿度决定的，而不是由绝对湿度（一定量的空气中含水蒸气的绝对量）决定的。空气相对湿度低，种子含水量也低，随着相对湿度升高，种子含水量也逐渐升高，直至出现游离水。当种子内出现游离水时，其种子含水量称为"临界水分"。种子一旦出现游离水，水解酶和呼吸酶的活动便异常旺盛起来，从而迅速引起种子生活力的丧失和变质。

种子含水量，通常用种子含有的水分占种子总重量的百分率来表示。相对湿度（简称RH）是指在一定温度条件下，一定体积的空气中实际含有的水蒸气量与这一体积空气在该温度时最大限度的水蒸气量（饱和水蒸气量）之比，用百分率来表示。

不同种子在安全贮藏过程中要求不同的含水量，如豆类种子的安全含水量为10%～14%，其他绝大多数种子为5%～9%。同一种子采用不同的贮藏方法，所要求的含水量也不同，如密封贮藏法要求种子干燥标准极高。

② 温度对种子寿命的影响：温度是影响种子新陈代谢作用的主要因素之一。种子处于低温状态下，其呼吸作用非常微弱，物质代谢水平缓慢，能量消耗极少，细胞内部的衰老变化也降低到最低程度，从而能长期保持种子生活力不衰而延长种子的寿命。相反，种子处于高温状态下，尤其是在种子含水量较高时，呼吸作用强烈，营养物质大量消耗，从而导致种子寿命大大地缩短。

种子对于严寒和酷热的抵抗能力主要取决于细胞液的浓度。种子含水量愈低，细胞液抵抗冷热的能力愈强。若种子含水量很高而温度过低时，种子会受到冻害。所谓低温能延长种子寿命，是在种子含水量低的情况下进行冷藏的。例如，干燥的种子（具有安全含水量）在−10～−20℃和相对湿度30%的条件下，对绝大多数植物种子的保持都是有利的。

Harrington（1959）研究温度、含水量影响种子寿命的关系时指出：

a. 在0～50℃范围内，种子的贮藏环境温度每升高5℃，种子的寿命就缩短三分之一。

b. 在种子含水量为5%～14%的范围内，每增加1%的含水量，种子的寿命就缩短三分之一。

他的实验还证实，把含水量10%的种子贮藏在20℃条件下与把含水量8%时种子贮藏在30℃的条件下，其寿命长短大体相同。Hcopkin等认为，在一般的室温条件下，保持相对湿度20%或更低一些，对绝大多数种子都能延长其寿命（表3-7）。

表 3-7 水稻种子在不同含水量和贮藏温度下生活力降低到 90% 的年限

种子含水量/%	温度/℃								
	−10	−5	0	5	10	15	20	25	30
4	1606	725	328	148	67	30	14	6	3
6	772	349	153	71	32	15	7	3	1
8	371	168	76	34	15	7	3	1	1
10	179	81	36	16	7	3	2	1	—
12	86	31	18	8	4	2	1	—	—
14	41	19	8	4	2	1	—	—	
16	20	9	4	2	1	—	—		
18	10	4	2	1					

显然，种子的含水量是随空气相对湿度和温度的变化而变化的；空气湿度又随温度变化而变化。种子因种类不同，在一定温湿度条件下，其平衡含水量稳定在不同的数值。一般来讲，在同一温湿度条件下，含水量较高的是那些含淀粉较多的种子，而含油量较多的种子则含水量较低。随着空气相对湿度的变化，种子含水量的增减系数也是含淀粉多时种

模块三 基本技术

51

子大，含油量多的种子小。

③ 化学物质对种子寿命的影响：为了杀死附生在种子上的害虫或微生物和清洁贮藏环境，经常用杀菌剂和杀虫剂处理种子和贮藏环境及贮藏设施，以达到安全贮藏种子、延长其寿命的目的。但是，有一些作物种子对杀菌剂和杀虫剂反应敏感而产生药害，种胚中毒而缩短种子寿命。因此，在应用化学药剂处理种子时，要十分注意药剂的浓度，在喷雾、熏蒸消毒后要及时通风换气，以免种胚中药害而死亡。

④ 氧气（O_2）和二氧化碳（CO_2）对种子寿命的影响：与种子呼吸作用关系最密切的气体是 O_2 和 CO_2。含水量很高的种子若处于密封的贮藏条件下，由于呼吸作用旺盛，很快就会把种子堆间隙内和环境中的氧气耗尽，并被迫转向缺氧呼吸，结果引起大量氧化不完全物质的积累，这些物质毒害种胚，导致种子迅速死亡。因此含水量高的种子，尤其是呼吸强度大的含油质多的蔬菜种子贮藏时，要特别注意贮藏环境的通风换气，并且绝对不能采用密封贮藏。如果是含水量不超过临界水分的干燥种子，由于呼吸作用非常微弱，对氧气的消耗很慢，即使在密封的条件下贮藏，也能保持种子寿命延长。种子贮藏在通风良好即氧气充足的条件下，温度愈高，呼吸作用愈旺盛，生活力下降愈快。生产上为了有效地较长时间保持种子生活力，除了创造干燥、低温的环境条件外，经常进行合理的密封和通风换气是非常必要的。

⑤ 光对种子寿命的影响：日照长短和光质不但对种子种株的形成、发育有影响，并且在种子采收后的晾晒过程中，光对种子的寿命也有影响。例如，种子在采收后长时间置于强烈阳光下暴晒，往往会降低种子的生活力，缩短种子寿命。这是因为强烈的日光能杀死种子胚部细胞的缘故。因此，采收后的种子，在晾晒时需要勤翻动或在通风弱光下晾晒风干。

⑥ 微生物、仓虫对种子寿命的影响：真菌、细菌以及各种仓虫的活动，大大增强种子的呼吸作用，加强了种子的生理代谢过程，消耗了种子维持生命和生存的贮藏营养物质，另外，被微生物和仓虫侵染的种子，其被危害的组织呼吸强度比健全的组织大得多，在贮藏物质被消耗的同时，又放出更多的热量和水分，从而又进一步促进了微生物和仓虫的活动和繁衍，如此恶性循环，直接或间接加速了种子的死亡。因此，在种子入库前，必须进行贮藏容器、贮藏环境和种子的彻底消毒，这也是延长种子寿命的重要技术措施之一。

情境教学七　种子包装

学习情境	学习情境 7　种子包装
学习目的要求	1. 了解不同的包装材料对种子的影响 2. 掌握种子包装技术
任务	对收获的玉米种子进行筛选
基础理论知识	种子的特征特性、各种包装材料对种子的影响
用具及材料	包装材料、种子、标签（内、外）
种子包装的要求	1. 种子 2. 包装容器 3. 包装数量 4. 保存期限 5. 包装种子贮藏条件 6. 标签

学习情境	学习情境7 种子包装
包装材料的种类和特性及选择	1. 种子包装单位 2. 包装材料的性能 3. 包装材料的种类和特点 4. 包装材料和包装容器的选择
包装标识	包装标识：包装标识是防止假劣种子流通、提高种子质量的重要环节,便于市场管理和用户选购,无标识种子不得经营;同时也是经营单位形象的展示,具有广告效应。又分外标识和内标识
包装机械和包装方法	(一)种子包装数量 (二)种子包装工艺流程和机械 包装操作：种子包装包括两大步骤,即装填和封口。装填和封口的完成可用人工也可用机械,封口多采用缝合、热合、胶黏或石蜡封口 1. 种子包装工艺流程：散装仓库—加料箱—称量或计数—装袋—封口—贴挂标签 2. 种子定量包装机：电子自动计量 3. 种子定数包装机：光电计数器
学生实境教学操作	在种子公司的种子加工中心,学生观察学习种子包装机对种子进行包装的实际加工过程,注意每袋种子的重量,种子袋内放标签,种子袋封口,外标签的位置
注意事项	1. 防湿、防虫、防鼠、干燥、低温 2. 分类堆放 3. 适当空隙以利通风 4. 防火;检查
考核评价标准	1. 学生按照要求逐项操作,没有违规现象,能正确种子包装 2. 种子包装操作规范,种子包装达到要求
评定学习效果	按考核评价标准分别按优秀、良好、及格、不及格来评定学生的学习和操作效果

技术五　种子贮藏

一、贮藏条件

前文讨论了内外因素对种子寿命的影响,从中可以知道,任何一种植物种子采收以后生活力的保持和寿命的延长都取决于贮藏条件,而其中最主要的是温度、水分及通气状况这三个因素。这三个因素在影响贮藏的种子寿命过程中是相互影响和相互制约的。比如,贮藏环境的温度较高时,可以通过降低种子含水量、控制氧气供应量来达到延长种子寿命的目的。同样,在种子含水量和空气湿度较高的情况下,可以通过降低温度、控制氧气供给量来相对延长种子寿命。密封条件下贮藏的种子之所以具有延长其寿命的效果,主要是由于它控制了氧气的供应,杜绝了外界空气湿度对密封容器内种子含水量的影响。在贮藏过程中影响种子寿命的各个环境因素都是相互配合、相互制约的,其中某一个因素发生了变化,都会对种子的贮藏效果带来一定程度的影响。因此,要想提高贮藏效果,延长种子寿命,必须以三个主要影响种子贮藏因素（温度、湿度、通气条件）为主,创造出各种因素最佳配合的贮藏方法,即"理想"的贮藏条件（表3-8）。

模块三
基本技术

表 3-8　在 26℃ 条件下安全贮藏的种子含水量

蔬菜种类	含水量/%	蔬菜种类	含水量/%	蔬菜种类	含水量/%
菜豆	8	黄瓜	5	甜椒	7
甜菜	9	莴苣	5	菠菜	9
甘蓝	5	黄秋葵	10	番茄	9
胡萝卜	7	洋葱	6	芜菁	6
芹菜	7	豌豆	9	西瓜	7
甜玉米	8	花生	3		

对大多数作物种子来讲，充分干燥是延长种子寿命的基本条件。但是，种子含水量过低或是将种子贮藏在极度干燥的条件下，也很容易使种子丧失生活力。有实验报道，在相对湿度（RH）为 15%～75%、温度为 0～30℃、种子含水量为 4%～14% 时，种子含水量每增加 1%（RH 增加 10%），种子寿命缩短一半；反之增加一倍（表 3-8）。

贮藏温度是影响种子新陈代谢的因素之一。种子在低温条件下，呼吸作用非常微弱，种子内贮藏的物质和能量的消耗极少，胚细胞能长期保持其生活力。但当低温伴随游离水分出现时，种子易受冻而死亡。有实验报道：种子贮藏过程中，最安全的温度是 −5～−10℃，在这样的温度条件下种子呼吸强度极低，贮藏安全，种子的寿命可显著延长。在 0～45℃ 范围内，温度每下降 5℃，种子寿命可延长一倍；反之缩短一倍。一般认为相对湿度（RH）＋温度（℉）≤100 时，种子可安全贮藏 3～10 年；如果在 RH＋℉＝120 时，种子贮藏时间不超过 3 年。经验证明，相对湿度为 6%、温度 15℃、种子含水量 1%～7% 为种子开放式贮藏的适宜条件。因为种子的含水量、贮藏环境的相对湿度和温度及通气状况是贮藏种子寿命长短的决定条件，所以这些外界条件的剧烈变化，特别是水分和温度条件的剧烈变化，会导致种子呼吸作用的不稳定而缩短种子的寿命。因此建造种子贮藏库的地点应选择在冬温夏凉、干燥通风、常年气温无剧烈变化的地区。

二、贮藏方法

无论采用什么样的贮藏方法，首先考虑的是经济效益；其次要考虑贮藏设施的性能、贮藏地区的气候条件、计划贮藏的年限、贮藏种子的种类及其种子本身的遗传性、种子的价值和本地区本单位的经济实力等。

1. 普通贮藏法

所谓普通贮藏法（开放贮藏法）包括以下两方面内容：

① 将充分干燥的种子用麻袋、布袋、无毒塑料编织袋、缸、木箱等盛装贮存于贮藏库里，种子没有被密封起来，种子的温度、湿度（种子本身的含水量）的变化基本上随着贮藏库内的温湿度变化而变化。

② 贮藏库没有安装特殊的降温除湿设施。但是，如果贮藏库内温度或湿度比库外高时，可以利用排风换气设施进行调节，使其库内的温度、湿度稍低于库外或与库外达到平衡。如果库内的温湿度比库外低时，可以把门窗严密关闭，以保持库内低温、低湿条件。

普通贮藏方法简单、经济，适合于贮藏大批量的生产用种。贮藏效果一般以 1～2 年为好，贮藏 3 年以上的种子生活力明显下降。为保证贮藏效果，种子采收以后要进行严格清选、分级、干燥以后再入库，贮藏库也要做好清理与消毒工作，还要检查防鸟、防鼠措施是否妥善，房顶、窗户是否漏等一系列工作。种子入库后，要登记存档，定期检查检验，做好通风散热等管理工作。

种子在贮藏过程中由于本身有一定的新陈代谢，又加上微生物的生长和繁殖会产生种子发热造成种子发霉、变质，因而通风散热是种子贮藏过程中一项重要的技术措施。通风方式有打开窗门的自然通风和利用机械通风两种。无论采用哪一种通风方式，在通风前必须测定贮藏库的内外温度和空气的相对湿度，以确定是否应该通风。一般两天通风一次，刮大风或有雾天气不能通风。另外，如库外温度过低，库内外温差过大时也不可通风，以防造成种子表面（或种子堆表层）结露，水分向种子堆内转移。当库内外温度相同，但库外湿度低于库内时或库内外湿度相同但库外温度低于库内时也可通风，前者为了散湿，后者则为降温。在一天内傍晚可以通风，但后半夜不能通风。

2. 密封贮藏法

所谓种子密封贮藏法，是指把种子干燥到符合密封要求的含水量标准，再用各种不同的容器或不透气的包装材料密封起来进行贮藏的方法。这种方法在一定的温度条件下，不仅能较长时间保持种子的生活力、延长种子的寿命，而且便于交换和运输。

密封贮藏法之所以有良好的贮藏效果，是因为它控制了氧气供给和杜绝了外界空气温度对种子含水量的影响，从而保证种子处于低强度呼吸中。同时，密封条件也抑制了各种好气性微生物的生长和繁殖，从而起到延长种子寿命的作用。但是必须指出，密封贮藏种子的容器不能置于高温条件下，否则会加快种子死亡。这是因为高温会造成容器内严重缺氧，从而加强了酒精的发酵作用而致使种胚变质，而且高温还能促进真菌等厌气性病害的发生，尤其是在种子含水量较高的情况下更甚。另外长期贮于高温条件下，密封贮藏的种子会因严重失水而加速死亡。因此，密封贮藏种子，只有在温度较低的条件下进行，其贮藏效果才能更明显（表3-9）。

表 3-9　密封容器贮藏的种子上限含水量

蔬菜种类	含水量/%	蔬菜种类	含水量/%	蔬菜种类	含水量/%
菜豆	7.0	黄瓜	6.0	美国防风	6.0
甜菜	7.5	茄子	6.0	豌豆	7.0
花椰菜	5.0	羽衣甘蓝	5.0	辣椒	4.5
孢子甘蓝	5.0	苤蓝	5.0	南瓜类	6.0
甘蓝	5.0	韭菜	6.5	萝卜	5.0
胡萝卜	7.0	莴苣	5.5	芜菁	5.0
茎椰花	5.0	网纹甜瓜	6.0	菠菜	8.0
根芹菜	7.0	洋芥菜	5.0	番茄	5.5
芹菜	7.0	洋葱	6.5	芜菁甘蓝	5.0
白菜	5.0	大葱	6.5	西瓜	6.5
甜玉米	8.0	香芹菜	6.5	其他	6.0

密封贮藏法在湿度变化较大、雨量较多的地区，其贮藏种子的效果更好，更有实用价值。目前用于密封贮藏种子的容器有玻璃瓶、干燥箱、缸、罐、铝箔袋、聚乙烯薄膜等。玻璃瓶容器易破碎，只适合在实验室里使用。铝箔、聚乙烯可分别制作成袋使用，也可两

者合在一起制成袋使用。由于袋子的种类不同、质地不同、厚度不同，其密封防潮性能不同。如铝箔，虽然防潮性能良好，但价格较贵，提高了种子贮藏的成本。聚乙烯的防潮性能虽不如铝箔，但价格便宜，透明度好。目前利用的高密度聚乙烯防潮性能较好，用其贮藏种子效果明显，又便于种子商品化。

不同密封材料，由于透湿性能不同，所以要求密封贮藏时种子的含水量也有差异。表3-10为美国种子法施行规则中规定的密封容器中种子的上限含水量。

用铝箔包装贮藏种子的安全含水量要依据铝箔的厚度和透明度而定。一般铝箔的厚度为0.02~0.025mm，24h内每平方米的透湿度近于零。

聚乙烯、异二氯乙烯等塑料包装制品都不具有百分之百的防湿性能，以这些材料所做成的种子袋或容器里贮藏的种子也能慢慢吸湿，其贮藏种子的最高含水量见表3-10。

表 3-10　塑料包装密封贮藏的种子最高含水量

蔬菜种类	含水量/%	蔬菜种类	含水量/%	蔬菜种类	含水量/%
洋葱	6	黄瓜	7	菜豆	11
芹菜	7	胡萝卜	7	豌豆	11
花生	4	莴苣	6	萝卜	7
甜菜	10	番茄	8	茄子	7
甘蓝	6	美国防风	7	菠菜	9
甜瓜	7	荷兰芹	7		

3. 真空贮藏法

真空贮藏法是一种很有发展前途的贮藏方法，尤其是应用于育种用的原始材料的种子贮藏方面更为方便。其贮藏原理是将充分干燥的种子密封在近似于真空条件的容器内，使种子与外界隔绝，不受外界湿度的影响，抑制种子的呼吸作用，强迫种子进入休眠状态，从而达到延长种子寿命、提高种子使用年限的目的。

真空贮藏效果的好坏，取决于种子的干燥方法、种子含水量、真空和密封程度以及贮藏温度等条件。

真空贮藏种子，要求种子含水量较低，所以必须采用热空气干燥法干燥种子。干燥种子的空气温度依不同蔬菜种类和所要求的不同含水量而定。一般为50~60℃的温度干燥4~5h，种子的含水量在4%以下（豆类种子除外，含水量过低，豆类种子易形成硬实而影响发芽率）。

真空的标准，根据国外资料报道，减压不超过430mmHg。减压过低会造成种子破裂，影响贮藏效果。上海市实验的减压标准控制在350~400mmHg。

上海市采用的真空罐规格是0.5kg和0.25kg装两种。种子体积约占空罐容积的3/4，留约1/4空间为佳。

贮藏种子的真空罐要放置在低湿的环境条件下贮藏，如冷库、人防洞或埋在地下等。

4. 低温除湿贮藏法

在大型的种子贮藏库中装备冷冻机和除湿机等设施，把贮藏库内温度降到15℃以下，相对湿度降到50%以下，从而加强了种子贮藏的安全性，延长了种子的寿命，这就是低温除湿贮藏法。

温度在15℃以下，种子自身的呼吸强度比常温下要小得多，甚至非常微弱，种子的营养物质分解损失显著减少，一般贮藏库内的害虫不能发育繁殖，绝大多数危害种子的微生物也不能生长，因而在这一条件下即能取得种子安全贮藏的良好效果。温度在20℃以下，则被称为"准低温贮藏"，在一定程度上也可以达到上述效果。

低温贮藏对害虫的抑制作用十分明显，一般20℃是害虫适宜温度的下限范围，15℃时害虫开始冷麻痹；8℃是冷昏迷；温度降到4~8℃时害虫就进入冬眠状态，害虫经过一段时间也会死亡；-4℃以下，就到了害虫致死范围。

蚕豆有较多的淀粉和蛋白质，易受蚕豆蟓的侵害而变质。随着贮藏期的延长，会使青色蚕豆变成褐色或深褐色并霉变、发热，直至丧失种用价值。若将蚕豆含水量降至11%以下，贮于0~4℃低温箱里，6个月后基本无变色，蚕豆蟓的幼虫虽然未死，但未羽化成虫。而对照者变色粒为46%，虫害粒52%；试验前绿色蚕豆发芽率为97.8%，低温试验结束时的发芽率为91%，而常温的只有88%。这说明低温贮藏对蚕豆保色和维持蚕豆生活力有较强的优越性。低温贮藏方式有以下几种：

（1）自然低温贮藏　这是一种经济、简易、有效的贮藏方法，它包括自然通风贮藏、地下库贮藏和洞库贮藏。自然低温贮藏泛指15℃以下，有的冷冻温可达-20℃，甚至-45℃。自然低温贮藏的先决条件是采用隔热等措施以保证低温条件的实现。

（2）通风冷却贮藏　即是利用通风机械或冷却机械对贮藏中的种子实行急剧快速通风冷却。这一过程不同于单纯的干燥，也不同于单纯的通风，主要是利用机械通过输进含有较低温度的空气，使库内种子堆的温度下降，同时也有降湿作用。

（3）空调低温贮藏　即是利用制冷机向贮藏库内通冷风，进行空气温湿度调节，使贮藏库内的温度均匀，避免水分局部集中，达到安全贮藏。这种方式与冷却贮藏的区别主要是避免外界热空气的接触，只限贮藏库内的空气循环，一般不补充外界空气，自动控制冷气的温湿度。一般要将贮藏库的温度控制在15℃以下或更低的温度时需密封隔热保持低温。随着气温的变化，库内温度超过要求温度时，则采用机械通冷风控制库内温度在±1℃范围。

通风冷却贮藏法、空调低温贮藏法适于高温多湿地区贮藏蔬菜种子。

综上所述，种子的寿命与生活力除了与其遗性有关外，还和产生种子及贮藏种子的环境条件有关。选育优良品种，改善种子生产条件，创造良好的种子贮藏条件都可以延长种子寿命，提高种子生活力，从而延长种子的使用年限和提高使用品质。

种子贮藏的基本原理就是要创造条件降低种子的新陈代谢并防治病虫害的侵害，同时还要考虑到实际生产应用的简单易行、经济实惠，在实际操作中可根据自身的条件、环境条件以及对贮藏要求的不同灵活选用贮藏方法。

5. 超低温贮藏

利用液态氮气可达-165℃的低温，在如此低的温度下，代谢作用极低，故若种子能在结冰及解冻时存活，则可长时间保存。

影响结冰时的存活主要取决于种子的含水量和结冰的速度。故种子需先干燥，使含水量低于临界百分率，防止结冰时有游离水分形成冰粒。各种种子的临界含水量并不一致。有些特殊的种子不能干燥至低含水量，则需要控制结冰速度，在冷冻过程中细胞间水分会先结冰，如此则造成一个渗透压差，使细胞中的水分渗透出细胞膜以外，细胞内的水分逐渐减少，如能减至无游离水分结成冰粒的程度，则细胞可以在结冰过程中存活，如结冰太快，此脱水过程未能完成，则细胞将受冰粒破坏。反之，则脱水过甚，细胞亦会受损。故利用结冰温度的不同，控制结冰速度，往往可以使细胞在结冰过程中生存。此外，如在结冰前或结冰过程中，用对细胞膜有保护性的化合物处理细胞，亦可能减低细胞在结冰时所受的损害，用 5.5mg/L 脯氨酸溶液处理安祖花（*Anthurium scherzerianum* L.）种子可以使此种特殊的种子适合液态氮贮藏（Stanwood，个人通讯）。

在解冻时，其速度亦应注意，如速度太快亦可能造成损害。一般来说普通的种子在低含水量下，多能贮藏于液态氮中。

情境教学八　种子仓库及其设备

学习情境	学习情境 8　了解种子仓库及其设备
学习目的要求	1. 掌握种子仓库的建设要求 2. 了解种子仓库的设备
任务	学会种子仓库的建设要求和仓库设备的使用
基础理论知识	按照种子贮藏需要，了解仓库建筑和仓库设备的使用
种子仓库	（一）仓址的选择 要求：地形地势良好，地质条件好，交通方便，布局合理，晒场、器材室、检验室等设施完全且合理，占地少 （二）种子仓库的性能要求 1. 防潮性 2. 隔热性 3. 通风和密闭性能 4. 防虫防杂防鼠雀性能 5. 防火性能 6. 适于机械操作 （三）仓库的类型 1. 房式仓 2. 砖拱仓 3. 低温库 4. 改建型仓库
仓库设备	1. 检验设备：目的是准确把握种子贮藏期间的动态和种子进出仓时的品质。主要有测温仪、水分测定仪、发芽箱、容重器、油脂分析仪、扩大镜、显微镜和种子筛等 2. 装卸、输送设备：风力吸运机、移动式皮带输送机、堆仓机、升运机 3. 机械通风设备：鼓风、吸气及通风管道等 4. 种子加工设备：清选、干燥、药剂处理等 5. 熏蒸设备：防毒面具、防毒服、投药器、熏蒸试剂等 6. 其他：扦样器、磅秤、麻袋、晒场用具、消毒器材等
学生实境教学过程	1. 在种子公司的贮藏加工中心，学生实地观察和认识种子仓库的建设和种子仓库的类型 2. 了解种子仓库的设备，对简易的仓库设备能够正确使用
考核评价标准	1. 学生按照要求逐项操作，没有违规现象，能正确使用仓库简易设备 2. 能够了解不同仓库对种子的影响
评定学习效果	按考核评价标准分别按优秀、良好、及格、不及格来评定学生的学习和操作效果

技术六　仓库害虫及其防治

种子贮藏期间仓库害虫是影响种子活力和生活力的重要因素，严重时会使贮藏的种子完全失去利用价值。仓库害虫以种子为食料，会直接造成种子数量的损失。因此必须充分重视仓库害虫的防治。

一、仓库害虫

（一）仓库害虫及其危害性

仓库害虫简称"仓虫"。它是指在收获后，脱粒、清选、贮藏加工和运输过程中危害贮藏物品的昆虫和螨类。广义来讲是指一切危害贮藏物品的昆虫。

世界各国贮粮每年遭受仓虫为害所造成的损失是非常普遍和严重的。全世界每年贮粮因受虫害而损失 5%～10%。我国贮存 1 年以上的粮食损失率平均为 8.88%，河南省农户每年因虫害损失的粮食在 15 亿 kg 以上。有的地区种子损失率可达 25%。

据估计，如果能有效防治世界各地粮仓的谷物害虫，则相当于增产 25% 的谷物。但是人们往往重视农业上田间的直接减产，而忽视粮食、种子贮藏过程中因害虫造成的巨大损失，其实在贮藏过程中减少不必要的损失与农业增产有着同样重要的意义。

贮藏的种子被仓虫危害后，除了造成数量上的重大损失外，还大大降低了种子的活力和发芽力，甚至失去种用价值。种子堆受仓虫感染后易引起发热、霉变，微生物大量繁殖，有的微生物还能产生毒素，使人、畜食用后中毒，甚至死亡。仓虫危害还降低粮食的营养价值，加工品质也大大降低。

（二）影响仓库害虫的生态因子

仓库可以被看成一个小型的生态系统，仓库害虫在这一系统内，必然受到系统内其他因子，如温度、湿度、种子类型等的影响，结果使仓虫的生长发育、繁殖等产生不同的变化。

1. 温度

昆虫是变温动物，其体温基本上取决于周围环境温度。它们的生长发育、新陈代谢等生命活动需要周围环境具备一定范围的温度，温度变化对仓虫生活会有以下几方面的影响：

（1）影响发育的速度　例如在昆虫的适温范围内，当温度增高时，新陈代谢速度亦随之旺盛，使发育速度加快。

（2）影响害虫全年发生代数和种群密度　同一种害虫，在不同地区和不同的环境下，由于温度不同，它所发生的代数也不同。如玉米螟在北方寒冷地区每年发生 1～2 代，南方温暖地区每年发生 3～5 代，亚热带发生 6～7 代。当昆虫处在最适合的范围内对它的繁殖最有利，这样种群密度也就大大增加。

（3）影响害虫分布地域　不同纬度地区其全年的温度变化不同，对害虫分布带来影响。

仓虫生命活动的一些温度范围如下。

模块三

基本技术

（1）有效温度区　这是适合一般生物的生长、发育和生殖的温度范围，又称为适温区，一般为 15～35℃。其中最适温度区一般为 25～32℃。是有效温度区内对一般昆虫的繁殖和生长发育最适合的温度范围。在此范围内仓虫的发育速度最快、繁殖能力最强。

（2）停育高温区　一般在 45～48℃，在此温度范围内，害虫的新陈代谢速率急剧增快，生命活动反而降低，呈现热昏迷状态（又称夏眠）。这时虫体内只进行缺氧代谢，这种温度如持续过久仓虫就会死亡；但如果温度很快恢复到有效温度范围内，就可能继续活动。如赤拟谷盗成虫在 46℃ 4.9h 致死。

（3）致死高温区　一般在 48～52℃，一般仓虫在此范围内，能在较短时间内致死。如米蛾、谷蛾成虫在 47.8～48.9℃ 1h 死亡，赤拟谷盗在 50℃ 1.2h 死亡。

发育起点是害虫可以开始生长发育的温度，一般在 8～15℃。例如米蛾或麦蛾的发育起点为 10～12℃。

（4）停育低温区　一般为 −4～8℃，虫种不同，有所差异。此温度下，害虫新陈代谢的速度会变慢，生命活动也会降低，但不会完全失去它的生活力，进入冷昏迷状态（又称冬眠），如时间长也会死亡。

（5）致死低温区　一般在 −4℃ 以下，有的害虫要到 −10℃ 以下，一般不超过 −15℃。

以上所述温度对仓虫的影响还与仓内湿度、温度变化速度，仓虫的生理状态及发育阶段有关。

2. 湿度

这里的湿度包括食物中所含的水分和空气的相对湿度。仓虫体内的水分主要取自食物中的水分（还可以以口器直接吸取水液，或通过表皮吸取水汽），而仓虫食物（种子）中含水量的变化又受空气湿度的影响。

水是仓虫进行生理活动的重要介质，虫体内缺少水分就不能进行正常的生理活动。休眠状态的仓虫体内自由水含量大大降低，可以降低生理活动，提高对高低温逆境的耐受能力。

各种仓虫对湿度的要求有各自的特殊性，与温度一样也各有各自的最适湿度、致死干燥点和致死湿度。如麦蛾须生活在含水量至少 9%～10% 的种子中，如含水量降至 8% 以下则不能生存。米蛾可忍耐相对湿度 60%，谷蛾可忍耐相对湿度 50%，印度谷蛾为 40%，谷蠹为 30%。仓虫一般均喜潮湿，如空气湿度较高或贮种含水量较大，同时温度适宜，均能促使仓虫繁殖。一般仓虫适宜在种子含水量 13% 以上及空气湿度 70% 以上的湿度下存活。

湿度可以直接影响仓虫个体发育的速度、活动力、死亡的速度和生殖能力等，还可以通过影响食料、温度等因子进行间接的影响。温度与湿度对仓虫的影响是互相联系、互相制约的，如温度有变异，则湿度亦随之而不同。

3. 种子种类

种子作为仓库系统中的一个重要因子，参与了仓虫的能量代谢。不同种类的种子对仓虫取食的影响是不同的。根据一般仓虫取食范围的宽窄可分为以下几种。

（1）单食性　一般只为害一种种子。如豌豆象只为害豌豆。

（2）寡食性　以相近科属的植物及种子为食。如绿豆象只吃含脂量不丰富的豆类（如绿豆、赤豆、豌豆、菜豆、蚕豆等）。

（3）多食性　可以多种植物为食。如印度谷螟、粉斑螟、谷蠹等能食多种禾谷类、油脂豆类及其他种子。

（4）杂食性 它是以各种各样的动植物质为食料的，如皮蠹、螨类、蕈蠖等。

可见贮藏种子的种类影响到仓虫的取食性，也就影响到它的繁殖力、发育速度、死亡速度及数量。尽管寡食性或多食性仓虫能取食一种以上的食物，但不同类。如绿豆蟓喜食绿豆，麦蛾最喜食小麦和稻谷，谷蠹最喜食稻谷，赤拟谷盗最喜食面粉，皮蠹最喜动物物质及富有蛋白质的粮食，米蟓喜食糙米，螨类最喜食粉类及油脂类。害虫吃了最适合与嗜食的食料能使其生长发育加快，繁殖率增高，死亡率降低。这是由于不同种子类型对不同的害虫具有不同的影响价值。锯谷盗种群在小麦和大米中生长最好，在稻谷和玉米中较差，在绿豆中最差（表 3-11，每处理开始时虫数为 1 对）。

表 3-11　锯谷盗种群生长与食物的关系

种类	粮食重量/g	含水量/%	重复试验次数	65d 后平均后代数/头
小麦	30	13.08	3	155.30
大米	30	13.10	2	160.30
稻谷	30	13.25	3	16.70
玉米	30	13.00	2	8.50
绿豆	30	13.26	2	2.83

4. 人为活动

人类的经济活动对仓库害虫的发生、繁殖和消长有很大的影响。人类影响会产生两种不同完全相反的结果，即控制仓虫的发生和发展或助长害虫的传播和大量繁殖。国外输入的种子和粮食如不经严格的检疫与处理，容易传入国内没有或虽有而分布不广的仓虫，造成新的仓虫种类的蔓延危害。国内助长和粮食的调运如不先经严格的处理也会造成国内地区性害虫的蔓延传播。助长品质差，含水量高，破损和杂质多，使仓虫易于繁殖。仓库不卫生，助长进仓前不消毒和清扫，贮运工具不随时清理，仓库管理人员不严，防治不及时，有利于仓虫的大量繁殖。相反，在助长的收获、加工、干燥、运输和贮藏等方面如能采取有效的措施阻止害虫的传播感染，创造不利于害虫繁殖发育的条件，就能控制害虫的发生和发展，减少不必要的损失。

5. 仓虫天敌

仓库害虫的天敌是指捕食或寄生于仓库害虫的昆虫、螨类、病原微生物和其他节肢动物。仓虫天敌也是仓库生态系统中一个不可忽视的因子。它们在控制仓虫种群增长方面具有一定的作用。据统计全世界仓库益虫有 186 种，国内常见的报道有 7～8 种。如米蟓小金蜂能够限制谷蠹种群的增长，使之不能造成危害。麦蛾茧蜂可抑制印度螟蛾的发生。黄色花蝽是一种捕食性天敌，可捕食谷蠹、锯谷盗、角胸谷盗、谷斑皮蠹、杂拟谷盗、赤拟谷盗、烟草甲虫、大蜡螟、粉斑螟蛾、印度螟蛾及麦蛾等重要仓虫，最喜捕食不能运动的虫卵和蛹。我国从美国引进的黄色花蝽已在国内饲养成功，并能在仓内顺利繁衍后代，建立种群，对仓库害虫起抑制作用。据国外报道，在带穗玉米堆中释放黄色花蝽，对锯谷盗种群可控制 97%～99%，而不处理对照 15 周内数量增值 1900 倍。

6. 气体成分

气体成分对仓虫的活动和生存很大的影响。仓虫需要氧气进行呼吸作用，没有氧气，仓虫就不能生存。气调贮藏就是改变仓虫生存环境中氧气的含量，达到抑制和杀死仓虫的目的。常用的方法有密封容器内抽真空、充氮气、充二氧化碳贮藏等。

（三）仓虫的传播途径

仓库害虫的传播方法与途径是多种多样的。随着人类生产、贸易、交通运输事业的不断发展，仓虫的传播速度更快，途径也更复杂化。为了更好地预防和消灭仓虫，阻止它们的发生和蔓延，有必要了解它们的活动规律和传播途径。仓库害虫的传播途径大致可以分为自然传播和人为传播。

1. 自然传播

（1）随种子传播　麦蛾、蚕豆象、豌豆象等害虫当作物成熟时在上面产卵，孵化的幼虫在子粒中为害，随子粒的收获而带入仓内，继续在仓中为害。

（2）害虫本身活动的传播　成虫在仓外砖石、杂草、标本、旧包装材料及尘芥杂物里隐藏越冬，翌年春天又返回仓里继续为害。

（3）随动物的活动而传播　黏附在鸟类、鼠类、昆虫等身上蔓延传播，如螨类。

（4）风力传播　锯谷盗等小型仓虫可以借助风力，随风飘扬，扩大传播范围。

2. 人为传播

（1）贮运用具、包装用具的传播　感染仓虫的贮运用具，如运输工具（火车厢、轮船、汽车等）和包装品（麻袋、布袋等）以及围席、筛子、毡布、扦样工具、扫帚、簸箕等仓贮用具，在运输及使用时也能造成仓虫蔓延传播。

（2）已感染仓虫的贮藏物的传播　已感染仓虫的种子、农产品在调运及贮藏时感染无虫种子，造成蔓延传播。

（3）空仓中传播　仓虫常潜藏在仓库和加工厂内阴暗、潮湿、通风不良的洞、孔、缝内越冬和栖息，新种子入仓后害虫就会继续出来为害。

（四）仓库害虫分类

1. 根据取食习性分类

食害完整子粒的初期性害虫，如绿豆象、麦蛾、玉米象、大谷盗、谷蠹等。食害损伤子粒及碎屑粉末的后期性仓虫，如锯谷盗、扁谷盗等，多发生在初期性害虫之后。食害完整子粒，也食害损伤子粒的中间类型，如赤拟谷盗和杂拟谷盗等。

2. 根据为害方式分类

（1）蛀空式　又称中空式，害虫以蛀食子粒内部的胚乳为特征。此类虫的卵期、幼虫期和蛹期都在子粒内完成发育，羽化为成虫后才钻出子粒外，所以幼虫、蛹在粒外不易观察到，是隐蔽性的。如麦蛾、米象、豆象。

（2）剥皮式　害虫从子粒外部开始为害，先咬蚀谷粒的胚部，然后随龄期的增加，开始剥食谷粒的果种皮。如印度谷蛾。

（3）破坏式　害虫也是从子粒的外部进行为害，但子粒被害后常在表面造成不规则的缺刻或使完整的子粒受到机械的破坏，使裂开或破碎。例如大谷盗。

（五）主要仓虫种类及生活习性

仓库害虫的种类繁多，根据报道国内现已知仓库害虫 254 种，分属 7 目 42 科。全世界已知仓库害虫约 492 种，分属 10 目 58 科。本书主要介绍为害贮藏作物种子的害虫，这类仓虫主要有玉米象、米象、谷蠹、赤拟谷盗、杂拟谷盗、锯谷盗、大谷盗、蚕豆象、豌豆蟥、麦蛾等 10 余种。

1. 玉米象

玉米象属鞘翅目象虫科。分布遍及全世界。玉米象食性很杂，主要食害禾谷类种子，其中以小麦、玉米、糙米及高粱被害最重。幼虫只在禾谷类种子内贮食。此虫是一种最主要的初期性害虫，种子因玉米象咬食而增加许多碎粒及碎屑，易引起后期性仓虫的发生，且因排出大量虫粪而增加种子湿度，引起螨类和霉菌的发生，造成重大损失。

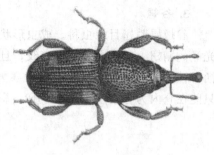

图 3-10　玉米象

（1）形态特征　成虫个体大小因食料条件不同而差异较大，一般体长 2.3～4mm，体呈圆筒形，暗赤褐色至黑褐色。头部向前伸，呈象鼻状。触角 8 节，膝形。有前后翅，后翅发达，膜翅，能飞。左右鞘翅上共有 4 个椭圆形淡赤色或橙黄色斑纹。幼虫体长 2.5～3.0mm，乳白色，背面隆起，腹部底面平坦，全体肥大粗短，略呈半球形。无足，头小，头部和口器褐色。第 1～3 腹节的背板被横皱分为明显的三部分。蛹长 3.5～4mm，椭圆形，吻细长，腹部背面近左右侧缘处各有一小突起，上生一褐色刚毛，腹末有肉刺一对。见图 3-10，彩图见插页。

玉米象与米象的形态特征相似，过去国内外都把玉米象误作为米象，并认为米象是一个种，但包括大小两个宗，错把大宗鉴定为米象，错把小宗鉴定为小米象。总之长期以来仍旧混淆不清。Kushel（1961）研究了有关米象异名的模式标本后指出，米象和玉米象是两个不同的种，一种体形较大的是玉米象，另一种小的才是米象，小米象不过是米象的同种异名。雄虫外生殖器的特征是区别这两个种的最重要和最可靠依据。

玉米象和米象成虫主要区别为：米象雄虫阳茎背面从两侧缘到中央均匀隆起，无隆脊及沟槽，其端部直形而不弯曲。玉米象雄虫阳茎背面中央形成一个明显的隆脊，脊两侧各有一个沟槽，其端部弯曲成镰刀状。

（2）生活习性　玉米象主要以成虫在仓内黑暗潮湿的缝隙、垫席下，仓外砖石、垃圾、杂草及松土中越冬。少数幼虫在子粒内越冬。当气温下降到 15℃ 左右时成虫开始进入越冬期，翌春天气转暖又回到种堆内为害。玉米象产卵在子粒内贮食，经 4 龄后，化蛹，羽化为成虫，又继续为害其他子粒。成虫善于爬行，有假死、趋温、趋湿、畏光习性。玉米象每年发生 1～7 代，北方寒冷地区每年发生 1～2 代，南方温暖地区每年发生 3～5 代，亚热带每年发生 6～7 代。玉米象生长繁殖的适宜温度为 24～30℃ 及 15％～20％ 的谷物含水量，在 9.5％ 的含水量时停止产卵，在含水量只有 8.2％ 时即不能生活。成虫如暴露在 −5℃ 下经过 4d 即死亡，暴露在 50℃ 下经过 1h 即死亡。

2. 米象

图 3-11　米象

米象属于鞘翅目象虫科。国内主要分布于南方地区。食性和形态特征与玉米象相近。米象的生活习性一般同玉米象。1年内可发生 4～12 代。米象的耐寒力、繁殖力及野外发生等方面不如玉米象。在 5℃ 条件下，经 21d 就开始死亡。米象具群集、喜潮湿、畏光性，繁殖力较强。南方各省米象、玉米象常混合发生。见图 3-11，彩图见插页。

3. 谷蟓

谷蟓属鞘翅目蟓虫科。成虫形状、体型大小和玉米蟓基本相同，但颜色为赤褐色，有光泽。鞘翅上无 4 个椭圆形斑纹，且无后翅，不能飞翔。幼虫蛹形状，同玉米蟓。谷蟓生活习性同玉米蟓相似，但成虫耐寒力较强，在 −5℃ 经 26d 才死亡。因后翅退化不能飞，只能在仓内为害繁殖。见图 3-12，彩图见插页。

图 3-12　谷蟓

图 3-13　谷蠹

4. 谷蠹

谷蠹属鞘翅目长蠹科。国内各地均有分布。谷蠹食性复杂，主要为害禾谷类种子，也为害薯干、药材、干果、图书，甚至能蛀蚀竹器和仓房木质结构。以稻谷和小麦受害最为严重，并引起种子堆的发热，有利于后期性仓虫及霉菌的发生。

（1）形态特征　成虫体长 2.3～3mm，呈长圆筒形，暗褐色至暗赤褐色，稍带光泽。头部下弯，隐于前胸之下。触角 10 节，鳃片状，前胸背板近圆形，中央隆起，上面有许多小瘤状突起（称同心圆排列）。鞘翅末端向下方斜削，掩盖住腹末。幼虫体长 2.5～3mm，弯曲成弓形。头小，黄褐色。胸腹部呈乳白色，胸部较腹部肥大后部弯向腹面，有 3 对胸足。见图 3-13，彩图见插页。

（2）生活习性　成虫在子粒、木板竹器或枯木树皮内越冬，产卵在蛀空的子粒或子粒裂缝中，有时亦产生在包装物或墙壁裂缝内。幼虫孵化后转入子粒蛀食，成虫幼虫都能破坏完整子粒，且喜食种胚。幼虫一般 4 龄，末龄幼虫一般在子粒内或粉屑中化蛹。成虫能飞，寿命可达 1 年。谷蠹抗干性和抗热性较强。生长最适温度为 27～34℃，但即使种子水分在 8%～10%、相对湿度在 50%～60%、温度达 35～40℃ 时，亦能生长繁殖，其耐寒能力较差，温度在 0.6℃ 仅能生存 7d，0.6～2.2℃ 时生存不超过 11d。

5. 赤拟谷盗

赤拟谷盗属鞘翅目拟步行虫类。国内各地均有分布。赤拟谷盗食性非常复杂。能为害禾谷类、米糠、面粉、干果、干贮食品及药材等 100 多种。以禾谷类、油料受害最多，以面粉被害最重。尤喜食种子的胚、破碎粒和碎屑粉末。由于赤拟谷盗成虫体内有臭腺能分泌臭液，使粮食带有腥臭气味，故降低食用价值。

（1）形态特征　成虫体长 2.5～4.4mm，体扁平，长椭圆形，褐色至赤褐色，有光泽。头扁宽，复眼肾形，黑色。从腹面看两复眼间的距离约与复眼的直径相等。触角 11 节，末端 3 节膨大呈锤状。每鞘翅上各有 10 条纵点行线。幼虫体长 7～8mm，细长圆筒形而稍扁。头部黄褐色，胸腹部各 12 节，各节的前半部为淡黄褐色，后半部及节间为淡黄白色，末节着生一对黄褐色的尾突。见图 3-14，彩图见插页。

（2）生活习性 赤拟谷盗成虫喜黑暗，有假死性、群集性，长群集于包装袋的接缝处或卷席的夹缝部位及子粒碎屑中，这些地方也往往是它们的越冬场所。因此使用过的装具器材应及时进行杀虫处理，这对于防治赤拟谷盗有一定效果。

赤拟谷盗 1 年发生 4～5 代，在东北寒冷地区每年发生 1～2 代。发育温度为 28～30℃。蛹和卵较成虫和幼虫能耐高温，如在 45℃时，成虫经 7h，幼虫经 10h 死亡，而卵需经 14h、蛹需经 20h 才死亡。在 0℃ 1 周，各虫态均死亡。

图 3-14 赤拟谷盗

6. 锯谷盗

锯谷盗属鞘翅目锯谷盗科。分布遍及全世界，国内各地均有发现。锯谷盗食性很复杂，主要危害禾谷类子粒与碎屑以及粉类、加工品，也能危害干果、糖、淀粉、药材、烟草、干肉。

（1）形态特征 成虫体长 2.5～3.5mm，体呈扁长形，暗赤褐色，无光泽。头部略呈三角形。前胸背板近长方形，上有 3 条纵隆脊，两侧缘各有 6 个锯齿状突起。幼虫长 3～4mm，扁平，后半部较粗大，但最末 3 节较小，胸部背面各节有 2 个近似方形的暗褐色大斑，腹部各节背面中央各有 1 个半圆形的黄褐色大斑。见图 3-15，彩图见插页。

（2）生活习性 锯谷盗 1 年发生 2～5 代，以成虫在仓内缝隙中或仓外附近枯树皮、杂物下越冬，来春返回仓内产卵。成虫爬行很快，喜欢向上爬和群集在种子堆高处，平时多聚集在种子堆的上层和表层。成虫抗寒力强，在 -15℃ 条件下可活 1d，-10℃ 可活 3d，-5℃ 可活 13d，0℃ 可活 22d。抗热型较弱，47℃ 1h 即死亡，锯谷盗对于多种药剂、熏蒸剂的抵抗力很强，所以一般的药剂与熏蒸剂对它的防治效果不大。近年来用敌百虫防治取得了很好的杀虫效果，即用 0.0025% 的稀释液封闭经 48h 可达 100% 致死效力。锯谷盗的适宜发育温度范围为 30～35℃，相对湿度 80%～90%。成虫寿命长，可达 3 年以上。成虫

图 3-15 锯谷盗

为后期性害虫，在破碎的种子中发育最快，在种子碎屑中次之，在完整的种子中最慢。由于虫子发育速度快，成为后期性害虫中的首要种类。

7. 大谷盗

大谷盗属鞘翅目谷盗科。分布遍及全世界，国内各地均有发现。大谷盗食性复杂，除为害稻、麦、玉米、豆类、油料等种子外，还能破坏包装用品和木质器材。成虫、幼虫吃食力均强，甚至会自相残杀。

（1）形态特征 成虫体长 6.5～10mm，为较大的仓虫之一，体形扁平，呈长椭圆形，黑褐色，有光泽。头部近似三角形，触角棒状。前胸背板宽大于长，前缘呈凹形，两角突出，后缘与鞘翅基部呈劲状连接。每鞘翅上有纵点条纹 7 条。幼虫体长 15～20mm，呈长扁平形，后半部较肥大，体呈灰白色。胸部第一节黑褐色，背板左右分开，在第 2、3 节背面各有黑褐色斑点 1 对。尾端着生钳状附器。见图 3-16，彩图见插页。

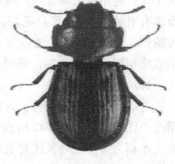

图 3-16 大谷盗

（2）生活习性　大谷盗1年发生1～2代，若条件不适合时，需经2～3年完成1代。性凶猛，除为害种子、咬毁包装物，也自相残杀、捕食其他仓虫。成虫寿命1年，卵产在碎屑、米粒间或缝隙内。成虫、幼虫耐饥、耐寒力均强，都可在子粒碎屑或包装品及木板缝隙中越冬。温度在4.4～10℃时，成虫能耐饥184d，幼虫能耐饥24个月，在－9.4～6.7℃时成虫和幼虫能生存数周，但卵及蛹的抗寒能力较弱。

8. 蚕豆蟓

蚕豆蟓属鞘翅目豆蟓科。分布遍及全世界，国内西北、华北、华中、华南大部分省区都有发生。蚕豆蟓主要为害蚕豆，也能为害其他豆类，幼虫为害蚕豆极烈，被蛀成空洞，变色变质，有苦味，影响种子发芽率。

（1）形态特征　成虫体长4～5mm，近椭圆形，黑色，无光泽，触角11节，基部四节较细小为赤褐色，末端7节较粗大为黑色。头小而隆起，前胸背后缘中央有灰白色三角形毛斑，前胸背板前缘较后缘略狭，两侧中间各有一齿状突起。鞘翅近末端1/3处有白色弯形斑纹，两翅并和时白色斑纹呈"∧∧"形。腹部末节背面露出在鞘翅处，密生灰白色细毛。幼虫体长5.5～6mm，乳白色，体粗肥而弯曲如弓，胸腹节上通常具有褐色明显的背线，胸足退化。见图3-17，彩图见插页。

（2）生活习性　蚕豆蟓一年发生1代，以成虫在豆内或仓内缝隙、包装物越冬为主，少量在田间杂草或砖下越冬。成虫在仓内不能蛀食豆粒，越冬后飞往田间产卵，以幼虫在豆粒内随收获入仓后，继续在豆内生长发育，蛀食豆粒，严重时被害率可达90%以上。成虫善飞，有假死性，耐饥力强，能4～5个月不食。

图3-17　蚕豆蟓　　　　　　　　　　　图3-18　豌豆蟓

9. 豌豆蟓

豌豆蟓属鞘翅目豆蟓科。分布遍及全世界，国内大部分省区都有发生。成虫极像蚕豆蟓，主要不同点是：① 体灰褐色。前胸背板后缘中间的白色毛斑近似圆形。②鞘翅近末端1/3处的白色毛斑宽阔，两鞘翅的白色毛斑呈"八"字形。③腹部露出翅外，外露部分背面有明显的"T"形白毛斑，幼虫外形似豌豆蟓幼虫，但无赤褐色背线。豌豆蟓主要为害豌豆，使被害豌豆失去发芽力，重量损失可达60%。豌豆蟓的生活习性和越冬场所与蚕豆蟓相似。见图3-18，彩图见插页。

10. 麦蛾

麦蛾属鳞翅目麦蛾科。为世界性害虫。国内除新疆、西藏外，其他省区均有发生。是稻麦产区的重要害虫。以幼虫蛀食麦类、稻谷、大米、玉米、高粱、粟、豇豆等。以小麦、水稻为害最重，其次是玉米和高粱。被害的稻麦种子重量损失可达56%～75%。是一种严重的初期性仓库害虫。

（1）形态特征　成虫体长 4～6mm，展翅宽 12～15mm，生于玉米内的体长可达 8mm，展翅宽可达 20mm。头、胸部及足呈银白色略带淡黄褐色，前翅竹叶形，后翅菜刀形，翅的外缘及内缘均生有长的缘毛。复眼圆、大、黑色。下唇须发达向上弯曲超过头顶。腹部灰褐色。幼虫体长5～8mm，头部小，淡黄色，其余均为乳白色。有短小胸足 3 对，腹足退化，仅剩一小突起，末端有微小的褐色趾钩 1～3 个。见图 3-19，彩图见插页。

图 3-19　麦蛾

（2）生活习性　麦蛾以幼虫为害麦类、稻谷、玉米、高粱等，在野外也能蛀食禾谷类杂草种子。子粒被害后，常被蛀成空洞，仅剩一空壳，其为害严重性仅次于玉米螟、谷蠹。

麦蛾 1 年可发生 4～6 代，浙江省可发生 6 代；以第 6 代幼虫在麦粒内越冬，其生育最适温度为 21～35℃，在 10℃ 以下即停止发育，幼虫、蛹、卵在 44℃ 条件下经 6d 死亡。当子粒含水量在 8% 以下时或相对湿度 26% 以下时，幼虫即不能生存。

麦蛾自卵中孵出后，即钻入子粒内为害，直至化蛹、羽化为成虫，才爬出子粒，在种子堆表层或飞到仓房空间交配，再产卵于子粒上。根据这一特性，采用种子堆表层压盖法可防止麦蛾成虫交配和产卵，是防止麦蛾的有效措施之一。

11. 粉斑螟

粉斑螟属鳞翅目卷螟科。分布遍及全世界，国内普遍发现。以幼虫为害稻谷、麦类、豆类、花生、油料等，食性很杂。

（1）形态特征　成虫雌虫体长 6～7mm，雄虫体长 5～6mm，翅展 12～16mm。头、胸部灰黑色，腹部灰白色。前翅狭长，底色灰黑，近基部 1/3 处有一明显的灰色横纹。横纹外的色泽较深。后翅灰白色，四翅外缘都有缘毛。幼虫体长 12～14mm，头部褐色，胴部乳白色，胸、腹部肥大，两端略细，其刚毛基部有较明显的小黑点。

（2）生活习性　粉斑螟以幼虫为害稻谷、小麦、玉米、大豆、花生、棉花等，喜食子粒胚部；为害时在子粒表面吐丝结网或蛀成虫窝，使种子品质和重量受到很大损失。粉斑螟 1 年发生 4 代，以幼虫在仓内包装物品或屋柱、板壁等缝隙内越冬。一般在 5 月上旬出现第 1 代成虫，发育温度在 15～36℃，以 30～32℃ 为最适宜（相对湿度 70% 左右）。抗旱力弱，在 0℃ 时经 1 周则各虫期全部冻死。

12. 棉红铃虫

棉红铃虫属鳞翅目麦蛾科。为世界性最重要的棉花害虫之一。国内除新疆、青海、宁夏及甘肃西部等部分产棉区外，其余各省棉区都有此虫为害。此虫为多食性，还能寄生于 8 科 77 种植物上。

（1）形态特征　成虫体长 6.5～7mm，展翅 12mm，棕褐色。前翅竹叶形，灰白色，翅面上有 4 条不规则的黑褐色横纹。后翅菜刀形，灰褐色，它的后缘着生灰白色长毛；足末端近黑灰色。幼虫体长 11～13mm，头棕黑色，前胸黑褐色，腹部各节有红色斑一块，全体看似红色。见图 3-20，彩图见插页。

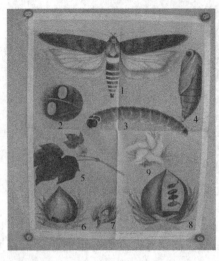

图 3-20　棉红铃虫

（2）生活习性　棉红铃虫幼虫为害棉花的蕾、花、铃和棉子，主要蛀食棉子和棉铃。棉红铃虫每年发生代数因各地气候而异。黄河流域每年发生 2～3 代，长江流域发生 3～4 代，华南 5 代以上。以幼虫在棉子内、棉花仓库及运花器材中越冬。成虫在棉铃上产卵，孵出幼虫后即钻入棉铃为害，第 3 龄后为害棉子。

13. 谷斑皮蠹

谷斑皮蠹属鞘翅目皮蠹科。在我国，此虫被列为检疫对象，国内分布于云南，因而在检疫工作中要严格注意。谷斑皮蠹主要为害禾谷类、豆类、油料及其加工品，也食干血、干酪、巧克力、肉类、皮毛、昆虫标本等。幼虫蛀食种子，损失极大。

（1）形态特征　成虫体长 2～2.8mm，体呈长椭圆形，体色红褐、暗褐或黑褐。密生细毛。头及胸背板常为暗褐色，有时几乎黑色。触角 11 节，黄褐色，棒形。鞘翅常为红褐色或黑褐色，有时翅上有 2～3 条模糊的黄白色疏毛组成的横带。老熟幼虫体长约为 5mm，纺锤形，向后稍细，背部隆起，淡褐色或赤褐色。腹部 9 节，末节小形。体上密生长短刚毛，尾端生着黑褐色刚毛一丛。胸足 3 对，短小形，每足连爪共 5 节。见图 3-21，彩图见插页。

（2）生活习性　谷斑皮蠹在印度如以小麦为食料，1 年可发生 4 代。以幼虫越冬。成虫虽有翅，但不能飞，它必须依靠人为的力量进行传播。产卵在子粒上，幼虫有 4～6 个龄期，共脱皮 7～8 次。4 龄前的幼虫在谷食外蛀食，4 龄以后的在谷食内蛀食。幼虫非常贪食。在适宜的条件下，种堆上层内幼虫数常多于子粒的数目，幼虫吃去一部分子粒外，更多的是将其咬成碎屑。成虫是为害严重和难以防治的一大害虫。

图 3-21　谷斑皮蠹

谷斑皮蠹的耐热性及耐寒性都很强。它的最适发育温度为 32～36℃，最低发育温度为 10℃，在 51℃ 及相对湿度 75％ 的条件下，经过 136min，仅能杀死 95％ 的 4 龄虫，在 50℃ 中经 5h 才能杀死其他各虫态。在 -10℃，经 25h，才杀死 50％ 的 1～4 龄幼虫。此虫的耐干性也极强，它在含水量 2％ 的条件下发育与在 12％～13％ 含水量条件下发育无显著差异，甚至在低于 2％ 时仍能繁殖。此虫的耐饥性也极强，非休眠的幼虫因食物缺乏而钻入其缝隙后可活 3 年，进入休眠的幼虫可活 8 年。此虫的耐药性也很强。

二、仓库害虫防治

仓虫防治是确保种子安全贮藏、保持较高的活力和生活力的极为重要的措施之一。防治仓虫的基本原则是"安全、经济、有效"，防治上必须采取"预防为主，综合防治"的方针，防是基础，治是防的具体措施，两者密切相关。综合防治是将一切可行的防治方法，尤其是生物防治和化学防治统一于防治计划之中，以便消灭仓库生态系统中的害虫，确保种子的安全贮藏，并力求避免或减少防治措施本身在经济、生态、社会等方面造成的不良后果。

（一）综合防治

① 限制仓虫的传播。
② 改变仓虫的生态条件。
③ 提高贮藏种子的抗虫性。
④ 直接消灭仓虫。

（二）农业防治

许多仓虫如麦蛾、豌豆象、蚕豆象等不仅在仓内为害，而且也在田间为害，随着种子的成熟收获而进入种子仓库为害。很多仓虫还可以在田间越冬。所以采用农业防治是很有必要的。农业防治是利用农作物栽培过程中一系列的栽培管理技术措施，有目的地改变某些环境因子，以避免或减少害虫发生与为害，达到保护作物和防治害虫的目的。应用抗虫品种防治仓虫就是一种有效的方法。

（三）检疫防治

对内对外的动植物检疫制度是防治国内传入新的危险性仓虫种类和限制国内危险性仓虫蔓延传播的最有效方法。随着对外贸易的不断发展，种子的进出口也日益增加，随着新品种的不断育成、杂交水稻的推广，国内各地区间种子的调运也日益频繁，检疫防治也就更具有重大的意义。

（四）清洁卫生防治

种子贮藏需要清洁、干燥和低温的条件，而仓虫需要潮湿、温暖和肮脏的生活环境，特别喜欢在孔、洞、缝隙、角落和不透光的地方栖息活动。清洁卫生防治能造成不利于仓虫的环境条件，而利于种子的安全贮藏，可以阻挠、隔离仓虫的活动和抑制其生命力，使仓虫无法生存、繁殖而死亡。清洁卫生防治不仅有防虫与治虫的作用，而且对限制微生物的发展也有积极作用。

清洁卫生防治必须建立一套完整的清洁卫生制度，做到"仓内六面光，仓外三不留（垃圾、杂草、污水）"，还应注意与种子接触的工具、机器等物品的清洁卫生。具体可以分为以下四个步骤。

1. 清洁工作

仓内外以及四周的垃圾、蜘蛛网、残留的种子、糠屑等赃物都是仓虫隐蔽与栖息的好地方，必须彻底清除掉。清除出来的垃圾、废品应及时处理，仓内不要存留不应用的物品和其他易为仓虫躲藏的物品。

器材库、检验室以及其他附属建筑物等也必须全面彻底清扫。晒场必须平整、坚实、不准放砖块、瓦砾及其他废料物品。

仓库内一切包装工具、所用的机械以及其他器材等，均应经常清理，保持清洁并要专仓保管。

2. 改造工作

仓内裂缝、空隙及大小洞穴等破残的地方，是仓虫喜欢潜伏、产卵、繁殖的场所，又因为这些地方凹凸不平、不易清扫，因此要采用剃刮、嵌缝、粉刷等工作来改变仓库的原貌，清除害虫的栖息场所，也便于检查时易于观察到仓虫。

3. 消毒工作

消毒是在清洁基础上进行的。有些害虫喜欢躲在仓内或工具上极细小的缝隙内，不易被人们发现和剃刮掉，给害虫以漏网的机会，所以清洁以后，必须对整个仓库和用具用化学药剂进行消毒，以弥补清洁工作的不足，直接消灭害虫。

4. 隔离工作

仓房及临时存放种子的场所经清洁、改造、消毒工作以后，还要防止仓虫的再度感染，也就是要做好隔离工作，这样也便于将已经发生的仓虫限制在一定范围内，便于集中消灭。应做到有虫和无虫的、干燥的和潮湿的种子分开贮藏。未感染虫害的种子不贮入未消毒的仓库。包装器材及仓贮用具应保管在专门的器材房里。已被仓虫感染的工具、包装物等不应与未感染的放在一起，更不能在未感染害虫的仓内和种子上使用。工作人员在离开被仓虫感染的仓库和种子时，应将衣服、鞋帽等加以整理、清洁、检查后，才可进入其他仓房，以免人为传播仓虫。

（五）机械和物理防治

1. 机械防治

机械防治是利用人力或动力机械设备，将害虫从种子中分离出来，而且还可以使害虫经机械作用撞击致死。经过机械处理后的种子，不但消除掉仓虫和螨类，而且把杂质除掉、水分降低，提高了种子的质量，有利于保管。机械防治目前应用最广的还是过风和筛理两种。

风车除虫是根据仓虫和种子的比重不同，在一定的风力作用下使害虫与种子分离。筛子除虫是种子与害虫的大小、形状和表面状态不同通过筛面的相对运动把它分离开来。目前常用的有筛子振动筛和淌筛（溜筛）两种。

机械防治需注意，除虫前需检查所发生的虫种及虫期，对于虫卵及隐藏在子粒里面的幼虫，机械防治是无效的；机械除虫的场地四周应喷布防虫线，以阻止害虫逃散；清理的虫杂应立即集中焚毁或深埋；在机械操作中还应注意不要损伤种子。

2. 物理防治

物理防治是指利用自然的或人工的高温、低温及声、光、射线等物理因素，破坏仓虫的生殖、生理机能及虫体结构，使之失去生殖能力或直接消灭仓虫。此法简单易行，还能杀灭种子上的微生物，通过热力降低种子的含水量，通过冷冻降低种子堆的温度，利于种子堆的贮藏。

（1）高温杀虫法：温度对一切生物都有促进、抑制和致死作用，对仓虫也不例外。

通常情况下，仓虫在40～45℃达到生命活动的最高界限；超过这个界限升高到45～48℃时，绝大多数仓虫处于热昏迷状态，如果较长时间处在这个温度范围内也能使仓虫致死；当温度升至48～52℃时，所有仓虫在较短时间内都会致死。具体可采用日光暴晒法和人工干燥法。

① 日光暴晒法：也称自然干燥法，利用日光热能干燥种子，此法简单、安全且成本

低，为我国广大农村所采用。夏季日照长、温度高，晒场温度一般可达 50℃ 以上，不仅能大量降低种子水分，而且能达到直接杀虫的目的。为提高晒种效果，应做到晒种先晒场，因为种子暴晒在日光下，水分就从上、下两方面散出来。如果场地的温度比种温低，那么此时从种子散发出来的水分不仅不能向空气散发，反而会凝结在近地面的种子，达到晒种降水的目的。为避免这种现象的发生，晒种应薄摊勤翻，摊散厚度一般不宜超过 3～5cm，夏季高温季节可适当增至 8～9cm。摊晒面呈波浪形可增加日光暴晒面积，提高晒种效果。同时，暴晒时应在晒场周围喷撒防虫线，防止仓虫受热后逃出晒场躲起来。

② 人工干燥法（加热干燥法）：利用火力机械加温使种子提高温度，达到降低水分、杀死仓虫的目的。进行人工干燥时必须严格控制种温和加温时间，否则会影响发芽率。据实践经验，种子水分在 17% 以下，出机种温不宜超出 42～43℃，受热时间在 30min 以内。如果种子水分超过 17% 时，必须采用二次干燥法。

（2）低温杀虫法　利用冬季冷空气杀虫即为低温杀虫法。一般仓虫处在温度 8～15℃ 以下就停止活动，如果温度降至 −4～8℃ 时，仓虫发生冷麻痹，而长期处在冷麻痹状态下就会发生脱水死亡。此法简易，一般适用于我国北方；南方冬季气温高，不常采用。采用低温杀虫法应注意种子水分，种子水分过高会使种子发生冻害而影响发芽率。一般水分在 20% 时不宜在 −2℃ 下冷冻，18% 时不宜在 −5℃ 下冷冻，17% 时不宜在 −8℃ 下冷冻。冷冻以后，趁冷密闭贮藏对提高杀虫效果有显著作用。在种温与气温差距悬殊的情况下进行冷冻，杀虫效果特别显著，这是因为害虫不能适应突变的环境条件，生理机能遭到严重破坏而加速死亡。具体可采用仓外薄摊冷冻和仓内冷冻杀虫方法。

① 仓外薄摊冷冻：做法是在寒冷晴朗的天气，气温必须在 −5℃ 以下，在下午 5 时以后，将种子出仓冷冻，摊晾厚度以 6.7～10cm 为宜；如果在 −10～−5℃ 的温度下，只要冷冻 12～24h 即可达到杀虫效果。进仓时最好结合过筛，除虫效果更好。有霜天气应加覆盖物，以防冻害。

② 仓内冷冻杀虫：做法是在气温达 −5℃ 以下时，将仓库窗、门打开，使干燥空气在仓内对流，同时结合耙沟，翻动种子堆表层，使冷空气充分引入种子堆内，提高冷冻杀虫效果。

（3）其他方法　物理防治仓虫的方法还有电离辐射、光能灭虫、声音灭虫、臭氧杀虫等。这些方法的应用还有待于进一步探讨。

（六）化学药剂防治

利用有毒的化学药剂破坏害虫正常的生理机能或造成不利害虫和微生物生长繁殖的条件，从而使害虫和微生物停止活动或致死的方法称化学药剂防治法。此法具有高效、快速、经济等优点。由于药剂的残毒作用，还能起到预防害虫感染的作用。化学药剂防治法虽有较大的优越性，但使用不当，往往会影响种子的生活力和工作人员的安全，如作粮食用时会带来不同程度的污染，影响人体健康，还会引起害虫的耐药性，因此，此法只能作为综合防治的一项技术措施，结合其他方法使用则效果更佳。

1. 熏蒸剂

利用易于挥发的药剂的蒸气，通过害虫的呼吸系统或由体壁的膜质透入虫体，使害虫迅速中毒死亡的化学药剂叫熏蒸剂。主要的熏蒸剂有磷化铝、磷化锌、氯化苦、溴甲烷等。由于成本和仓库密封性等的原因，氯化苦主要用于国家粮库贮藏期较长的谷稻、小麦等原粮，溴甲烷则主要用于检疫性的港口和货船熏蒸以及加工厂的处理。由于磷化铝在施用方法、熏蒸期间的管理和成本等方面的优越性，目前仓库熏蒸杀虫以磷化铝为主。

（1）磷化铝　磷化铝是用红磷和镁粉在镁的燃烧下合成的一种熏蒸剂，为浅灰黄色或浅灰绿色松散粉末。剂型有片剂和粉剂两种。种子仓库熏蒸常用片剂。磷化铝片剂含磷化铝56％以上、氨基甲酸铵34％左右、石蜡4％左右。磷化铝能从空气中吸收水汽而逐渐分解产生磷化氢，化学反应式如下：

$$ALP + NH_2CHOONH_4 + 3H_2 \longrightarrow Al(OH)_3 + PH_3 + CO_2 + 2NH_3$$

起杀虫作用的是磷化氢气体。磷化氢是一种无色剧毒气体，有乙炔气味，比重1.183，略重于空气，但比其他熏蒸气体为轻。它的渗透性和扩散性比较强、在种子堆内的渗透深度可达3.3m以上，而在空间扩散距离可达15m以远，所以使用操作比较方便。磷化氢气体易自燃，当每升气中含磷化氢浓度超过26mg便会燃烧，有时还会有轻微的爆鸣声。发生自燃的原因主要是药物投放过于密集，磷化氢产生量大，或者空气湿度大，有水滴，使反应加速，产生磷化氢多。其中形成少量的双磷遇到空气中的氧气发生火花。磷化氢燃烧后产生无毒物质五氧化二磷，药效降低。如果周围有易燃物品，容易酿成火灾，因此投药时应予注意。为了预防磷化氢燃烧，在制作磷化铝片剂时通常加入氨基甲酸铵和其他辅助物。氨基甲酸铵和二氧化碳气体能起辅助杀虫作用，同时还可起到磷化氢自燃的目的。

磷化铝片剂每片约重3g，能产生磷化氢气体约1g。磷化铝片剂用药量种堆为6～9g，空间为3～6/m³，加工厂或器材为4～7g/m³。磷化铝粉剂用药量种堆为4～6g/m³，空间为2～4g/m³，加工厂或器材为3～5g/m³。投药时应分别计算出实仓用药量和空间用药量。投药后，一般密闭3～5d，即可达到杀虫效果，然后通风5～7d排除毒气。

投药方法有包装和散装两种。包装种子在包与包之间的地面上，先垫好15cm见方的塑料布或铁皮板再投药，以便收集药物残渣。散装种子投在种子堆上面，与上述同样要求垫上塑料布或铁皮板，将药物散放在上面即可。药片也可以用布袋分装，每袋药量不超过10片，按施药量将布袋埋入种堆中，袋上栓有细绳，便于熏蒸结束取出。

磷化氢的杀虫效果决定于仓库密闭性能和种温。仓库密闭性好，杀虫效果显著，反之效果差，毒气外逃还会引起中毒事故。所以投药后不仅要关闭门窗，还要糊3～5层纸将门窗封死。温度对气体扩散力影响较大，温度越高，气体扩散越快，杀虫效果越好。如果温度较低，则应适当延长密闭时间。通常是当种温在20℃以上时，密闭不少于3d；种温在16～20℃时密闭不少于4d；种温在11～15℃时，则要密闭5～7d；种温在5～10℃时，则要密闭约10d；低于5℃，不宜熏蒸。

熏蒸过程需注意以下几点：

①磷化氢为剧毒气体，很容易引起人体中毒，使用时要特别注意安全。磷化氢一经暴露在空气中就会分解产生磷氢，因此，开罐取药前必须戴好防毒面具，切勿大意。

②为了防止发生自燃，必须做到分散投药，每个投药点的药剂不能过于集中，每点片剂不超过30片，粉剂不超过100g。片剂之间不能重叠，粉剂应薄摊均匀，厚度不宜超过0.5cm。

③药物不能遇水，也不能投放在潮湿的种子或器材上，否则也会自燃。

④为提高药效和节省药物，可在种子堆外套塑料帐幕以减少空气。但是帐幕不能有漏气的孔洞。

⑤ 种子含水量过高时进行熏蒸易产生要害，会影响种子的发芽率。磷化氢熏蒸对种子水分的要求可见表 3-12。

表 3-12　磷化氢熏蒸时种子水分的上限

作物	水分/%	作物	水分/%	作物	水分/%
芝麻	7.5	油菜	8	花生果	9
棉子	11	籼稻、小麦、高粱	12.5	大豆	13
大麦、玉米	13.5	蚕豆、绿豆、荞麦	12.5	粳稻	14

⑥ 正确选定施药时间。根据其分解特性，磷化铝在雨季用药时，只要施药后 4～10h 内不遇雷雨大风就可以基本避免着火。故要根据天气预报掌握施药时间。

⑦ 为了了解仓库门窗缝隙不同密封程度的漏气散毒情况，在施药后的 5～6h 即散毒盛期时，可以用硝酸银显色法检测门窗的漏气散毒情况。熏蒸通风后，排毒是否彻底也可以用硝酸银显色法检查，即用 3%～5% 硝酸银溶液浸湿的滤纸条放在被检测处，如空气中有磷化氢，则滤纸变黑。如滤纸在空气中于 7s 内变黑，即表示空气中毒气浓度已能引起中毒。

磷化氢在空气中的允许浓度为 0.3mg/m³，0.7mg/m³ 中停留 6h，有中毒症状出现。

据报道，磷化铝药剂在气温 28℃ 左右、仓库温度 25℃ 左右、相对湿度 68%～74% 的条件下，密封 4d，杀虫效果可达 100%。在上述温湿度条件下，种子堆用药 6g/m³，空间用药 5g/m³，器材用药 5g/m³ 的用药量，可 100% 消灭米蟥等仓贮害虫，且对种子发芽势和发芽率都无影响，但对存贮 2～3 年的陈种，发芽率将下降 10% 左右，在上述温湿度条件下，种子熏蒸后经 96h 的密封处理，种湿熏蒸前后基本一致。

（2）磷化锌　磷化锌为杀老鼠药，是一种灰黑色、有光泽的粉末，化学性质稳定，在一般条件下不溶于水，不燃烧，只有接触酸性溶液或碱性溶液时，才会发生化学作用产生磷化氢。通常每克磷化锌科产生 0.244g 磷化氢，只要浓度掌握适度，杀虫效果与磷化铝效果相同。但使用方法比磷化铝复杂，先要按比例配好酸碱溶液，然后将药物投入其中，处理不好会影响杀虫效果，有时还会污染种子。

使用酸碱溶液与磷化锌反应产生磷化氢的方法叫做酸式法。磷化锌、碳酸氢钠（小苏打）、硫酸（含量 96%）和清水的比例为 1:1:2:20。先将硫酸慢慢地倒入水中稀释成稀硫酸溶液，再把磷化锌和小苏打拌匀一起装入布袋内。不宜太满，约为布袋的 2/3，扎好袋口，然后连同布袋投入酸碱溶液中便会产生磷化氢和二氧化碳。

使用碱溶液与磷化锌反应产生磷化氢的方法叫做碱式法。磷化锌、氧化钙（生石灰）、碳酸钠（纯碱）和热水（夏季 50℃、冬季需 80℃）的比例为 1:3:0.6:12。先将石灰敲碎，平铺在缸底内，再将纯碱和磷化锌粉末倒入缸内，然后再加入热水，便产生磷化氢。在投入磷化锌的同时加入磷化锌药量 1/10～2/10 的碳酸氢铵，能产生二氧化碳和氨，防止自燃。

采用磷化氢杀虫，无论是酸式法是碱式法，剂量实仓为 8～12g/m³，空间为 4g/m³。每个投药点药量以磷化锌 1kg 为好，不宜太多。用药后密封 4～6d，通风 7～10d。

在投药和加水时动作要慢，不使反应太快，否则容易造成液体外溢污染种子甚至自燃。反应容器要选择有釉的缸钵或耐酸碱的容器，容量为总量的 2 倍左右。为防止液体外溢，可在小缸外面套一只稍大的缸。

2. 防护剂

利用液体或固体状态的药剂，通过胃毒或触杀使仓虫致死的叫防护剂。主要防护剂有敌敌畏、防虫磷、辛硫磷等。

（1）敌敌畏 敌敌畏是敌百虫经强碱处理制成的，属于有机磷制剂。目前常用的有50%和80%的乳油，原油为无色油状液体，略有芳香气味，挥发性较强，遇水后逐步分解，在碱性溶剂中分解较快。因此在使用时必须随配随用，切忌与碱性物质混用，以免降低药效。

敌敌畏对害虫具有胃毒、触杀和熏蒸作用，在虫体内不易发生改变，作用迅速，击倒力强。高温季节，残效力一般仅1~2个月。

敌敌畏用于空仓消毒和加工厂杀虫可用喷雾法和悬挂法，均采用80%的乳油，一般用药100~200mg/m³。喷雾法以80%乳油加水100~200倍，用喷雾器喷洒后，仓库密闭3d，然后通气24h，再进仓清扫。悬挂法是将浸有敌敌畏原油的布条或纸条均匀地悬挂在绳子上，任其发挥。据广东省粮科所试验报告，用布条悬挂法以80%敌敌畏200mg/m³（0.2mg/L）的剂量，在20℃条件下，熏蒸12h，可杀死米蛾、谷蛾、拟谷盗、大谷盗、黑菌虫、长角谷虫、锯谷盗、麦蛾、地中海螟蛾等许多害虫，效果达100%。采用喷雾法可减少用药量，只需用24mg/m³的剂量，经90min，可全部杀死相当密度的地中海螟蛾、赤拟谷盗对等害虫。

实仓可用悬挂和高峰诱杀两种方法。据浙江省余杭粮管所仓内试验。采用上述两种方法防治麦蛾、米蛾等害虫，效果可达95%以上，具体方法是：悬挂法一般用80%敌敌畏，喷洒在麻袋（在仓外操作）上，以喷湿为度，然后将麻袋片悬挂在仓内绳索上，密闭72h，即可达到杀虫效果。高峰诱杀法是先将米糠炒香，将80%敌敌畏拌入，以手捏成形为度（约250g敌敌畏拌1kg米糠）。用此诱饵一小撮放在仓内以种子叠起来的峰尖上，然后把门窗密闭起来，害虫事后大部分死在峰尖附近，经3~5d后即可清除。

使用时应注意，敌敌畏对人体有毒害作用，使用时必须注意安全，绝对防止药剂与种子接触，避免污染而影响种子生活力；高峰诱杀法的高峰约30cm，清理时应将诱饵和接触到诱饵的部分种子除去销毁，以免家禽误食中毒。

（2）防虫磷 原名马拉硫磷，化学分子式为$C_{10}H_{19}O_6PS_2$。这里是指一种马拉硫磷含量大于或等于70%的脱臭那拉流量乳油，为区别低纯度的农用马拉硫磷而改名为防虫磷。防虫磷是一种有机磷杀虫剂，具有触杀、胃毒作用和微弱的熏蒸作用，能够杀多种仓虫，对人的毒性却较小，是目前防治害虫的高效低毒药剂。在pH 5~7范围内稳定，在碱性溶液中最易分解，接触到混凝土和石灰等碱性物质会很快分解失效，对铁有腐蚀性。

使用剂量为20~30mg/kg，0.5kg防虫磷可处理种子17500kg。处理的种子经过半年后，其浓度可降到卫生标准8mg/kg以下。使用防虫磷一般不会影响到种子的生活力。

使用方法分载体法和喷雾法两种。

① 载体法：是将防虫磷乳剂原液拌和在其他物体上，简称载体（通常用谷壳或麦壳做载体）。用载有防虫磷的谷壳拌入种子内就能起到防治害虫的作用。谷壳与药剂配比时，每50kg干谷壳加入1.5kg防虫磷，或每15kg干谷壳加入防虫磷0.5kg均可。每1kg载体谷壳可处理种子1000kg；如果种子量超过1000kg，可按此比例增加载体谷壳。处理时可将载体与全部种子拌和，或将载体与种子堆上层厚度为30cm的种子拌和，其用量都需

根据种子的实际重量计算。

②喷雾法：是将防虫磷乳剂原液用超低量喷雾器以 20～30mg/kg 剂量直接喷在种子上，边喷边拌，要拌和均匀。与载体法一样，可以处理全部种子或处理上层部位 30cm 厚的种子层。

以上方法处理种子，一般在 6 个月不会生虫，防虫效果以全部处理较上层处理好，载体法又比喷雾法好。如果与磷化铝配合使用效果更好，在磷化铝熏蒸以后，再以载体法处理上层种子，则可延长防虫期 3～6 个月。

必须注意，防虫磷是一种防护剂，主要用于防虫，虫口密度在每千克一头以下，处理效果显著，害虫大量发生时则处理效果不显著。所以使用防虫磷应在种子入库的同时随即处理为好。防虫磷是以原液随用随配好，不宜加水稀释。载体不宜在高温下暴晒，以免降低药效。种子水分多少是影响药效的重要元素之一，所以处理的种子必须保持干燥。因高温高湿均能导致药效降低，水分高还易造成种子的药害，小麦、玉米、高粱大约以 12% 和 14% 含水量各为其最安全和临界水分。

（3）50%马拉硫磷　用于空仓、器材、运输工具消毒和喷布防虫线。50%乳剂 1kg 加水 200～300kg。每千克稀释液可喷布 35～50m²。防虫线宽度应为 30cm。

（4）辛硫酸　辛硫酸是一种高效低毒的有机磷杀虫剂，以触杀和胃毒作用为主，无内吸作用。杀虫谱广，击倒力强，对鳞翅目幼虫很有效。对虫卵也有一定的杀伤作用。制剂有 50%、45%辛硫酸乳油。

50%辛硫酸乳油由有效成分（≥50%）、乳化剂、溶剂组成。为棕褐色油状体，乳液稳定，与中性酸性溶液相混，高温易分解，光解速度快。将辛硫酸配成 1.25～2.5mg/kg 药液均匀拌种后堆放，可防治米蟓、拟谷盗等仓库害虫，效果优于马拉硫磷。

消毒仓库时用 50%辛硫酸乳油 2mL 加水 1000mL，以超低量电动喷雾器喷雾，可消毒空仓 30～40m²，对米蟓、赤拟谷盗、锯谷盗、长角谷盗、谷蠹、烟草甲、米扁虫、粉斑螟蛾和米黑虫幼虫等均有良好的杀虫效果。仓内阴暗条件下使用残效时间长，露天消毒最好在阴天或晴天下午 4 时后进行。

粮食杀虫药剂除上述几种外，还有氯化苦、溴甲烷、二氯乙烷、氢氰酸、二硫化碳等，有的因对种子的发芽率影响较大，不宜采用，有的应用麻烦已较少使用，此外，利用天然植物性药剂进行杀虫和作为保护剂也有较多的报道，如使用山苍子油防治蚕豆蟓，每50kg 蚕豆拌油 300mL，处理 12d 后，成虫死亡率达到 95.8%。

防治仓虫方法除以上所述的农业防治、检疫防治、清洁卫生防治、物理机械防治和化学药剂防治外，还有正在探索的生物防治方法，即利用仓虫外激素、仓虫内激素、病原微生物和害虫天敌来防治和控制害虫的发生和发展。

情境教学九　种子害虫及防治

学习情境	学习情境 9　防治种子仓贮害虫
学习目的要求	1. 掌握种子仓贮害虫的生活习性 2. 学会仓贮害虫的防治技术
任务	对种子仓库进行害虫防治
基础理论知识	仓贮害虫生活习性的学习，病虫害防治技术
用具及材料	杀虫剂、清洁卫生工具
仓贮害虫的主要种类	①玉米象、米象；②绿豆象；③豌豆象；④蚕豆象；⑤谷蠹；⑥大谷盗；⑦姬拟谷盗；⑧赤拟谷盗；⑨锯谷盗；⑩麦蛾；⑪印度谷盗；⑫腐嗜酪螨

学习情境	学习情境 9 防治种子仓贮害虫

仓贮害虫的防治	（一）清洁卫生防治
	1. 彻底扫除
	2. 清理仓具
	3. 剔除虫巢
	4. 药剂消毒
	（二）机械防治
	1. 风车除虫：根据种子与害虫比重不同去虫
	2. 筛子除虫：根据种子与害虫大小不同去虫
	3. 净粮机除虫：有三道筛和两个吸风装置，根据比重大小除虫
	4. 压盖粮面防虫
	（三）物理防治法
	1. 高温杀虫：日光暴晒、热水浸种
	2. 低温杀虫：薄摊冷冻、仓内通风冷冻
	3. 缺氧杀虫
	（四）化学药剂防治
	化学药剂防治是应用杀虫药剂使贮藏种子免受害虫危害的方法，是一种重要的综合防治措施，具有杀虫迅速、高效等优点，但是要注意人畜安全
	  1. 液剂：敌百虫（有机磷杀虫剂，具触杀和胃毒作用）；敌敌畏（胃毒、触杀、熏蒸）；马拉硫磷；杀螟硫磷；辛硫磷；甲嘧磷；甲基毒死；溴氰菊酯
	  2. 熏蒸剂：磷化铝；溴甲烷等

学生实境教学过程	在种子仓库内放置熏蒸杀虫剂 1. 计算：根据仓库存储的种子量，计算出用药量 2. 根据仓库面积，按照用药量安排投药点数 3. 按照要求在仓库内放置药
注意事项	1. 放药时一定注意安全 2. 全仓放完药后一定要使仓库密封 3. 熏蒸杀虫期间最好人员不要进入仓库
考核评价标准	1. 学生按照要求逐项操作，没有违规现象，能正确计算用药和放药 2. 熏蒸杀虫操作规范，达到要求
评定学习效果	按考核评价标准分别按优秀、良好、及格、不及格来评定学生的学习和操作效果

技术七 微生物及其控制

种子微生物是寄附在种子上的微生物的通称，其种类繁多，包括微生物中的一些主要类群如细菌、放线菌、真菌类中的霉菌、酵母菌和病原真菌等。其中和贮藏种子关系最密切的主要是真菌中的霉菌，其次是细菌和放线菌。

一、种子微生物区系

（一）种子微生物区系及变化

种子微生物区系是指在一定生态条件下存在于种子上的微生物种类和成分。种子上的微生物区系因作物种类、品种、产区、气候情况和贮藏条件等不同而有差异。据分析每克种子常带有数以千计的微生物，而每克发热霉变的种子上寄附的霉菌数目可达几千万以上。

各种微生物和种子的关系是不同的，大体可分为附生、腐生和寄生三种。但大部分以寄附在种子外部为主，且多数为异养型，因为它们不能利用无机型碳源，无法利用光能或化学能自己制造营养物质，必须依靠有机物质才能生存，所以粮食和种子就成了种子微生物赖以生存的主要生活物质。

种子微生物区系，从其来源而言可以相对的概括为田间（原生）和贮藏（次生）两类。前者主要指种子收获前在田间所感染和寄附的微生物类群，其中包括附生、寄生、半寄生和一些腐生微生物；后者主要是种子收获后，以各种不同的方式，在脱粒、运输、贮藏及加工期间传播到种子上的一些广布于自然界的霉腐微生物群。因此，与贮藏种子关系最为密切的真菌也相应地分为两个生态群，即田间真菌和贮藏真菌。

（1）田间真菌 一般都是湿生性菌类，生长最低相对湿度均在90％以上，谷类种子水分约在20％以上，其中小麦水分在23％以上。它们主要是半寄生菌，其典型代表是交链孢霉，广泛寄生在禾谷类种子以及豆科、十字花科等许多种子中，寄生于种子皮下，形成皮下菌丝。当种子收获入仓后，其他霉菌侵害种子时，交链孢霉等便相应地减少和消亡。这种情况往往表明种子生活力的下降或丧失，所以交链孢霉等田间真菌的存在及其变化与附生细菌的变化一样，可以作为判断种子新鲜程度的参考。显然，田间真菌是相对区域性概念，包括一切能在田间感染种子的真菌。但是一些霉菌，虽然是典型的贮藏真菌，却可以在田间危害种子。如黄曲霉可在田间感染玉米和花生，并产生黄曲霉毒素进行污染。

（2）贮藏真菌 大都是在种子收获后感染和侵害种子的腐生真菌，其中主要的是霉菌。凡是能引起种子霉腐变质的真菌，通常称为霉菌。这类霉菌很多，约近30个霉菌属，如根霉、毛霉，但危害严重而且普遍的是曲霉和青霉，它们所要求的最低生长湿度都在90％以下，一些干生性的曲霉在相对湿度65％～70％时生长，例如灰绿曲霉、局限曲霉可以生长在低水分种子上，可损坏胚部使种子变坏，并为破坏性最强的霉菌提供后继为害条件。白曲霉和黄曲霉的为害，是导致种子发热的重要原因。综曲霉在我国稻、麦、玉米等种子上的检出率都不高。在微生物学检验中，如棕曲霉的检出率都超过5％，则表明种子已经或正在变质。青霉菌可以杀死种子，使子粒变色，产生霉臭，导致种子早期发热、"点翠"生霉和霉烂。

种子微生物区系的变化主要取决于种子含水量、种堆的温湿度和通气状况等生态环境以及在这些环境中微生物的活动能力。新鲜的种子通常以附生细菌为最多，其次是田间真菌，而霉腐菌类的比例很小。在正常情况下，随着种子贮藏时间的延长，其总菌量逐渐降低，其菌相将会被以曲霉、青霉、细球霉为代表的霉腐微生物取而代之。芽孢杆菌和放线菌在陈种子上有时也较为突出。贮藏真菌增加越多，则田间真菌减少或消失越快，种子的品质也就越差。在失去贮藏稳定性的种子中，微生物区系的变化迅速而剧烈，以曲霉、青霉为代表的霉腐菌类迅速取代正常种子上的微生物类群，旺盛地生长，大量繁殖，同时伴有种子发热、生霉等一系列种子劣变症状的出现。

（二）贮藏时主要微生物种类

1. 霉菌

种子上发现的霉菌种类较多，大部分寄附在种子的外部，部分能寄附在种子的内部的皮层和胚部。许多霉菌属于对种子破坏性很强的腐生菌，但对贮藏种子的损害作用不尽相同，其中以青霉属和曲霉属占首要地位，其次是根霉属、毛霉属、交链孢霉属、镰刀菌属等。

（1）青霉属　青霉在自然界中分布较广，是导致种子贮藏期间发热的最普遍的霉菌。

青霉分 11 个系、137 个种和 4 个变种，有些菌类能产生毒素，使贮藏的种子带毒。根据在小麦、稻谷、玉米、花生、黄豆、大米上的调查结果，在贮藏种子上危害的主要种类有橘青霉、产黄青霉、草酸青霉和圆弧青霉等。

该属菌丝具隔膜，无色、淡色或鲜明颜色。气生菌丝密生，部分结成菌丝束，分生孢子梗直立，顶状呈帚状分支，分支顶部小梗瓶状，瓶状小梗顶端的分生孢子链状。分生孢子因种类不同，有圆形、椭圆形和卵圆形。

此类霉菌在种子上生长时，先从胚部侵入，或在种子破损部位开始生长，最初长出白色斑点，逐渐丛生白毛，数日后产生青绿色孢子，因种类不同而转变成青绿色、灰绿色或黄绿色，并伴有特殊的霉味。

青霉分解种子中有机物质的能力很强，能引起种子"发热"、"点翠"并有很重的霉味。有些青霉能引起大米黄变，故称为大米黄变菌。多数青霉为中生性，孢子萌发的最低相对湿度在 80% 以上，但有些能在低温下生长，适宜于在含水量 15.6%～20.8% 的种子上生长，生长的适宜温度一般为 20～25℃，纯绿青霉可在 −3℃ 左右引起高水分玉米胚部点翠而霉坏。因此青霉是在低温下对种子危害较大的重要菌类。青霉均属于好氧型菌类。

（2）曲霉属　曲霉广泛存在于各种种子和粮食上，是导致种子发热、霉变的主要霉菌，除能引起种子霉病变质外，有的种类还能产生霉素，如黄曲霉毒素对人、畜有致癌作用。曲霉分 18 个群，包括 132 个种和 18 个变种。据报道，在主要作物种子上分布较多的是灰绿曲霉、阿姆斯特丹曲霉、烟曲霉、黑曲霉、白曲霉、黄曲霉和杂色曲霉。曲霉菌丝有隔。有的基部细胞特化成厚壁的"足细胞"，其上长出与菌丝略垂直的分生孢子梗，孢子梗顶端膨大成顶囊。顶囊上着生 1～2 层小梗，小梗顶端产生念珠状的分生孢子链。分生孢子呈球形、椭圆形、卵圆形等，因种类而异。由顶囊、小梗及分生孢子链所构成的整体称为分生孢子头或曲霉穗，是曲霉的基本特征。有些种有性生殖，产生薄壁的闭囊壳。

曲霉在种子上的菌落呈绒状，初为白色或灰白色，后来因菌种不同，在上面生成乳白、黄绿、烟灰、灰绿、黑色等粉状物。不同种类的曲霉，生活习性差异很大，大多数曲霉属于中温性，少数属高温性。白曲霉、黄白霉等的生长适温为 25～30℃；黑曲霉的生长适宜温度为 37℃；烟曲霉嗜高温，其生长适宜温度为 37～45℃，45℃ 以上仍能生长，常在发热霉变后期大量出现，促进种子升温和种子霉变。

对水分的要求，大部分曲霉是中性的，还有一些是干温生性的。孢子萌发最低相对湿度，灰绿曲霉群仅为 62%～71%，白曲霉群仅为 72%～76%，局限曲霉为 75% 左右，杂色曲霉在 76%～80%。黄曲霉等属于中湿性菌，最低相对湿度是 80%～86%。黑曲霉等属于近湿性菌，孢子萌发的最低相对湿度为 88%～89%。

灰绿曲霉能在低温下危害低水分种子。白曲霉易在水分 14% 左右的稻谷上生长。黑曲霉易在水分 18% 以上的种子上危害，它具有很强的分解种子有机质的能力，产生多种有机酸，使子粒脆软、发灰，带有浓厚的霉酸气味。黄曲霉对水分较高的麦类、玉米和花生易于危害，当花生仁水分在 9% 以上、温度适宜，便可在其上发展。曲霉有很强的糖化淀粉的能力，使子粒变软发灰，常有褐色斑点和较重的霉酸气味。曲霉是好氧菌，但少数能耐低氧。

（3）根霉属　根霉菌是分布很广的腐生性霉菌，大都有不同程度的弱寄生性，常存在于腐败食物、谷物、薯类、果蔬及贮藏种子上，其代表菌类有匍枝根霉、米根霉和中华根霉。腐枝根霉异名黑根霉，是主要的隶属于真菌的结合菌亚门。

根霉菌丝无隔膜，营养菌丝产生匍匐菌丝，匍匐菌丝与基物基础处产生假根，假根向对处向上直立生成孢囊梗，孢囊梗顶端膨大成孢囊孢子。孢囊孢子球形或椭圆形。有性生殖经异宗配合形成厚壁的接合孢子。

在种子上菌落菌丝茂盛呈絮状，生长迅速，初为白色，渐变为灰黑色，表面生有肉眼可见的黑色的小点。

根霉菌喜高湿，孢子萌发的最低相对湿度为 $84\%\sim92\%$。生长湿度为中温性，腐枝根霉的生长适温为 $26\sim29℃$，米根霉和中华根霉的生长适温为 $36\sim38℃$。

根霉菌都是好氧菌，但有的能耐低氧，然而在缺氧条件下不能生长或生长不良。如在缺氧贮藏中，当水分过高或出现粮堆内部结露时则可能出现所谓"白霉"，即只生长白色菌丝而不产生孢子的米根霉等耐低氧的霉菌。

根霉具有很强的分解果胶和糖化淀粉的能力。有的类群，如米根霉、中华根霉具有酒精发酵的能力。根霉在适宜的条件下生长迅速，能很快导致高水分的种子霉烂变质，其作用与毛霉相似。黑根霉又是甘薯软腐病的病原菌，能使病薯软腐，是鲜甘薯的一大贮藏病害。

（4）毛霉属　毛霉菌广泛分布在土壤中及各种腐败的有机质上，在高水分种子上普遍存在。该菌隶属于真菌的接合菌亚门。为害贮藏种子的主要代表菌为总状毛霉。

毛霉菌丝无隔膜，菌丝上直接分化成孢囊梗，孢囊梗以单轴式产生不规则分支。孢子囊生于每个分支的顶端，球形，浅黄色至黄褐色，内生卵形至球形孢囊孢子。囊轴球形或近卵形。有性生殖经异宗配合产生接合孢子。

该菌的明显特征是在菌丝体上形成大量的厚垣孢子。种子上菌落疏松、絮状，初为白色，渐变成灰色或灰褐色。该菌为中温高湿性，生长最适宜的温度为 $20\sim25℃$，生长最低相对湿度为 92%。好氧菌，有些类群具耐低氧性。在缺氧情况下可进行酒精发酵。具有较强的分解种子中的蛋白质、脂肪、糖类的能力。潮湿种子极易受害，而使种子带有霉味或酒酸气，并有发热、结块等现象。

（5）交链孢霉属　也称链格孢霉，是种子田间微生物区系中的主要类群之一，是新鲜贮种中常见的霉菌。隶属于真菌的半知菌亚门，其主要代表菌为细交链孢霉。

菌丝有隔，无色至暗褐色。分生孢子梗自菌丝生出，单生或成束，多数不分支。分生孢子倒棍棒形，有纵横隔膜呈链状着生在分生孢子梗顶端。种子上菌落绒状，灰绿色或褐绿色至黑色。

交链孢霉菌嗜高湿中湿性。好氧。孢子萌发最低相对湿度为 94% 左右，在相对湿度 100% 时可大量发展。其菌丝常潜伏在种皮下。尤其谷类子较多，通常对贮藏种子无明显危害。当其他霉腐微生物侵入种子内部时它的菌丝则因拮抗作用衰退或死亡，故它的大量存在往往与种子生活力强和发芽率高相联系。

（6）镰刀菌属　镰刀菌分布广泛，种类很多，是中大型分生孢子田间微生物区系中的重要的霉菌之一。许多种镰刀菌可引起植物病害和种子病害，在水分较高的条件下，能使种子霉变变质，破坏种子生活力，破坏种子发芽力以及产生毒素，使种子带毒。此外一些镰刀菌也是人、畜的致病菌。隶属于真菌的半知菌亚门，其主要代表菌为禾谷镰刀菌。

镰刀菌丝无色至鲜艳颜色，具分隔。小型分生孢子卵形、椭圆形，有0～2个分隔，无色聚集时呈浅粉红色。菌落絮状、绒状或粉状，初为白色，后变为粉红色、橙红色或砖红色。

镰刀菌多数是中温性，少数是低温性。孢子萌发的温度范围是4～32℃，多数生长适温为23～28℃。孢子萌发的最低相对湿度为80％～100％，它是在低温下导致高水分种子霉变的重要霉菌之一。

2. 细菌

细菌是种子微生物区系中的主要类群之一。种子上的细菌主要是球菌和杆菌。其主要代表菌类有芽孢杆菌属、假单胞杆菌属等类群中的一些种。

种子上的细菌多数为附生细菌，在新鲜种子上的数量约占种子微生物总量的80％～90％，一般对贮藏种子无明显为害。但随贮藏时间的延长，霉菌数量的增加，其数量逐渐减少。有人认为分析这些菌的多少可作为可作为判断种子新鲜程度的标志。陈粮或发热的粮食上，以腐生细菌为主。它们主要是芽孢杆菌属和微球菌属。种子上细菌的数量超过霉菌，但在通常情况下对引起贮藏种子的发热霉变不如霉菌严重，原因是细菌一般只能从子粒的自然孔道或伤口侵入，限制了它的破坏作用。同时细菌是湿生性的，需要高水分的环境。

3. 放线菌和酵母菌

放线菌属于原核微生物。大多数菌体是由分枝菌丝所组成的丝状体，以无性繁殖为主，在气生菌丝顶端形成孢子丝。孢子丝有直、弯曲、螺旋等形状。放线菌主要存在于土壤中，绝大多数是腐生菌，在新收获的清洁种子上数量很少，但在混杂有土粒的种子以及贮藏后期或发过热的种子上数量较多。

种子上酵母菌数量很少，偶尔也有大量出现的情况，通常对种子品质并无重大影响，只有在种子水分很高和霉菌活动之后，才对种子有进一步的腐解作用。

二、微生物对种子生活力的影响

农作物种子在良好的保管条件下，一般在几年内能保持较高的生活力，而在特殊条件下（即低温、干燥、密封）却能在几十年内仍保持较高生活力。然而在保管不善时，就会使种子很快失去生活力。种子丧失生活力的原因有很多，其中重要的原因之一是受微生物的侵害。微生物侵入种子往往从胚部开始，因为种子胚部的化学成分中含有大量的亲水基，如—OH、—CHO、—COOH、—NH$_2$、—SH 等，所以胚部水分远比胚乳部分高，而且营养物质丰富，保护组织也比较薄弱。胚部是种子生命的中枢，一旦受到微生物的损害，其生活力随之降低。

不同的微生物对种子生活力的影响也不一样。许多霉菌、如黄曲霉、白曲霉、灰绿曲霉、局限曲霉和一些青霉等，对种胚的生活力较强，在种子霉变过程中，种子发芽率总是随着霉菌的增长和种子霉变程度的加深而迅速下降以致完全丧失。

微生物引起种子发芽力降低和丧失的主要原因是，一些微生物可分泌毒素毒害种子；微生物直接侵害和破坏种胚组织；微生物分解种子，形成各种有害产物，造成种子正常生理活动的障碍等。此外，在田间感病的种子，由于病原菌危害，大多数发芽率很低，即使发芽，在苗期或成株期也会再次发生病害。

三、微生物的种子霉变

微生物在种子上活动时，不能直接吸收种子中各种复杂的营养物质，必须将这些物质分解为可溶性的低分子物质，才能吸收利用而同化。所以霉变的过程就是微生物分解和利用种子有机物质的生物化学过程。一般种子都带有微生物，但不一定发生霉变，因为除了健全的种子对微生物的危害具有一定能力的抗御外，贮藏环境条件对微生物的影响是决定种子霉变的关键。环境条件有利于微生物活动时，霉变才可能发生。

种子霉变是一个连续的统一过程，也有着一定的发展阶段，其发展阶段的快慢主要由环境条件，特别是温度和水分对微生物的适宜程度而定。快者一至数天，慢者数周，甚至更长的时间才能造成种子霉烂。

由于微生物的作用程度不同，在种子霉变过程中，可以出现各种症状，如变色、变味、发热、生霉以及霉烂等。其中某些症状出现与否，则决定于种子霉变程度和当时贮藏条件。如种子（特别是含水量高时）霉变时，常常出现发热现象，但如种子堆通风良好，热能及时散发而不大量积累，种子虽已严重霉变，也可不出现发热现象。种子霉变一般分为三个阶段：初期变质阶段、中期生霉阶段、后期霉烂阶段。粮食保管工作中，通常以达到生霉阶段作为霉变事故发生的标志。

（1）变质阶段　是微生物与种子建立腐生关系的过程。种子上的微生物，在环境适宜时，便活动起来，利用其自身分泌的酶类开始分解种子，破坏子粒表面组织而侵入内部，导致种子"初期变质"。此阶段可能出现的症状有：种子逐渐失去原有的色泽，接着变灰发暗；发出轻微的异味；种子表面潮湿，有"出汗"、"返潮"现象，散落性降低，用手插入种堆有湿涩感；子粒软化，硬度下降；并可能有发热趋势。

（2）生霉阶段　是微生物在种子上大量繁殖的过程。继初期变质之后，如种子堆中的湿热逐步积累，在子粒胚部和破损部分开始形成菌落，而后可能扩大到子粒的部分或全部。由于一般霉菌菌落多为毛状或绒状，所以通常所说的种子的"生毛"、"点翠"就是生霉现象。"点翠"主要指发生的部位在胚部。生霉的种子已经严重变质，有很重的霉味，具有霉斑，变色明显，营养品质变劣，还可能污染霉菌毒素。生霉的种子因生活力低，除不能作为种用外，而且不宜食用。

（3）霉烂阶段　是微生物使种子严重腐解的过程。种子生霉后，其活力已大大减弱或完全丧失，种子也就失去了对微生物为害的抗御能力，为微生物进一步为害创造了极为有利的条件。若环境条件继续适宜，种子中的有机物质遭到严重的微生物分解，种子霉变、腐败，产生霉、酸、腐臭等难闻气息，子粒变形，成团结块，以致完全失去利用价值。

四、种子微生物的控制

（一）影响微生物的主要因子

要控制种子微生物，就必须了解影响微生物活动的各种因素。微生物在贮藏种子上的活动主要受贮藏时水分、温度、空气以及种子本身的健全程度和理化性质等因素的影响和制约。此外，种子中的杂质含量、害虫以及仓用器具和环境卫生等对微生物的传播也起着相当重要的作用。现将环境条件中几个主要影响因子与微生物的关系分述如下。

1. 种子水分和空气湿度

种子水分和空气湿度是微生物生长发育的重要条件。不同种类的微生物对水分的要求和适应性是不同的。据此可将微生物分干生性、中生性和湿生性三种类型（表 3-13）。

表 3-13　微生物对水分的适应范围

微生物类型	生长最低相对湿度/%	生长最高相对湿度/%
干生(低湿)性微生物	65～80	95～98
中生(中湿)性微生物	80～90	98～100
湿生(高湿)性微生物	90 以上	接近 100

几乎所有的细菌都是湿生性微生物，一般要求相对湿度都在 95% 以上，放线菌生长所要求的最低相对湿度通常在 90%～93%，酵母菌也多为湿生性微生物，它们生长所要求的最低相对湿度范围是 88%～96%，但也有部分酵母菌是中生性微生物，植物病原菌大多是湿生性微生物，只有少数属于中生性类型。霉菌有三种类型，贮藏种子中为害最大的霉菌微生物都是中生性的，如青霉和大部分曲霉等，干生性微生物大都是一些曲霉菌，主要有灰绿曲霉、白曲霉、局限曲霉、棕曲霉、杂色曲霉等。结合菌中的根霉、毛霉等以及许多半知菌类，则多为湿生性微生物。

不同类型的微生物的生长最低相对湿度界限是比较严的，而最适生长湿度则很相近，都以高湿度为宜。在干燥环境中，可以引起微生物细胞失水，使细胞内盐类浓度增高或蛋白质变性，导致代谢活动降低或死亡，大多数菌类的营养细胞在干燥的大气中干化而死亡，造成微生物群体大量减少，这就是种子贮藏中应用于干燥防霉的微生物学原理。

根据以上所述，采用各种办法降低种子水分，同时控制仓库种子堆的相对湿度，使种子保持干燥，可以控制微生物的生长繁殖以达到安全贮藏的目的。一般说只要把种子水分降低并保持在不超过相对湿度 65% 的平衡水分条件下，便能抑制种子上几乎全部微生物的活动（以干生性微生物在种子上能够生长的最低相对湿度为依据）。虽然在这个水分条件下还有极少几种灰绿曲霉能够活动，但发育十分缓慢。因此一般情况下，相对湿度 65% 的种子平衡水分可以作为长期安全贮藏界限，种子水分越接近或低于这个界限，则贮藏稳定性越高，安全贮藏的时间越长。反之，贮藏稳定性越差。

2. 温度

温度是影响微生物生长繁殖和存亡的重要环境因子之一。种子微生物按其生长所需温度可分为低温性、中温性和高温性 3 种类型（表 3-14）。

表 3-14　微生物对温度的适应范围

微生物类型	生长最低温度/℃	生长最适温度/℃	生长最高温度/℃
低温性微生物	0 以下	10～20	25～30
中温性微生物	5～15	20～40	45～50
高温性微生物	25～40	50～60	70～80

三种类型的微生物的划分是相对的，也有一些中间类型。微生物生长最高、最低温度界限也随人类对自然的深入探索而有变化。

在种子微生物区系中，以中温性微生物最多，其中包括绝大多数细菌、霉菌、酵母菌以及植物的病原真菌。大部分侵染贮藏种子引起变质的微生物在 28～30℃ 生长最好。高温性和低温性微生物种类较少，只有少数霉菌和细菌。通常情况下，中温性微生物是导致种子霉变的主角；高温性微生物则是种子发热霉变的后续破坏者；而低温性微生物则是种子低温贮藏时的主要危害，如我国北方寒冷地区贮藏的高水分玉米上往往能看到这类霉菌活动的情况。

一般高温的作用非常敏感，在超过其生长最高温度的环境中，在一定时间内便会死亡。温度越高，死亡速度越快。高温灭菌的机理主要是高温能使细胞蛋白质凝固，破坏了酶的活性，因而杀死微生物。种子微生物在生长最适温度范围以下，其生命活动随环境温度的降低而逐渐减弱，以致受到抑制，停止生长而处于休眠状态。一般微生物对低温的忍耐能力（耐寒力）很强。因此，低温只有抑制微生物的作用，杀菌效果很小。一般情况下，把种温控制在 20℃ 以下时，大部分侵染种子的微生物的生长速度就显著降低；温度降到 10℃ 左右时，发育更迟缓，有的甚至停止发育；温度降到 0℃ 左右时，虽然还有少数微生物能够发育，但大多数则是非常缓慢的。因此，在种子的贮藏中，采用低温具有显著地抑制微生物生长的作用。

在贮藏环境因素中，温度和水分二者的联合作用对微生物发展的影响极大。当温度适宜时，对水分的适应范围较宽，反之则较严；在不同水分条件下微生物对生长最低温度的要求也不同，种子水分越低，微生物繁殖的温度就相应增高，而且随着贮藏时间的延长，微生物能在种子增殖的水分和湿度的范围也相应扩大。

3. 仓房密闭和通风

仓房密闭和通风主要是通过气体成分对微生物进行影响。根据微生物对氧气的不同要求（因所含酶系统的差异），分三种类型（表 3-15）。

表 3-15　微生物对氧需求的不同类型

微生物类型	对氧的要求	呼吸类型
好氧(好气性)微生物	需要氧	有氧呼吸
厌氧(嫌气性)微生物	不需要氧	无氧呼吸
兼性厌氧(兼嫌气性)微生物	氧可有可无	有氧或无氧呼吸

种子上带有的微生物绝大多数是好气性微生物（需氧菌）。引起贮藏种子变质、霉变的霉菌大都是好气性微生物（如青霉和曲霉）。缺氧的环境对其生长不利，密闭贮藏能限制这类微生物的活动，减少微生物传播感染以及隔绝外界温湿度不良变化引起的作用，所以低水分种子采用密闭保存的方法，可以提高贮藏的稳定性和延长安全贮藏期。

种子微生物一般能耐低浓度氧气和高浓度二氧化碳的环境，所以一般性的贮藏对霉菌的生长只能起一定的抑制作用，而不能完全抑制霉菌的活动。试验证明，在氧气含量与一般空气相同（20%）的条件下，二氧化碳含量增加到 20%～30% 时，对霉菌生长没有明显的影响；当含量达 40%～80% 时，才有较显著的抑制作用。霉菌中以灰绿曲霉对高浓度二氧化碳的抵抗能力最强，在含量达到 79% 时仍能大量存在。此外，还应注意到种子上的嫌气性微生物的存在，如某些细菌、酵母菌和毛霉等。在生产实际上，高水分种子保管不当（如密封贮藏），往往产生酒精味和败坏，其原因是由于这类湿生性微生物在缺氧条件下活动的结果，所以高水分种子不易采用密闭贮藏。但种子堆内进行通风也只能在降低种子水分和种子堆温湿度的情况下才有利，否则将更加促进需氧微生物的发展。因此，种子贮藏期间做到干燥、低温和密闭，对长期安全贮藏是最有利的。

4. 日光

日光包括波长 770～390nm 的可见光以及部分不可见的紫外线和红外线。种子微生物的生长大都不需要光线。散射的日光对微生物没有明显的危害，而直射的强烈日光则具有较强的杀菌作用，并能抑制多数霉菌孢子的萌发。其杀菌机理主要是红外线的热效应和紫外线具有杀菌能力。

一般腐生菌对日光的抵抗力比寄生菌要强一些。如许多霉菌虽经强烈日光照射，只能抑制菌丝生长，但仍可存活。日光可以杀菌防霉，是人们早已知道的事实，在贮藏工作中，普遍利用日晒来处理种子，起到降低水分和防霉的良好效果。

5. 种子状况

种子的种类、形态结构、化学品质、健康状况和生活力的强弱以及纯净度和完整度，都直接影响着微生物的生长状况和发育速度。

新种子和生活力强的种子，在贮藏期间对微生物有着较强的抵抗力，成熟度差或胚部受损的种子容易生霉。子粒外有稃壳和果种皮保护的比无保护的种子不易受微生物侵入，保护组织厚而紧密的种子易于贮藏，所以在相同贮藏条件下，水稻和小麦比玉米易于保管，红皮小麦比白皮小麦的贮藏稳定性高。

贮种的纯度和净度对微生物的影响很大。组织结构、化学成分和生理特性不同的种子混杂在一起，即使含杂量不多也会降低贮藏的稳定性，被微生物侵染后会相互感染。种子如清洁度差，尘杂多，则易感染微生物，常会在含尘杂多的部位产生窝状发热。这是因为尘杂常带有大量的霉腐微生物，且容易吸湿，使微生物容易发展。此外，同样水分的种子，不完整粒多的，容易发热、霉变。这是因为完整的种子能抵御微生物的侵害；而破损的种子易被微生物感染。由于营养物质裸露，有利于微生物获得养料，加之不完整子粒易于吸湿，更利于微生物生长。

除了以上所述影响微生物活动的因子外，种子微生物之间还存在互生、共生、寄生和拮抗的关系。

（二）种子微生物的控制

1. 提高种子的质量

高质量的种子对微生物的抵御能力较强。为了提高种子的生活力，应在种子成熟时适时收获，及时脱粒和干燥，并认真做好清选工作，去除杂物、破碎粒、不饱满的子粒。入库时注意，新、陈种子，干、湿种子，有虫、无虫种子及不同种类和不同纯度的种子分开贮藏，提高贮藏的稳定性。

2. 干燥防霉

种子含水量和仓内相对湿度低于微生物生长所要求的最低水分时，就能抑制微生物活动。为此，首先种子仓库要能防湿防潮，具有良好的通风密闭性；其次种子入库前要充分干燥，使含水量保持在与相对湿度 65％ 相平衡的安全水分界限以下；在种子贮藏过程中，可采用干燥密闭的贮藏方法，防止种子吸湿回潮。在气温变化的季节还要控制温差，防止结露。高水分种子入库后则要抓紧时间通风降湿。

3. 低温防霉

控制贮藏种子的温度在霉菌生长适宜的温度以下，可抑制微生物的活动。保持种子温度在15℃以下，仓库相对湿度在65%～70%以下，可以达到防霉防虫、安全贮藏的目的。这也是一般所谓的"低温贮藏"的温湿度界限。

控制低温的方法可以是利用自然低温，具体做法是可以采用仓外薄摊冷冻，趁冷密闭贮藏；仓内通冷风降温（做法可参见低温杀虫法）。如我国北方地区，在干冷季节，利用自然低温，对种子进行冷冻处理，不仅有较好的抑菌作用和一定的杀菌效果，而且可以降水杀虫。此外，目前各地还采用机械制冷进行低温贮藏。进行低温贮藏时，还应把种子水分降至安全水分以下，防止在高水分条件下一些低温性微生物的活动。

4. 化学药剂防霉

常用的化学药剂是磷化铝。磷化铝水解生成的磷化氢具有抑菌防霉效果。磷化铝的理化性质可参见本模块技术六"仓库害虫及其防治"。根据经验，为了保证防霉效果，种堆内磷化氢的浓度应保持不低于$0.2g/m^3$。控制微生物的活动措施与防治仓虫的方法有些是相同的，在实际工作中可以综合考虑应用。如磷化铝是有效的杀虫熏蒸剂，杀虫的剂量足以防霉，所以可以考虑一次熏蒸，达到防霉杀虫的目的。

目前国内外还开展植物防霉剂的研究，我国湖南从山苍子中提取的柠檬醛具有防霉的作用，并对黄曲霉毒素有去毒的效果。国外有人应用香料、调味剂、草药等进行抑菌防毒的试验，结果发现肉桂、丁香、大茴香、牙买加胡椒对黄曲霉、杂色曲霉和棕曲霉有抑制作用。

5. 气调防霉

气调防霉就是通过贮藏环境气体成分进行防霉，可用除氧、充二氧化碳、充氮气等方法，达到抑制微生物活动的目的。具体可以在密封的尼龙薄膜内进行。但在种子贮藏上应用较少。

情境教学十　种子微生物及控制

学习情境	学习情境10　种子微生物的控制
学习目的要求	1. 掌握玉米种子的物理特性 2. 学会玉米种子筛选技术
任务	对收获的玉米种子进行筛选
基础理论知识	了解玉米种子的特性，了解玉米种子中杂质的种类和特性
用具及材料	圆孔套筛、新收获的玉米种子
重要的仓贮种子微生物	①局限曲霉；②阿姆斯特丹曲霉；③烟曲霉；④黑曲霉；⑤白曲霉；⑥黄曲霉；⑦杂色曲霉；⑧橘青霉；⑨产黄青霉；⑩草酸青霉；⑪圆弧青霉；⑫禾谷镰刀菌；⑬匍枝根霉（黑根霉）；⑭总状毛霉
仓贮种子微生物对种子的影响	1. 发芽力下降 2. 变色：田间真菌主要引起稃壳和果皮部分变色，有时胚部及胚乳也会有变色；贮藏真菌经相当时间后可使整个子粒变色 3. 产生毒素：对种子作为播种材料的危害；对作为食用及饲料的粮食的危害 4. 发热：要比种子发芽时发生的热量大得多。发芽一般可使种子温度升高1～3℃，而种子中有真菌，可在4～5d内，使种温升高10℃ 5. 发霉、结块和完全腐烂：真菌危害的最后阶段表现，可用肉眼观察到，也可用嗅觉辨别

学习情境	学习情境10　种子微生物的控制
仓贮微生物生长发育的生态条件及预防	仓贮微生物和其他微生物一样,在生长发育过程中要求一定的外界环境条件,即生态条件,当这些条件适宜时,它们会大量繁殖,造成贮藏种子损失。在种子保藏过程中,要防止它们危害,保证安全稳定,主要关键在于严格控制这些生态条件 1. 水分:影响贮藏种子微生物的水分条件有种子内部所含水分、种子周围空气的相对湿度。据此,可以大致确定将种子保存在相当于空气湿度65%以下的平衡水分条件下,一般最好能保持在30%～50% 2. 温度:微生物生长需要一定的温度,当温度超过最低或最高限度时,即停止生长或者死亡,在最低和最高温度之间有一最适温度,因此适当的低温和高温条件可以拟制微生物生长 3. 通气状况:环境中的通气情况对微生物的生长、发育有很大影响。种子微生物大多是好气性菌类,因此一般种子都采用密闭保藏。另外,种子微生物一般能忍受高浓度二氧化碳,所以有时密闭不一定能完全拟制菌类的生长,可以适当调节氧气浓度(一般都是降低)结合密闭贮存。高水分种子不宜密闭贮藏,易产生酒精和酸败
考核评价标准	1. 学生能正确掌握仓贮微生物生长发育的生态条件 2. 学生能够对仓贮微生物进行预防和控制
评定学习效果	按考核评价标准分别按优秀、良好、及格、不及格来评定学生的学习和操作效果

技术八　仓库及其设备

种子仓库是保藏种子的场所,也是种子生存的环境。环境条件的好坏对于保持种子生活力具有十分重要的意义。因此具有良好的仓库是贮藏好种子的必要条件。

目的我国普遍采用的仓库可分为简易仓、房式仓、土圆仓、机械仓、圆筒仓、低温仓库等六类。其中以简易仓和土圆仓造价低廉,施工方便,农村较为方便;而房式仓、机械仓、圆筒仓及低温仓库则以种子公司采用较多。总之,不论哪种类型仓库,建造时都应考虑到种子安全性和仓库牢固度。

一、建仓标准及仓库保养

(一) 仓地选择及建仓标准

1. 仓地选择原则

首先应在经济调查的基础上确定建仓地点,然后计划仓库类型和大小。不但要考虑该地区当前的生产特点,还要考虑该地区的生长发展情况及今后远景规划,使仓库布局最为合理。

① 仓基选择坐北朝南、地势高燥的地段较好,以防止仓库地面渗水,特别是我国长江以南的地区,除山区、丘陵地外,地下水位普遍较高,而且雨水较多,因此必须根据当地的水文资料及群众经验,选择高于洪水水位的地点或加高建仓地基。

② 建仓地段的土质必须坚实稳固。如有可能坍塌的地段,不宜建造仓库。一般种子仓库要求的土壤坚实度,每平方米面积上能承受10t以上的压力,如果不能达到这种要求,则应加大仓库四角的基础和砖堆的基础,否则会发生房基下沉或地面断裂而造成不必要的损失。

③ 建仓地点尽可能靠近铁路、公路或水路运输线，以便利种子的运输。

④ 进仓地点应尽量接近种子繁育和生产基地，以减少种子运输过程中的费用。

⑤ 建仓以不占用耕地或尽可能少占用耕地为原则。

2. 建仓标准

（1）仓房应牢固　能承受种子对地面和仓壁的压力以及风向和不良气候的影响。建筑材料从仓顶、房身到墙基和地坪，都应产用隔热防湿材料（表 3-16），以利于种子贮藏安全。

表 3-16　各种建筑材料的热导率

材料名称	容重 /（kg/m³）	热导率 /[kJ/（m·℃）]	材料名称	容重 /（kg/m³）	热导率 /[kJ/（m·℃）]
毛石砌体	1800～2200	0.8～1.1	矿渣混凝土	1200～2000	0.4～0.6
沙子	1500～1600	0.45～0.55	钢筋混凝土	2200～2500	1.25～1.35
水泥	1200～1600	1.48	水泥砂浆	1700～1800	0.7～0.8
木材	500～800	0.15～0.2	矿渣棉	175～250	0.06～0.07
砖砌体	1400～1900	0.5～0.8	玻璃	2400～2600	0.6～0.7
钢梁	7600～7850	45～50	沥青	900～1100	0.03～0.04

（2）具有密闭与通风性能　密闭的目的是隔绝雨水、潮湿或高温等不良气候对种子的影响，并使药剂熏蒸杀虫达到预期的效果。通风的目的是散去仓内的水汽和热量，以防种子长期处在高温高湿条件下。在机械通风设备尚未普及的情况下，一般采用自然通风。自然通风是根据空气对流原理进行的，因此，门、窗以对称设计为宜，窗户以翻窗形式为好，关闭时能做到密闭可靠；窗户位置高低应适当，过高则屋檐阻碍空气对流，不利通风，过低则影响仓库利用率。

（3）具有防虫、防杂、防鼠、防雀的性能　仓内房顶应设天花板，四壁四周应平整，并用石灰刷白，便于查清虫迹。仓内不留缝隙，既可杜绝害虫的栖息场所，又便于清理种子，防止混杂。库门需装防鼠板，窗户应装铁丝网，以防鼠、雀乘虚而入。

（4）仓库附近应设晒场、保管室和检验室等建筑物　晒场用以干燥或处理进仓前的种子，其面积大小视仓库而定，一般以相当于仓库面积的 1.5～2 倍为宜。保管室是贮放仓库器材工具的专用房，其大小可根据仓库实际需用和器材多少而定。检验室需设在安静而光线充足的地区。同时，根据需要可以设立熏蒸室，用于种子的熏蒸和麻袋等包装用品的熏蒸。

（二）仓库的保养

种子入库前必须对仓库进行全面检查和维修，以确保种子在贮藏期间的安全。

检查仓房首先应从大处着眼，仔细检查仓房是否有下陷、倾斜等迹象，如有倒塌的可能，就不能存放种子。其次从外到里逐步进行检查，如房顶有否渗漏。仓内地坪应保持平整光滑，如发现地坪有渗水、裂缝、麻点时，必须补修，补修完后刷一层沥青，使地坪保持原有的平整光滑。同样。内墙壁也应保持光滑洁白，如有缝隙应予嵌补抹平，并用石灰水刷白。仓内不能留小洞，防止老鼠潜入。对于新建仓库应做短期试存，观察其可靠性，试存结束后，即按建仓标准检修，确定其安全可靠后，种子方能长期贮存。

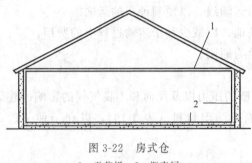

图 3-22　房式仓
1—天花板；2—沥青层

二、仓库的类型

1. 房式仓

外形如一般住房，因取材不同分为木质结构、砖木结构和钢筋水泥结构等多种。木质结构由于取材不易，密闭性能及防鼠、防火等性能较差，现已逐渐拆除改建。目前建造的大部分是钢筋水泥结构的房式仓。这类仓库较牢固，密闭性能好，能达到防鼠、防雀、防火的要求。仓内无柱子，仓顶均设天花板，内壁四周及地坪都铺设用以防湿的沥青层（图 3-22）。这类仓库适宜于贮藏散装或包装种子。仓容量 15 万～150 万千克不等。

2. 圆筒仓

这类仓库的仓体呈圆筒形。圆筒形比较高大，一般配有遥测温湿仪、进出仓输送装置及自动过磅、自动清理机械设备（图 3-23）。一般的圆筒仓由十多个筒体排列组成，四个筒体组合的中心成为星仓。这类仓库空间利用充分，仓容量大，占地面积小，一般要比房式仓省地 6～8 倍，但造价较高，对存放的种子要求较严格。

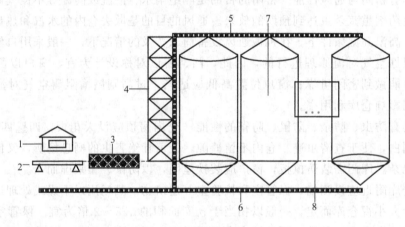

图 3-23　圆筒仓
1—控制室；2—地磅；3—预清装置；4—工作塔；5—进仓装置；6—出仓装置；7—仓体；8—地平面

3. 低温仓库

这类仓库是根据种子安全贮藏的低温、干燥、密闭等基本条件建造的，其库房的形状、结构大体与房式仓相同，但构造相当严密，其内壁四周与地坪除有防潮层外，墙壁及天花板都有较厚的隔热层。库房内设有缓冲间，低温库不能设窗，以免外界温湿度透过缝隙传入库内。有时库内外温差过大，会在玻璃上凝结水并滴入种子堆。堆底设置 18cm 高度的透气木质垫架，房内两堆种子间留 60cm 过道，堆四周边离墙体 50cm，以利取样、检查和防潮。库房内备有降温和除湿机械设备，能使种温控制在 15℃ 以下，相对湿度 65% 左右，是目前较为理想的种子贮藏库。

4. 土圆仓

土圆仓也叫土圆囤，用黄泥、三合土或草泥建成，仓体呈圆筒形（图 3-24）。这类仓库结构简单，造价低廉，适用于广大农村专业户，尤其适宜气候干燥的我国北方。

其容量一般在 0.5 万～2.5 万千克。由于土圆仓存放种子数量较少，体积小，一般密闭条件也不如大仓，因此仓内的种子易受温度的影响，变化速度较大仓为快，基本上随大气温度的升降而变化，略低或略高于大气温。表层种子因仓内空间小，易受太阳辐射热的影响，种温变化较快。据观察，土圆仓的表层种子经一个夏季和冬季的贮存，至第 2 年 5 月，其水分比入仓时增加近 5%，其余各层仅增加 1%～2%。因此，土圆仓内表层种子贮存到第 2 年，因受大气温湿度的影响较大，生活力一般较低，所以在表层 30cm 以内的种子不宜做种用。

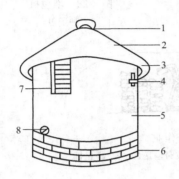

图 3-24　土圆仓

1—通气孔；2—仓顶；3—仓檐；4—通风窗；

5—墙身；6—仓基；7—进口；8—出口

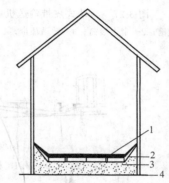

图 3-25　简易仓

1—纸筋石灰地坪；2—土坯；

3—干河沙；4—油毛毡

5. 简易仓

简易仓利用民房改造而成，将原民房结构保留，检验阻塞仓内各处破漏洞，将地面土夯实，在底层铺一层沥青纸（油毛毡），铺上 13～17cm 厚的干河沙；压平后，再铺一层沥青纸（油毛毡），沥青纸上再铺一层土坯，并用纸筋石灰把梁柱、墙壁抹平刷白，并将它抚平即可（图 3-25）。总之，要使仓内达到无缝无洞、不漏不潮、平整光滑的要求，并待充分干燥后才可存放种子。

三、仓库设备

为提高管理人员的技术水平、工作效率，减轻劳动强度，种子仓库应配备下列设备。

1. 检验设备

为正确准备在贮藏期间的变化动态和种子进出仓时的品质，必须对种子进行检查。检验设备应按所需测定项目设置，如测温仪、水分测定仪、烘箱、发芽箱、容重器、扩大镜、显微镜和手筛等（图 3-26）。

2. 装卸、输送设备

种子进出仓时采用机械输送，可配置风力吸运机、移动式皮带输送机（图 3-27）、堆包机（图 3-28）及升运机等。如果各种机械配套，便可以进行联合作业（图 3-29 至图 3-31）。

3. 机械通风设备

图 3-26　检验设备

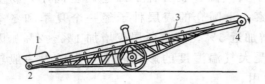
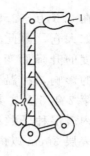

图 3-27　移动式皮带输送机　　　　　　　　　　图 3-28　堆包机

1—接受槽；2—牵引滚筒；3—转动环带；4—传动滚筒　　　　　1—种子包

图 3-29　接收散装种子作业

1—火车；2—倾斜滑板；3—种子包；4—皮带输送机；5—堆包机

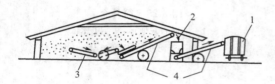
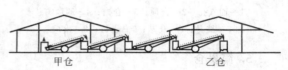

图 3-30　发放仓内散装种子作业　　　　　　　图 3-31　联合作业

1—火车；2—斗磅秤；3—活板输送机；4—皮带输送机

当自然风不能降低仓内温湿度时，应迅速采用机械通风，机械通风主要包括风机（鼓风、吸风）及管道（地下、地上两种），一般情况下的通风方法吸风比鼓风为好。见图 3-32、图 3-33。

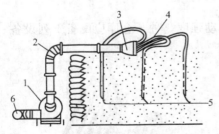
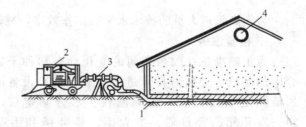

图 3-32　多管吸风机装置　　　　　　　　图 3-33　种子地下通风装置

1—吸风机；2—风管弯头；3—空气分配头；　　　　　　1—分气管；2—通风器；

4—软管；5—支风管；6—废气出口　　　　　　　3—空气推动装置；4—排风器

4. 种子加工设备

加工设备包括清选、干燥和药剂处理三大部分。清选机械又分粗选和精选两种。干燥设备除晒场外，还有备用人工干燥机。药剂处理机械有包衣机、消毒机、药物拌种机等，可对种子进行消毒灭菌，以防止种子病害蔓延。

5. 熏蒸设备与消防设备

熏蒸设备是防治仓库内害虫必不可少的，有各种型号的防毒面具、防毒口罩、投药器和熏蒸剂等。

仓库管理工作中最重要的内容之一就是防火，因此，仓库应有消防设备，包括各种灭火器、干沙、消防栓等。

6. 其他设备

为了随时了解种子堆垛不同部位的温度和湿度，现在通常采用遥控测温湿度仪，将其探头埋在种子堆不同部位，就可及时观测到种子堆里温湿度变化，了解种子贮藏的稳定性。此外，仓库内还需要包装器材，如打包机、封口机、各种规格麻袋、复合袋、晒场用具、计量用具（如磅秤、电子秤）等。

技术九　种子的入库

种子的入库包括入库前的准备、种子的包装和合理堆放等工作，它关系到种子的质量要求、贮藏条件和贮藏期间进行科学管理等一系列问题，是确保贮藏种子不受意外损耗、不变质，并能保持种子潜在的生命力的重要环节。因此，做好入库工作是为种子安全贮藏奠定基础，不能轻视。

一、种子的准备

1. 种子入库的标准

种子贮藏期间的稳定性因种类、成熟度及收获季节等而有显著差异。例如在相同的水分条件下，一般油料作物种子比含淀粉或蛋白质较多的种子不易贮藏。对贮藏种子水分的要求也不同，如籼稻种子的安全水分在我国南方必须在13％以下，才能安全过夏季；而含油分较多的种子，如油菜、花生、芝麻、棉花等种子的水分必须降低到8％～10％以下。破损粒或成熟度差的种子，由于呼吸强度大，在含水量较高时很易遭受微生物及仓虫为害，种子生活力也极易丧失，因此这类种子必须严格加以清选、剔除，凡不符合入仓标准的种子都不应急于进仓，必须重新处理（清选和干燥），经检验合格以后，才能进仓贮藏。

我国南北方各省气候条件相差悬殊，种子入库的标准也不能强求一致。国家技术监督局1996年、1999年发布的农作物种子质量标准（GB 16715.2～16715.5—1999、GB 4404.3～4404.5—1999、GB 4404.1～4404.2—1996、GB 4407.1～4407.2—1996、GB 16715.1—1996）规定，以品种纯度指标为划分种子质量级别的依据（表3-17至表3-20）。纯度达不到原种指标，降为一级良种；达不到二级良种，即为不合格种子。我国长城以北和高寒地区的水稻、玉米、高粱的水分允许高于13％但不能高于16％，调往长城以南的种子（高寒地区除外）水分不能高于13％。

2. 种子入库前的分批

农作物种子在进仓以前，不但要按不同品种严格分开，还应根据产地、收获季节、水分及纯净度等情况分别堆放和处理。每批种子不论数量多少，都应具有均匀性。要求从不同部位所取得的样品都能反映出每批种子所具有的特点。

表 3-17　禾本科作物种子质量指标

作物名称		级别	纯度不低于/%	净度不低于/%	发芽率不低于/%	水分不高于/%
水稻	常规种	原种	99.9		85	13.0(籼)
		良种	98.0		85	14.5(粳)
	不育系	原种	99.9		80	13.0
	保持系			98.0		
	恢复系	良种	99.0		80	13.0
	杂交种	一级	98.0		80	13.0
		二级	96.0		80	13.0
小麦		原种	99.9	98.0	85	13.0
		良种	99.0			
玉米	常规种	原种	99.9			
		良种	97.0			
	自交系	原种	99.9			
		良种	99.0	98.0	85	13.0
	单交种	一级	98.0			
		二级	96.0			
	双交种	一级	97.0			
	三交种	二级	95.0			
大麦	皮大麦	原种	99.9	98.0	85	13.0
	裸大麦	良种	99.0			
高粱	常规种	原种	99.9		75	
		良种	98.0			
	不育系	原种	99.9			
	保持系			98.0		13.0
	恢复系	良种	99.0			
	杂交种	一级	98.0		80	
		二级	95.0		80	
糜子		原种	99.8			
粟子				98.0	85	13.0
黍子		良种	98.0			

表 3-18　豆类、纤维类、油料类和瓜类种子质量标准

作物名称	级别	纯度不低于/%	净度不低于/%	发芽率不低于/%	水分不高于/%
大豆	原种	99.9	98.0	85	12.0
	良种	98.0			
蚕豆	原种	99.9	98.0	90	12.0
	良种	97.0			
棉花毛子	原种	99.9	97.0	70	12.0
	良种	95.0			
棉花光子	原种	99.9	99.0	80	12.0
	良种	95.0			
黄麻	原种	99.5	98.0	90	12.0
	良种	96.0			
红麻	原种	99.9	98.0	80	12.0
	良种	97.0			
亚麻	原种	99.0	96.0	85	9.0
	良种	97.0			
花生	原种	99.0	98.0	75	10.0
	良种	96.0			

作物名称		级别	纯度不低于/%	净度不低于/%	发芽率不低于/%	水分不高于/%
芝麻		原种	99.0	97.0	85	9.0
		良种	97.0			
向日葵		原种	99.0	97.0	85	12.0
		良种	96.0			
油菜	亲本	原种	99.0	97.0	80	9.0
		良种	97.0			
	杂交种	一级	90.0	97.0	80	9.0
		二级	83.0			
西瓜	亲本	原种	99.7	99.0	90	8.0
		良种	99.0			
	杂交种	一级	98.0	99.0	90	8.0
		二级	95.0			
冬瓜		原种	98.0	99.0	70	9.0
		良种	96.0		60	

表 3-19 白菜类、茄果类、甘蓝类作物种子质量标准

作物名称		级别	纯度不低于/%	净度不低于/%	发芽率不低于/%	水分不高于/%
结球白菜（大白菜）	亲本	原种	99.9	98.0	75	7.0
		良种	99.0			
	杂交种	一级	98.0	98.0	85	7.0
		二级	96.0			
	常规种	原种	99.0	98.0	85	7.0
		良种	95.0			
不结球白菜（白菜）		原种	99.0	98.0	85	7.0
		良种	95.0			
茄子	亲本	原种	99.9	98.0	75	8.0
		良种	99.0			
	杂交种	一级	98.0	98.0	85	8.0
		二级	95.0			
	常规种	原种	99.0	98.0	75	
		良种	96.0			
辣椒	亲本	原种	99.9	98.0	75	7.0
		良种	99.0			
	杂交种	一级	95.0	98.0	80	7.0
		二级	90.0			
	常规种	原种	99.0	98.0	75	7.0
		良种	90.0			
番茄	亲本	原种	99.9	98.0	85	7.0
		良种	99.0			
	杂交种	一级	98.0	98.0	85	7.0
		二级	95.0			
	常规种	原种	99.0	98.0	85	7.0
		良种	95.0			

续表

作物名称		级别	纯度不低于/%	净度不低于/%	发芽率不低于/%	水分不高于/%
甘蓝	亲本	原种	99.9	98.0	70	7.0
		良种	99.0			
	杂交种	一级	96.0	98.0	70	7.0
		二级	93.0			
	常规种	原种	99.0	98.0	85	7.0
		良种	95.0			
球茎甘蓝		原种	99.0	98.0	85	7.0
		良种	95.0			
花椰菜		原种	99.0	98.0	85	7.0
		良种	96.0			

表 3-20　叶菜类、赤豆、绿豆、荞麦和燕麦种子质量标准

作物名称	级别	纯度不低于/%	净度不低于/%	发芽率不低于/%	水分不高于/%
芹菜	原种	99.0	95.0	65	8.0
	良种	92.0			
菠菜	原种	99.0	97.0	70	10.0
	良种	92.0			
莴苣	原种	99.0	96.0	80	7.0
	良种	95.0			
赤豆(红小豆)	原种	99.0	98.0	85	13.0
	良种	96.0			
绿豆	原种	99.0	98.0	85	13.0
	良种	96.0			
荞麦	原种	99.0	98.0	85	13.5
	良种	96.0			
燕麦	原种	99.0	98.0	85	13.0
	良种	96.0			

通常不同的种子都存在一些差异，如差异显著，就应分别堆放或者进行重新整理，使其标准达到基本一致时才能并堆，否则就会影响种子的品质。如纯净度低的种子混入纯净度高的种子堆，不仅会降低后者在生产上的使用价值，而且还会影响种子在贮藏期间的稳定性。纯净度低的种子容易吸湿回潮。同样把水分悬殊太大的不同批的种子混存，会造成种子堆内水分的转移，使种子发霉、变质。又如种子感病状况、成熟不一时，均宜分批堆放。同批种子数量较多时（如稻麦种子超过 2.5×10^4 kg）也以分开堆放为宜。种子入库前的分批对保证种子播种品质和长期安全贮藏十分重要，不能草率从事。入库时应注意做到"五分开"，即新、陈种子，干、湿种子，有虫、无虫种子及不同种类和不同纯净度的种子分开贮藏，以提高贮藏的稳定性。

二、仓库的准备

1. 仓库全面检查

仓库使用前应全面检查，确定仓库是否安全，门窗是否齐全，门窗关闭是否灵便、紧密，防鼠、防雀设备是否完好。

2. 清仓

做好清仓和消毒工作，是防止品种混杂的病虫滋生的基础，特别是那些长期贮藏种子而又年久失修（包括改造仓）的仓库更为重要。

清仓工作包括清理仓库与仓内外整洁两方面。清理仓库不仅是将仓内的异品种种子、杂质、垃圾等全部清除，而且还要清理仓具，剃刮虫窝，修补墙面，嵌缝粉刷。仓外应经常铲除杂草，排去污水，使仓外环境保持清洁。具体做法如下：

（1）清理仓具　仓库里经常使用的竹席、箩筐、麻袋等用具最易潜藏仓虫，需采用剃、刮、敲、打、洗、刷、暴晒、药剂熏蒸和开水煮烫等方法清理和消毒，以彻底清仓具内嵌着的残留种子和潜匿的害虫。

（2）剃刮虫窝　木板仓内的孔洞和缝隙多，是仓虫栖息和繁殖的好场所，因此，仓内所有的梁柱、仓壁、地板必须全面剃刮，剃出来的种子等杂物应予以清理，虫尸应及时焚毁，以防感染。

（3）修补墙壁　凡仓内外因年久失修发生壁灰脱落等情况，都应及时修补，防止害虫藏匿。

（4）嵌缝粉刷　经过剃刮虫窝之后，仓内不论大小缝隙都应该用纸筋石灰嵌缝。当种子出仓之后或在入仓之前，对仓壁进行全面粉刷。粉刷的目的不仅能起到整洁美观作用，还有利于在洁白的墙壁上发现虫迹。

3. 消毒

不论旧仓或已存放过种子的新建仓都应该做好消毒工作。方法有喷洒和熏蒸两种。消毒必须在修补墙面及嵌缝粉刷之前完成，特别是要在全面粉刷之前完成。因为新粉刷的石灰在没有干燥前碱性很强，容易使药物分解失效。

空仓消毒可用敌百虫或敌敌畏等药剂。用敌百虫消毒，可将敌百虫原液稀释至0.5%～1%，充分搅拌后，用喷雾器均匀分布，用药量为 3kg 的 0.5%～1% 水溶液可喷雾 100m² 面积。也可用 1% 的敌百虫水溶液浸渍锯木屑，晒干后制成烟剂进行烟熏杀虫。用药后关闭门窗不少于 72h，以达到杀虫目的。仓库消毒后，在存放种子前一定要经过清扫。

用敌敌畏消毒，每立方米仓容用 80% 乳油 100～200mg。

施药用以下方法：

（1）喷雾法　喷雾法用 80% 敌敌畏乳油 1～2g 兑水 1kg，配成 0.1%～0.2% 的稀释液即可。

（2）挂条法　将在 80% 敌敌畏乳油中浸过的宽布条或纸条挂在仓房空中，行距 2m，条距 2～3m，任其自行挥发杀虫。

上述两法，施药后门窗必须密闭 72h，才能有效。消毒后要通风 24h，种子才能进仓，以保障人体安全。也可以用磷化铝熏蒸消毒，但需注意安全。

4. 仓容计算

仓容计算是为了合理使用保养仓库，可以有计划地贮藏种子。通常计算仓容的方法是在不损坏仓库、安全贮藏种子、不影响操作的前提下，合理测算出仓库的可用面积、可堆高度、种子容积，再根据堆放种子的种类来确定仓房的容量。

袋装仓容量＝可堆放面积(m²)×每层包装种子重量/m²×堆放层数

散装仓容量＝仓库容积×种子容重

可堆放面积为仓库总面积减去操作道面积（垛与垛之间、垛与墙之间面积等）。散装的仓房一般是采取全仓散装堆放，可以将整个仓房面积减去柱子、门距间隔的面积。包装的仓房以及围包散装仓房，应留出必要的走道、墙距和间隔，其宽度根据搬运工具与机械操作的需要而定，一般可按走道 2～3m 掌握。种堆与种堆、种堆与墙壁之间的距离一般不超过 0.6m。

每平方米每层包装种子重量参考值为：小麦、玉米、大豆，每袋种子重量 90kg，平均每层重量为 172kg/m²；稻谷、大麦，每袋种子重量 70kg，平均每层种子重量为 143kg/m²。

仓库容积为可堆放面积乘以可堆高度，如不堆成立方体，需根据实际计算，如圆柱体（计算圆筒仓时）。可堆高度一般按设计规定在仓内四壁画有堆高线。无设计标准的简易仓、改建仓等，可根据仓房的牢固程度、堆放方式，结合以往的情况加以研究确定。

三、种子的入库

种子入库是在清选和干燥的基础上进行的。入库前还需做好标签和卡片。标签上注明作物、品种、等级及经营单位全称，将它拴牢在袋外。卡片应在包装封口前填写好装入种子袋内，或放在种子囤、堆内。填写内容有作物、品种、纯度、发芽率、水分、生产年月和经营单位。入库时必须随即过磅登记，按种子类别和级别分别堆放，防止混杂。有条件的单位，应按种子不同类别分仓堆放。堆放的形式可分为袋装贮藏和散装贮藏两种。

1. 袋装堆放

袋装堆放是指用麻袋、布袋等装种子，然后堆垛贮藏。袋装堆放适用于多品种种子，并能防止品种间的混杂，有利于通风，便于管理。袋装堆垛形式依仓房条件、贮藏目的、种子品质、入库季节和气温高低等情况灵活应用。为了管理和检查的方便起见，堆垛时应距离墙壁 0.5m，垛与垛间距 0.6m 留做操作道（实垛例外）。垛高和垛宽根据种子干燥程度和种子状况而增减。含水量较高的种子，垛宽越狭窄越好，便于通风散去种子内的潮气和热量；干燥种子可垛得宽些。堆垛的方法应与库房的门窗相平行，如门窗是南北对开的，则垛向应从南到北，这样便于管理，打开门窗时有利于空气流通。堆放时袋口要朝里，以免感染虫害和防止散口倒堆。一般包装种子，底部有垫仓板，离地约 20cm，利于通气。

袋装堆垛法有如下几种：

（1）实垛法　袋与袋之间不留距离，有规划地依次堆放，宽度一般以四列为多（列指袋装的长度而言），也可以堆成两列、六列或八列等。长度视仓库而定，有时放满全仓。堆垛两头要堆成半非字形，以防倒装。此法仓容利用率较高，但对种子品质要求很严格，一般适宜于冬季低温入库的种子或临时性存放的种子。

（2）非字形或半非字形堆垛法　这种堆垛法通风性能好，不易倒塌，便于检查。按照非字形或半非字形排列堆成。如非字形堆法，第一层中间并列各直放两包，左右两侧各放三包，形如非字。第二层则用中间两排与两边换位，第三层堆法与第一层相同。半非字形是非字形的减半。

（3）通风垛　这种垛法空隙较大，便于通风、散湿、散热，多半用于保管高水分种子。夏季采用此法，便于逐包检查种子的安全情况。通风多的形式有井字形、口字形、金钱形和工字形等多种。堆时难度较大，应注意安全，不宜堆得过高，宽度不宜超过两列。

2. 散装堆放

在种子数量多、仓容不足或包装工具缺乏时，多半采用散装堆放。此法适宜存放充分干燥、净度高的种子。

（1）全仓散堆及单间散堆　此法堆放种子数量可以堆得较多，仓容利用率。也可根据种子数量和管理方便的要求，将仓内隔成几个单间，或需堆放多几个品种时，为了避免混杂和管理方便，可将全仓隔仓几个单间，进行堆放。种子一般可堆高 2～3m，但必须在安全线以下，全仓散堆数量大，必须严格掌握种子入库标准，平时加强管理，尤其要注意表层种子的结露或出汗等不正常现象。

（2）围包散堆　对仓壁不十分坚固或没有防潮层的仓库，或堆放散落性较大的种子（如大豆、豌豆）时，可采用此法。堆放前按仓房大小，以一批同品种种子做成麻袋包装，将包沿壁四周离墙 0.5m 垛成围包墙，堆放高度不宜过高，围包高度可至 2m 左右，在围包以内就可散放种子，围包内的种子必须低于围包高度，并应注意防止塌包。堆围包墙时要包包靠紧、层层骑缝，使围包连成一体，不易倒塌，同时由下而上逐层缩进 3cm 左右。

（3）围囤散装　在品种多而数量又不大的情况下采用此法，当品种级别不同或种子还不符合入库标准而又来不及处理的也可作为临时堆放措施。堆放时边堆边围囤，囤高一般在 2m 左右。

技术十　贮藏期间的变化

种子进入贮藏期后，环境条件由自然环境转为干燥、低温、密闭状态。尽管如此，种子的生命活动并没有停止，只不过随着条件的改变而进行得更为缓慢。由于种子本身的代谢作用和受环境影响，致使仓内的温度状况逐渐发生变化，如吸湿回潮、发热和虫霉等异常情况出现。了解种子贮藏期间的各种变化，对于做好种子贮藏期间的管理工作十分重要。

一、温度的变化

种子入库后，处于一个新的环境中，仓中的种子与周围环境构成了一个统一的整体，成为一个小型的生态系统。各种环境因子中对贮藏种子生命力影响最大的是温度和水分。种子在空气中吸水量的多少（水分变化）主要是随着空气中相对湿度的高低而变化的。仓种种子温度的变化，除了各类作物种子本身的特点外，与它所处的环境条件有着密切的关系。在一般情况下，大气温湿度的变化影响着仓内温湿度，仓内温湿度的变化影响着种温和种子水分。掌握"三温三湿"变化规律，对种子的安全贮藏有重要意义。这里的"三温三湿"是指大气温度湿度、仓内温度湿度和种堆温度湿度（水分），其变化规律主要指一年中和一天中的变化规律。如果种子温度变化偏离了这种变化规律而发生异常现象，就有发热的可能，应采取必要的措施加以处理，防止种子因变质而遭受损失。

1. 种温日变化

种温在一昼夜之间的变化叫日变化。通常一天中，12 点到下午 2 点气温最高，凌晨 4 点左右温度最低。仓温日变化的最高值和最低值较气温迟 1～2h。这随仓房结构与密闭情况不同而异。

种子是不良导体，传热较慢，种温比气温最低、最高值出现的时间迟 2～3h。种温以每日上午 6~7 时最低，以后逐渐上升，下午 5~6 时最高，以后又逐渐下降。种温的日变化表现并不十分明显，仅对种子堆表层 15~30cm 左右和沿壁四周有影响，变化幅度较小，一般在 1℃ 左右，距表层 30cm 以下种温几乎无变化。

2. 种温年变化

种温在一年之中的变化称之为年变化。种温的年变化较大，在正常情况下，随气温的升降而相应逐渐升降。因此在气温上升季节（3~8 月份），种温也随着上升，但种温低于仓温和气温；在气温下降季节（9 月份至次年 2 月份），种温也随着下降，但高于仓温和气温。种温升降的速度一般要比气温迟半个月至 1 个月，这种现象往往表现在当气温开始回升时种温却在继续下降，当气温开始下降时种温还会继续上升，如每年中 1~2 月份气温最低，3 月份气温开始回升，而种温在 3 月份还会继续下降，因此最低种温的出现在 3 月份或 3 月份以后；7~8 月份气温最高，9 月份开始下降，而种温在 9 月份还会继续上升，因此最高种温的出现在 9 月份或 9 月份以后。

种温的年变化表现在种子堆各层次之间也较明显，各层次之间变化的幅度受种子堆的大小、堆放方式（包装与散装）、仓房结构严密程度以及作物种类等的影响。小型种子堆、包装堆放、大粒种子及仓房密闭性能差的，种温随气温变化较快，各层次间的温差幅度也较小，基本上随气温在同一幅度内升降。在和上面相反的另一种条件下，种温随气温变化较慢，各层次间的温差也较明显。以大型仓散装水稻种子为例，其最高、最低种温出现时间往往比仓温变化延迟 1 个月左右，各层种温都相应延迟。上层种温变化较快，每月可升降 5~6℃，中层次之，下层最慢，每月可升降 3~4℃，因此各层间温差幅度较为明显，在一年中 1~3 月份下层种温最高，中层次之，上层最低；6~10 月份却为上层最高，中层次之，下层最低；4~5 月份与 11~12 月份时三层种温基本上平衡。

二、水分的变化

1. 水分的日变化和年变化

种子受水分空气湿度影响反应较快，变化也较大，一天中以每日上午 2~4 时最高，下午 4~6 时最低。变化范围在种子堆表面 15~20cm，30cm 以下影响较小。

种堆内的水分主要受大气相对湿度的影响而变化，一年中的变化随季节而不同。在正常情况下，低温和梅雨季节的种子水分较高，夏秋季节的种子水分较低。各层种子的水分变化各不相同，上层受影响最大，影响深度一般在 20cm 左右，而其表面的种子水分变化尤为突出；中层和下层的种子水分受影响较小，但下层近地面 15cm 左右的种子易受地面的影响，水分增多时会发生结露甚至发芽、发热、霉烂等现象。种子结露现象多发生在每年 4 月份、11 月份前后，必须引起注意。

2. 种堆内冷热空气对流

种堆内冷热空气对流会造成种子水分分层。种子堆内热空气上升，水汽也随之上升，至表面遇冷空气，达到饱和状态或相对湿度增大，上层种子吸湿，水分含量增加，产生水分分层现象。此种现象发生在秋冬季节。一般所说的"结顶"，大都是由此产生和发展的结果。进入秋冬季节，经常翻动种堆的表面层，使种堆内部水分向外散发，可以降低种子的水分，防止结露、结顶。

3. 种堆内的水分热扩散

种堆内的水分热扩散也叫湿热扩散。种堆内的温度是不平衡的，常存在温差。种堆水分按照热传递的方向而移动的现象，称为水分热扩散现象，也就是种堆内水汽总是从温暖部位向冷凉部位移动的现象。因为种温高部位空气中实含水汽量大，水汽压力大，而低温部位水汽压力小，根据分子运动规律，水汽压力大的高温部分的水汽分子总是向水汽压力小的低温部位扩散移动，使低温部位水分增加。种堆水分的湿热扩散和空气对流而导致的水分转移，往往同时发生，不易区分。但发生原因前者是由于水汽压力的差异，后者是由于空气密度的不同。

湿热扩散造成的局部水分增高常常发生在阴凉的墙边、柱石周围、墙角、种堆的底部等部位。种堆中冷热温差越大，时间越长，湿热扩散就越严重，甚至发生结露，严重影响到贮藏种子的安全，即使原始水分很低的种子，如 9.8% 的小麦种子，在 20℃ 的温差下，经过 2 周，因湿热扩散而增加水分，亦能使种子发芽、生霉。

4. 种堆水分的再分配

种子水分能通过水汽的解吸和吸附作用而转移，这一规律叫做"水分再分配"。当高水分和低水分的种子堆在一起时，高水分种子解吸水汽，降低水分，并在子粒间隙中形成较高的湿度，使低水分的种子吸附水汽而增加水分，经过再分配的种子水分只会达到相对平衡，这是因为存在吸附滞后现象。温度越高，水分再分配（平衡）速度越快。

所以在种子入库和堆放时必须把不同水分的种子分开堆放，以防干燥的种子受潮，影响种子的安全贮藏。

三、种子的结露和预防

种子结露是种子过程中一个常见的现象。种子结露以后，含水量急剧增加，种子生理活动随之增强，导致发芽、发热、虫害、霉变等情况的发生。种子结露现象不是不可避免的，只要加强管理，采取措施，可消除这种现象的发生，即使已发生结露现象，将种子进行干燥、除水，不使其进一步发展，可以避免种子遭受损失或少受损失。因而，预防种子结露是贮藏期间管理上的一项经济性工作。

1. 种子结露的原因

结露是空气中的水汽量达到饱和状态后凝结成水的现象，发生在种子上就叫种子结露。开始出现结露的温度，称为露点温度，也叫露点。因此露点的定义是水分含量一定的空气，当它达到饱和状态时（相对湿度 100%）所对应的温度。

由于热空气遇到冷种子后，温度降低，使空气的饱和含水量减小，相对湿度变大。当温度降低到空气饱和含水量等于当时空气的绝对湿度时，相对湿度达到 100%，此时在种子表面上开始结露。如果温度再下降，相对湿度超过 100%，空气中的水汽不能以水汽状态存在，在种子上的结露现象就越明显。种子结露是一种物理现象，在一年四季都有可能发生，只要当空气与种子之间存在温差，并达到露点就会发生结露现象；空气湿度越大，也容易引起结露；种子水分越高，结露的温差变小，反之，种子越干燥，结露的温差变大，种子不易结露。种子水分和温差的关系见表 3-21。

表 3-21　种子水分与结露温差的关系

种子水分/%	10	11	12	13	14	15	16	17	18
结露温差/℃	12～14	10～12	8～10	7～8	6～7	4～5	3～4	2	1

2. 仓内结露的部位

(1) 种子堆表面结露 多半在开春后，外界气温上升，气温比较潮湿，这种湿热空气进入仓内首先接触种子堆表面，引起种子表面层结露，其深度一般由表面深至3cm左右。

(2) 种子堆上层结露 秋冬季节转换，气温下降，影响上层种子的温度，而中下层种子温度仍较高。热空气上升，遇到上层冷种子，二者造成温差引起上层结露，其部位距表面20～30cm处。

(3) 地坪结露 这种情况发生在经过暴晒的种子未经冷却，直接堆放在地坪上，造成地坪湿度增大，引起地坪结露。也有可能发生在距地坪2～4cm的种子层，所以也叫下层结露。

(4) 垂直结露 发生在靠近内墙壁和柱子周围的种子，呈垂直形。前者常见于圆筒仓的南面，因日照强，墙壁传热快，种子传热慢而引起结露；后者常发生在钢筋水泥柱子的周围，这种柱子传热快于种子，使柱子或靠近柱子周围种子的结露。木质柱子结露的可能性小一点。其次，房式仓的西北面也存在结露的可能性。

(5) 种子堆内结露 种子堆内通常不会发生结露。如果种子堆内存在发热点，而热点温度又较高，则在发热点的周围就会发生结露。另一种情况是两批不同温度的种子堆放在一起，或同一批经暴晒的种子入库时间不同，造成二者温差，引起种子堆内夹层结露。

(6) 冷藏种子结露 经过冷藏的种子温度较低，遇到外界热空气也会发生结露，尤其是在夏季高温时，从低温库提出来的种子更易引起结露。

(7) 覆盖薄膜结露 应用塑料薄膜进行密封贮藏，有隔湿作用。然而在温差存在的情况下，却易凝结水珠。结露发生在薄膜温度高的一面。

3. 种子结露的预测

种子结露是由于空气与种子之间存在温差而引起的，但并不是任何温差都会引起结露，只有达到露点温度时才会发生结露现象。为了预防种子结露，及时掌握露点温度显得十分重要，预测露点温度就可以预测结露的发生。预测露点温度的方法有多种，在此介绍常用的两种。

(1) 应用种堆露点近似值检查表 预测种子露点温度，一般可采用查露点温度的方法进行。例如，已知仓内水分为13%，种温20℃，查表，以种子水分13%向下找，种温20℃向右找，二者的交点就是露点的近似值，即约在温度12℃，说明种子水分13%时，种温由20℃降到12℃，温差8℃以上时，就有可能发生结露现象。

(2) 应用空气饱和湿度表 在一定温度下，空气的饱和湿度是个常数，当空气中实有水汽达到饱和时便能发生结露。因此根据这种关系就可以预测露点。例如种温为20℃，仓内或种堆的湿度为74%，求露点。

测算方法：

① 查饱和水汽量表，得出20℃时的饱和水汽量为$17.117g/m^3$。

② 计算20℃时的实有水汽量，$17.117 \times 74\% = 12.667g/m^3$。

③ 再查水汽量表，当$12.667g/m^3$为饱和水汽量时，其相当的温度在14～15℃，接近15℃，则取15℃为所求的露点。

4. 种子结露的预防

防止种子结露的方法关键在于设法缩小种子与空气、接触物之间的温差，具体措施如下。

（1）保持种子干燥　干燥种子能抑制种子生理活动及虫、霉为害，也能使结露的温差增大，在一般的温差条件下，不至于立即发生结露。

（2）密闭门窗保温　季节转换时期，气温变化大，这时要密闭门窗，对缝隙要糊2～3层纸条，尽可能少出入仓库，以利隔绝外界湿热空气进入仓内，预防结露。

（3）表面覆盖移湿　春季在种子堆表面覆盖1～2层麻袋片，可起到一定的缓和作用。即使结露也是发生在麻袋片上，到天晴时将麻袋移至仓外晒干、冷却后再使用，可防种子表面结露。

（4）翻动面层散热　秋末冬初气温下降，经常耙动种子面层深至20～30cm，必要时可耙深沟散热，可防止上层结露。

（5）种子冷却入库　经暴晒或烘干的种子，除热处理之外，都应冷却入库，可防地坪结露。

（6）围包柱子　有柱子的仓库，可将柱子整体用一层麻袋包扎，或用报纸4～5层包扎，可防柱子周围的种子结露。

（7）通风降温排湿　气温下降后，如果种子堆温度过高，可采用机械通风方法降温，使之降至与气温接近，可防止上层结露。对于采用塑料薄膜覆盖贮藏的种子堆，在10月中下旬揭去薄膜，改为通风贮藏。

（8）仓内空间增温　将门窗密封，在仓内用电灯照明，可使仓内增温，提高空气持湿能力，减少温差，可防上层结露。此法在湖北省使用取得较明显的效果：他们在1300多平方米空间内，安装20个60W的灯泡和4个200W的灯泡，共2000W，可增加仓温3～5℃，从当年10月下旬至次年2月，基本上昼夜照明，未发生结露。

（9）冷藏种子增温　冷藏种子在高温季节出库，需进行逐步增温或通过过渡间，使之与外界气温相接近，可防结露。但每次增温温差不宜超过5℃。

5. 种子结露的处理

种子结露预防失误时，应及时采取措施加以补救。补救措施主要是降低种子水分，以防进一步发展。通常的处理方法是倒仓暴晒或烘干，也可以根据结露部位的大小进行处理。如果仅是表面结露，可将结露部分种子深至50cm的一层揭去后暴晒。结露发生在深层，则可采用机械通风排湿。当暴晒受到气候影响，也无烘干通风设备时，可根据结露部位采用就仓吸湿的方法，也可收到较好的效果。即采用装有生石灰的麻袋，平埋在结露部位，让其吸湿降水，经过4～5d取出。如果种子水分仍达不到安全标准，可更换石灰再埋入，直至达到安全水分为止。

四、种子发热和预防

1. 种子发热的判断

在正常情况下，种温随着气温、仓温的升降而变化。如果种温不符合这种变化规律发生异常高温时，这种现象称为发热。

种温究竟达到多高才算发热，不可能规定一个统一的标准，如夏季种温达35℃不一定是发热，而在气温下降季节则可能就是发热，这必须通过实践加以仔细鉴别。正常情况下，种子是否发热可以从以下方面判断：

（1）种温与记录比较　同一层种温与前几次检查记录对照，是按三温变化规律变化，应不是发热。

（2）各检查点比较　同一批种子比较，各检查点间的温度应一致。

（3）种温与仓温比较　在春天气温上升季节，种温不正常上升，其幅度超过日平均仓温3～5℃以上时；在秋冬气温下降季节，种温长期不降甚至上升时，均是发热现象。

（4）检查的温度数据与早几年比较　一般情况下，相近年份同季节的温度变化相接近，在判断种子是否发热时，除对温度对比分析外，还要检查种子的色、味、水分、虫霉发生情况，以做出正确的判断。

2. 种子发热的原因

（1）种子呼吸发热　种子在贮藏期间新陈代谢旺盛，释放出大量的热量，积聚子堆内。这些热量进一步促进种子的生理活动，放出更多的热量和水分，如此循环反复，导致种子发热。这种情况发生于新收获的或受潮的种子。

（2）微生物的迅速生长和繁殖引起发热　在相同条件下，微生物释放的热量远比种子要多。实践证明，种子发热往往伴随着种子发霉。因此，种子本身呼吸热和微生物活动的共同作用结果是导致发热的主要原因。

（3）仓虫活动　仓虫大量聚集在一起，其呼吸和活动摩擦会产生热量。害虫达100～200头/kg能使种温升至38.5℃，谷蠹100～170头/kg能使种温达40℃，害虫在30头/kg以下则对种温影响不大。

（4）种子堆放不合理　种子堆各层之间或局部与整体之间温差较大，造成水分转移、结露等情况，也能引起种子发热。仓房条件差或管理不当，往往也会引起种子发热。

总之，发热是种子本身的生理生化特点、环境条件和管理措施等综合造成的结果。

3. 种子发热的种类

根据种子堆发热部位、发热面积的大小，发热可分为以下五种类型。

（1）上层发热　一般发生在近表层约15～30cm厚的种子层。发生时间在初春或秋季。秋季气温下降，新收入仓的种子后熟呼吸旺盛，放出大量水汽。外界气温逐渐下降影响到仓壁，使靠仓壁的种温和仓温随之降低，近墙壁的空气形成一股气流向下流动，由于种堆中央受气温影响小，种温仍较高，形成一股向上的气流，因此向下的气流经过底层，由种子堆的中央转而向上，通过种温较高的中心层，再达到顶层中心较冷部分，与四周的下降气流形成回路。在此气流循环回路中，种子堆中水分随气流流动，热水汽向上运动，在上层遇冷而凝结，此部分水分增高，使种子和微生物呼吸增强，引起发热。若不及时采取措施，顶部种子层将会发生败坏。初春气温逐渐上升，而冬季的种子层温度较低，两者相遇，上层表层种子容易造成结露而引起发热。

（2）下层发热　发生在接近地面的一层种子。多半由于晒热的种子未经冷却就入库，遇到冷地面发生结露而引起发热，或因地面渗水使种子吸湿返潮而引起发热。开春后，热空气沿仓壁上升，冷空气在中间部位下沉，形成回流。在此气流循环中，种子堆中水分随气流流动，遇地面部较冷种子层而凝结，使下层种子水分增高，引起发热。

（3）垂直发热　在靠近仓壁、柱子等部位，当冷种子遇到仓壁或热种子接触到冷仓壁或柱子形成结露，并产生发热现象，称为垂直发热。前者发生在春季朝南的近仓壁部位；后者多发生在秋季朝北的近仓壁部位。

（4）局部发热　这种发热通常呈窝状形，发热的部位不固定，多半由于分批入库的种子品质不一致、水分相差过大、整齐度差或净度不同等所造成。某些仓虫大量聚集繁殖也可以引起此种发热。

（5）整仓（全囤）发热　　上述四种发热现象中，无论哪种发热现象发生后，如不迅速处理或及时制止，都有可能导致整仓（全囤）种子发热。尤其是下层发热，由于管理造成的疏忽，最容易发展为整仓发热。

4. 种子发热预防

（1）严格掌握种子入库的质量　　种子入库前必须严格进行清选、干燥和分级，不达到标准者，不能入库，对长期贮藏种子，要求更加严格。入库时，种子必须经过冷却（热进仓处理的除外）。这些都是防止种子发热、确保安全贮藏的基础。

（2）做好仓内消毒，改善仓贮条件　　贮藏条件的好坏直接影响种子的安全贮藏状况，仓房必须具备通风、密闭、隔湿、防热等条件，以便在气候剧变阶段和梅雨季节做好密闭工作；而当仓内温湿度高于仓外时，又能及时通风，使种子长期处在干燥、低温、密闭的条件下，确保安全贮藏。

（3）加强管理、勤于检查　　应根据气候变化规律和种子生理状况，制定具体的管理措施，及时检查，及早发现问题，采取对策，加以制止。种子发热后，应根据种子结露发热的情况，采用翻耙、开沟、扒塘等措施排除热量，必要时采用翻仓、摊晾和过风等办法降温散湿。发过热的种子必须经过发芽试验，凡已丧失生活力的种子即应改作他用。

五、种子的衰老变化

种子同一切生物一样，要经历形成、生长、发育、成熟和死亡的过程。在贮藏期间，种子逐渐衰老，如果不是突发性的原因（例如骤然高温或低温冻害、机械损伤、化学药品腐蚀、毒物或高渗压物质的损害等）造成种子的突然死亡，种子生命力的丧失应该看成是种子的衰老逐渐加深和积累的结果。在种子完全死亡之前，种子的形态结构及生理生化方面均发生了一系列劣变，正是这些变化的积累造成种子生命力的最终丧失。

1. 细胞膜的变化

细胞膜分质膜和内膜两大类。在成熟、干燥过程中，种子的细胞膜发生深刻的变化。种子干燥时，种子收缩，细胞壁高度扭曲，细胞核和线粒体呈不规则状态，膜遭到不同程度的破坏。这一变化大大减弱种子的生理活动，有利于种子的安全贮藏。当然种子吸水后，各种成分（如糖类、氨基酸、蛋白质以及各种离子）都有渗漏，然而，这一过程非常短暂。随着水分进入，膜的水合程度增加，各种膜进行修复，很快恢复到正常状态，渗漏也得到抑制。

当种子发生劣变时，干燥种子膜的渗漏程度较严重。种子劣变使膜端的卵磷脂和磷脂酰乙醇胺分解解体，使膜端失去了亲水基团，因而也就失去了水合和修复功能。由于膜内部脂肪水解和氧化，又使膜内部疏水基团解体。劣变种子再度吸水时，膜的修复很缓慢，甚至无法恢复到正常的双层结构，因此造成了永久性损伤。

膜的永久性损伤造成大量可溶性营养物质以及生理上的重要物质（如激素、酶蛋白等）的渗漏，导致新陈代谢的正常过程受到严重影响。此外，膜的渗漏造成微生物的大量繁殖，死种子和劣质种子最容易长霉就是这个原因。膜是许多酶的载体以及生理活动的场所（例如呼吸作用主要在线粒体膜上进行），膜的破坏使酶无法存在，酶的功能亦随之丧失。脂肪的水解氧化不仅使膜的结构破坏，而且产生大量的自由基离子，这种自由基离子既是电子供体也是电子受体，在生化反应中极为活跃，由于它的存在使物质的氧化分解更加快速，最终导致 DNA 突变和解体。

2. 大分子变化

（1）核酸的变化 大分子主要是指对生物物质合成起关键作用的核酸而言。种子的劣变表现在核酸方面的反应，一是原有核酸解体，二是新的核酸合成受阻。

核酸的分解是由核酸和磷酸二酯酶作用的结果，衰老种子中，这两种酶的活性均比新鲜种子为高。Roberts（1973）等发现，发芽率在95％以上的黑麦草种子，胚中DNA含量为10.2mg/g，而对应的低活力种子只有3.1mg/g；而且DNA所含的碱基数也不同，前者有300对，后者只有200对。这一例子说明衰老种子中DNA开始解体。

新的核酸合成受阻，首先是由于衰老种子中ATP含量减少，能荷降低而能量不足。用^{14}C标记的嘌呤渗入到大豆中的试验表明，新鲜种子ATP含量高，新合成的核酸多，衰老种子则相反。ATP不仅是合成核酸的能源，更是合成DNA和RNA的基质。此外，核酸合成过程中必须要有DNA聚合酶和RNA聚合酶的参加，而衰老种子中这两种酶很快失活甚至分解，这也是新的核酸无法合成的原因。

核酸和蛋白质结合而形成核蛋白，它是细胞核和细胞质的主要组成成分。核酸的合成和降解受阻，其影响面是极其广泛的。Osborne（1987）指出，衰老种子中胚发生DNA损伤以及修复功能降低，基因的损伤必然反映到转录和转译能力的下降以及错录、错译的可能性增加，因此衰老种子萌发过程中常有染色体畸形、断裂、有丝分裂受阻等情况发生；在生产上，由衰老种子长成的幼苗畸形、矮小、早衰、瘦弱苗明显增多，最终导致产量降低。

（2）酶的变化 种子衰老过程中蛋白质的变性首先表现在酶蛋白的变性上，其结果使酶的活性丧失和代谢失调。研究最为广泛和深入的是种子中的过氧化物酶、脱氢酶和谷氨酸脱羧酶，这三类酶的活性与种子的发芽率有极高的相关性。与呼吸作用有关的一系列酶类，其活性与种子的发芽率也有一定的相关性。至于种子的活性如何因种子衰老而丧失，目前尚有多种解释，如某些官能团被氧化分解（如巯基被氧化成二硫键）、酶的辅基或辅酶失落、酶分子的构象改变、酶和某种物质（如蛋白质等）形成复合体以及酶本身被分解等。然而，并非所有酶类的活性都随着种子的衰老而降低，相反，某些水解酶类的活性反而增高，例如核酸酶和酸性磷酸酯酶。据Roberts（1987）观察，三叶草种子在不同条件下进行15年贮藏，在38℃下贮藏，其游离磷酸高达38μg/g，在22℃下贮藏只有11μg/g。这说明在分解非丁（phytin）过程中，前者的酸性磷酸酯酶活性高出后者2倍，表明其代谢已失调。

3. 有毒物质积累

种子贮藏过程中，随时间推移特别在不良环境条件下，各种生理活动产生的有毒物质逐渐积累，使正常生理活动受到抑制，最终导致死亡。例如种子无氧呼吸产生的酒精和二氧化碳，蛋白质分解产生的胺类物质，对种子有毒害作用。从老化种子浸出液或渗漏液中可测得多种脂类氧化物的羰基化合物，这类物质既是一种有毒物质，又是一种诱发剂，可以诱发多种化学反应。脂类氧化分解过程中产生的丙二醛是普遍性的产物，对种子有严重的毒害作用。其他的许多代谢产物，如游离脂肪酸、乳酸、香豆素、肉桂酸、阿魏酸、花楸碱等多种酚类、醛类和酸类化合物、植物碱，均对种子有毒害作用。种子中存在过多的吲哚乙酸（IAA）和脱落酸（ABA）也成为抑制种子萌发和生长的有毒物质。此外，微生物分泌的毒素对种子的毒害作用也不能低估，尤其在高温高湿条件下更是如此。例如腐生真菌分泌的黄曲霉毒素会诱发种子染色体畸变。有毒物质的积累胚比胚乳还要多，胚是主要的积累场所。

种子衰老的原因和机理还有多种：亚细胞结构如线粒体、微粒体破坏，无法维持独立结构而丧失其功能；胚部可溶性养分的消耗，在贮藏温度和种子水分较高时微生物和仓虫造成的危害等。总之，种子衰老过程是一个从量变到质变的过程，随着衰老而有不同的表现和特点，最终导致种子死亡。

情境教学十一　种子贮藏

学习情境	学习情境 11　种子贮藏
学习目的要求	1. 了解种子结露的原因，掌握种子结露的预防措施 2. 了解种子发热的原因，掌握种子发热的预防技术
任务	对种子结露和发热进行预防
种子结露	引起种子结露的原因主要是温差，当冷空气遇上湿热的种子或凉种子遇上温度较高的空气，水汽凝结在种子表面，形成露水似水滴，这就是种子结露 （一）种子结露的原因 1. 上层结露：在气温下降季节，种温高于仓温，种子堆中下层湿热空气上升，在种子堆表层5～30cm处和冷空气接触而结露；或者气温上升季节，种温低于仓温，外界的湿热空气和较冷的种堆相遇，也容易在上层出现结露 2. 底层结露：热进仓种子，由于种温与地坪温差较大时，可引起底层结露 3. 接触面结露：种子堆（散装）与墙壁接触，因有较大的温差而结露。夏南墙、冬北墙 4. 内部结露：堆内局部代谢旺盛，放出热量形成温差或高低温种子混存，温差过大也会引起结露 （二）种子结露的预测 1. 应用种堆露点温度检查表预测露点温度 2. 计算结露点温度 （三）种子结露的预防和处理 1. 预防：严把水分关 　　　秋冬季合理通风，春暖时加强密闭 　　　烘干、晒干种子冷却进仓，小麦热进仓要铺垫好 　　　对易返潮部位勤检查，发现问题及时处理 2. 处理：翻动种面，扒沟通风 　　　扒墙角，挖坑 　　　移顶晒晾 　　　翻仓倒垛，全部出晒（如全仓种子水分较高）
种子发热	种子堆的温度不随气温变化的非正常升温叫发热 （一）种子发热的原因 1. 种子本身因素：种子含水量高；种子生理活性强；种子品质低劣 新收获的或受潮的种子，由于代谢旺盛、释放大量热能和水，又进一步促进种子的生理活动。这种发热温度上升缓慢，一般低于50℃ 2. 种子发热的外部因素 仓房条件差或管理不当：返潮或水分含量高不能及时处理 堆放不合理：种子堆各层之间、局部与整体之间温差较大，造成水分转移、结露等情况，也能引起种子发热 仓虫、微生物作用：在种温大于42℃，水分低于15％时，仓虫就可能死掉。而微生物在种子含水15％、种温到60～70℃时仍能生存（微生物释放热量远比种子多，这种发热往往伴随着发霉）。因此，种子本身的呼吸热和微生物活动共同作用的结果，是导致种子发热的主要原因 例如，有人试验，种子在保温瓶内发芽，瓶内温度上升1℃，但用接种微生物的同样种子在相同条件下发芽，温度上升10℃ （二）种子发热对种子品质的影响 1. 影响种用品质 2. 影响食用品质

学习情境	学习情境 11　种子贮藏
种子发热	（三）种子发热的种类 1. 上层发热：种子堆表层 20～30cm，因上层结露引起发热 2. 下层发热：热种子进仓遇凉地面或地面渗水使种子返潮引起 3. 垂直发热：热种子遇冷仓壁或柱子形成结露而发热 4. 局部（窝状）发热：发热的部位不固定，通常呈窝状形。多半原因是种子品质不一致、水分相差过大或净度不同等 5. 整囤（仓）发热：上述四种发热，无论哪一种，如不及时处理，都能导致整仓发热，尤其是下层种子。疏忽管理易整仓发热 （四）鉴别种子堆发热的方法 1. 种温和仓温比较 2. 同一层点与前几次检查比较 3. 同一批种子比较：同一品种，其水分、杂质及保管情况基本相同，如果温度相差3～5℃以上即为发热 4. 种子品质比较 5. 与往年同季种温比较：仓温上升季节，如果种温高于日平均温度 3～5℃以上，或者秋季气温下降时，种温反而上升即为发热 （五）种子发热的预防 把好入库关；清仓消毒；加强管理勤检查，发现问题及时采取翻耙、扒塘或倒仓、摊晾、过风等措施 1. 建造高标准的种子仓库 2. 严把种子入库质量关 3. 认真做好备仓和消毒工作 4. 加强贮藏期间的管理
学生实境教学过程	种子贮藏管理 1. 种子检查 2. 种子检查方法 3. 合理通风 4. 种子贮藏技术 5. "五无"种子库 6. 种子贮藏的管理制度
考核评价标准	1. 学生按照要求逐项操作，没有违规现象，能正确区分结露和出汗 2. 种子贮藏管理操作规范，预防种子发热达到要求
评定学习效果	按考核评价标准分别按优秀、良好、及格、不及格来评定学生的学习和操作效果

技术十一　种子贮藏期间的管理

种子贮藏期间的管理工作是十分重要，应该根据具体情况建立各项制度，提出措施，勤加检查，以便及时发现和解决问题，避免种子的损失。

一、管理制度

种子入库后，建立和健全管理制度十分必要。管理制度包括：

（1）生产岗位责任制　要挑选责任心、事业心强的人担任这一工作。保管人员要不断钻研业务，努力提高科学管理水平。有关部门要对他们定期考核。

（2）安全保卫制度　仓库要建立值班制度，组织人员巡查，及时消灭不安全因素，做好防火、防盗工作，保证不出事故。

（3）清洁卫生制度　做好清洁卫生工作是清除仓库病虫害的先决条件。仓库内外需经常打扫、消毒，保持清洁。要求做到仓内"六面光"，仓外"三不留"（杂草、垃圾、污水）。种子出仓时，应做到出一仓清一仓、出一囤清一囤，防止混杂和感染病虫害。

（4）检查和评比制度　检查内容包括以下几方面：气温，仓温，种子温度，大气湿度，仓内温度，种子水分，发芽率，虫霉情况，仓库情况等。根据种子仓库情况开展"五无"种子仓库，即指种子贮藏期间无虫、无霉变、无鼠雀、无事故、无混杂。通过评比，交流贮藏保管方面的经验，促进种子贮藏工作的开展。

（5）建立档案制度　每批种子入库，都应将其来源、数量、品质状况等逐项登记入册，每次检查后的结果必须详细记录和保存，便于前后对比分析和考察，有利于发现问题，及时采取措施，改进工作。

（6）财务会计制度　每批种子进出仓库，必须严格实行审批手续和过磅记账，账目要清楚，对种子的余缺做到心中有数，不误农时，对不合理的额外损耗要追查责任。

二、管理工作

1. 防止混杂

种子进出仓库时容易发生品种混杂，特别是水稻种子，品种繁多，收获季节相近，特别需注意。杂交水稻不育系与保持系种子难以区别，如搞混则损失巨大。种子包装袋内外均要有标签。散装种子要防止啮齿类动物造成的混杂。散在地上的种子，如品种不能确定，则不能作为种用。

2. 隔热防湿，合理通风

根据不同季节，做好仓库的密闭工作，防止外界的热气和水分进入仓内。根据种子水分情况还要进行合理的通风，以降温降湿。

3. 治虫防霉

治虫防霉是种子贮藏期间管理工作的一项重要内容，对种子的安全贮藏、减少数量损失有明显作用。

4. 防鼠雀

种子贮藏期间，鼠雀除造成种子数量损失外，还可能引起散装种子混杂，老鼠还能破坏包装器材及仓房建筑。因此防鼠雀也是管理工作的一个环节。

种子仓库发生的鼠害主要是家栖鼠类，主要有小家鼠、褐家鼠和黄胸鼠，其分布广，栖息场所多。防治时应注意地上地下、室内室外的全面防治。主要措施包括以下几种。

（1）建筑防鼠　合理的防鼠建筑和设施对防鼠起着重要作用。种子仓库应从结构上考虑防止鼠类进入室内，即门窗要密合，不留缝隙，门的下端镶嵌铁皮高 30cm；墙基、墙壁要用水泥填缝；地面要硬化；通往室外管道和电线的四周不留孔隙，管道口上安装铁丝网；仓库门口设防鼠板。

（2）清洁卫生防鼠　保持仓内整洁、卫生。对于种子尽量用包装袋，堆放整齐，避免散落地上。库存种子应垫高、离墙各 30～60cm，以断绝鼠粮。经常堵塞鼠洞，搞好防鼠措施。对仓库周围的杂草、垃圾、砖瓦石块等应及时清除，以消除鼠类的一切隐蔽场所。

（3）捕鼠器械灭鼠　我国各地用于捕鼠的器械多达二三百种，这些器械在仓库中尤其实用，常见的有捕鼠夹、捕鼠笼，电子捕鼠器又称电猫、粘鼠胶。粘鼠胶对小家鼠等体型小的鼠类效果较好。粘鼠胶的种类很多，可用松香与桐油（或蓖麻油等）按 1∶1 或 2∶1

制成。还可选 101 粘鼠胶，即改性的聚醋酸乙烯的丙酮液。前者黏性可达 10 余天，后者可保持 1 个月以上。使用时取粘鼠胶 20～50g，涂于 15～20cm 的薄木板、铁皮或硬纸板上，涂成环状，板中心留直径 5cm 左右的空白做诱饵。将涂好的粘鼠板平放于鼠洞、鼠道或鼠经常活动处。粘鼠板要避免水、油、灰尘污染或阳光照射。近年来还制造并使用了超声波灭鼠器来驱鼠或灭鼠。

影响捕鼠器捕鼠效果的因素主要有诱饵的选择、捕鼠器布放的地点和时间等，只有选用有引诱力的诱饵，才能充分发挥捕鼠器的作用。通常选用的诱饵有花生、油条、肉渣、马铃薯等，在种子仓库内选用含水分较多的瓜果、蔬菜之类效果更好。捕鼠器布放的地点必须根据鼠类活动的地点、路线和鼠洞位置来确定。布放时间应在鼠类活动高峰前夕来布放，如在仓库内可于傍晚布放，次晨收回。另外，捕鼠后对捕鼠器应及时清洗，以免影响下次捕鼠效果。

（4）化学灭鼠　化学灭鼠是利用化学药物如杀鼠剂、熏蒸剂、驱避剂、绝育剂等来防治鼠害。在种子仓库中可结合防治害虫进行熏蒸防治。用于仓库的驱鼠剂主要有环乙酰胺、马拉硫磷等，用马拉硫磷和丁子香酚的混合物既能驱鼠又能防治害虫。

目前，被广泛用于化学灭鼠的是杀鼠剂，即用于配制毒饵的毒剂。用于家栖鼠类的常用杀鼠剂有敌鼠、杀鼠灵、大隆、磷化锌、安妥。用于仓库灭鼠的种类很多，各地可根据实际情况灵活选用。杀鼠剂一般均需配制成毒饵使用，毒饵由诱饵、添加剂、杀鼠剂三部分组成。

诱饵又称饵料，凡是鼠类喜欢吃的食物都可以做诱饵。大多数鼠害为杂食性，但也有一定选择性。要求配制毒饵的诱饵要达到以下标准：①适口性好，鼠喜吃，其他动物不取食或不能吃。如在干燥而种子多的仓库中，可选择鲜甘薯、胡萝卜、水果皮等糖分和水分高的食物做诱饵。对褐家鼠用的诱饵中可加入少量糖、植物油、食盐甚至酒等，可增加引诱力。②不影响药剂灭鼠效果。③来源广，价格便宜，便于加工、贮存、运输和使用方便。

毒饵中的添加剂主要用于改善毒饵的理化性质，增加毒饵的引诱力，提高对毒饵的警戒作用和安全感。常用的添加剂有引诱剂、黏着剂、警戒色三种，有时还加入防霉剂、催吐剂等。引诱剂又称毒饵增效剂或诱鼠剂，如防家栖鼠类时，可加入少量鱼粉、奶粉、肉渣、油渣等引诱剂，进行小范围灭鼠。黏着剂是使不易溶于水或油脂的杀鼠剂能均匀地附着在饵料外面，如以整粒谷物做饵料时，常用植物油、面糊、米汤等作黏着剂。警戒色的目的是对人有警戒作用，以防误食，保证人、畜安全。常用警戒色为红色或蓝色，可用红、蓝墨水等。由于鼠类为色盲动物，看不出毒饵的颜色，因此警戒色不会影响鼠类取食。

在防治家栖鼠类时，还可以将杀鼠剂配制成毒水、毒粉、毒糊等使用。杀鼠剂在使用过程中应特别注意安全用药和防止二次中毒。目前使用的杀鼠剂大多数为广谱性，对人、畜均有一定毒性，甚至剧毒。因此，在杀鼠剂的运输、贮存和使用过程中必须十分注意安全。二次中毒是指家禽、家畜和天敌动物吃了中毒死鼠后，再次引起中毒死亡。防止发生二次中毒的措施，一是及时深埋或烧毁中毒死鼠，避免动物取食；二是控制使用对禽畜毒性大的杀鼠剂，禁止使用二次中毒严重的杀鼠剂，如乳油氟乙酰胺、毒鼠强等。此外，还应合理调配和交替使用杀鼠剂，防止或延缓鼠类产生耐药性。

5. 防事故发生

防止事故的发生是"五无"种子仓库中重要的一项内容。贮藏期间要防止发生火灾、水淹、盗窃、错收错发和不能说明原因的超耗等仓贮事故。

6. 监察工作

查仓是一项细致工作，检查要有详细的记录。具体步骤是，打开仓门后，先闻一下有无异味，然后再看门口、种子表面等部位有无鼠雀活动留下的足迹，观察墙壁等部位有无仓虫；划区设点安放测温湿度仪器；扦取样品，供水分、发芽率、虫害、霉变等项目的测定所用；观测温湿度结果；观看仓库内外有无倾斜、缝隙和鼠洞；根据检查结果进行分析，针对问题及时处理或提出解决的方法。

三、合理通风

1. 通风的目的

种子入库以后，无论是进行长期贮藏还是短期贮藏，甚至是刚入库的种子，都需要在适当的时候进行通风。通风是种子在贮藏期间的一项重要管理措施。通风可以降低温度和水分，使种子在较长时间内保持干燥和低温，有利于抑制种子的生理活动和害虫、霉菌的为害；也可以维持种子堆温度的均衡性，不至于因温差而发生水分转移；促使种子堆内的气体对流，排除种子本身代谢作用产生的有害物质和药剂熏蒸后的有毒气体等；对于有发热症状或经过机械烘干的种子，则更需要通风散热。总之，通风是种子在贮藏期间管理上必不可少的技术措施。

2. 通风的原则

无论哪种通风方式，通风之前均必须测定仓库内外的温度和相对湿度的大小，以决定是否通风。主要有以下几种情况：

① 遇雨天、刮台风、浓雾等天气，不宜通风。

② 当外界温湿度均低于仓内时，可以通风。但要注意寒流的侵袭，防止种子堆内温差过大而引起表层种子结露。

③ 当仓外温度和仓内温度相同而仓外湿度低于仓内，或者仓内外湿度基本相同而仓外温度低于仓内时，可以通风。前者以散湿为主，后者以降温为主。

④ 仓外温度高于仓内而相对湿度低于仓内，或者仓外温度低于仓内而相对湿度高于仓内，这时能不能通风就要看当地的绝对湿度。如果仓外绝对湿度高于仓内，不能通风；反之就能通风。绝对湿度（g/m^3）等于当时饱和水汽量（g/m^3）乘以当时的相对湿度（％）。例如，仓外气温为 15℃，空气相对湿度为 80％，而仓内温度为 20℃、相对湿度 65％的情况下，能否通风？经查饱和水汽量表知道，温度 15℃时的饱和水汽量为 12.712g/m^3，温度 20℃时的饱和水汽量为 17.117g/m^3，它们的绝对湿度分别为：

$$仓外的绝对湿度 = 12.127g/m^3 \times 80\% = 101696g/m^3$$
$$仓内的绝对湿度 = 17.117g/m^3 \times 65\% = 11.1261g/m^3$$

二者相比较，仓内绝对湿度大于仓外，因此可以通风。

3. 通风方法

通风的方法有自然通风和机械通风两种，可根据目前仓房的设备条件和需要选择进行。

（1）自然通风法　是根据仓房内外温湿度状况，选择有利于降温降湿的时机，打开门窗让空气进行自然交流达到仓内降温散湿的一种方法。自然通风法的效果与温差、风速和种子堆放方式有关。当仓外温度比仓内低时，便产生了仓房内外空气的压力差，空气就会自然交流，冷空气进入仓内，热空气被排出仓外。温差越大，内、外空气交换量越多，通风效果越好；风速越大则风压增大，空气流量也多，通风效果好；仓内包装堆放的通风效果比散装堆放效果为好，而包装小堆和通风桩又比大堆和实垛的效果好。

（2）机械通风法　机械通风是一种用机械鼓风通过通风管或通风槽进行空气交流，使种子堆达到降温降湿的方法。多半用于散装种子。由于它是采用机械动力，通风效果比自然通风效果为好，具有通风时间短、降温快、降温均匀等优点。

机械通风的方式有风管式机械通风和风槽式机械通风两种，根据空气在种子堆内流动的方式不同，又可分为压入式和吸出式。用风机把干燥冷空气从管道或内槽压入种子堆，使堆内的湿热空气由表面排出的叫压入式；从管道或风槽吸出湿热空气，而干冷空气进入种子堆的叫吸出式。以上几种通风方式，可根据仓房条件种子堆装需要而定。最好把风机安装成能吸、能压两用，以便根据通风降温的具体情况确定采用哪种形式或交替使用。为了便于移动，做到一机多用，一般把风机安装在能移动的小车上。当一仓达到通风降温的目的后，可移动到另一仓使用。

① 风管式机械通风：由一个风机带一个通风管或带多个通风管组成的通风系统，这些通风管可根据通风部位的需要自由移动。通风管一般为薄钢板卷制成圆形焊接而成，管道直径 8cm 左右，分上、下两段，上段长 1.5～2m，下段长 2m。风管末端 50cm 长度的范围内钻有直径 2～3mm 的圆孔。使用时将通风管按等边三角形排列插入种子堆内，风管间距为 2m，每根风管与仓外风机相连接。用风管式通风降温，一般采用吸出式为宜，吸出式通风对上层、中层种子降温效果显著，对下层种子降温效果差。为了避免发生这种情况，在用吸出式之后再改用压入式，可防止表层种子结露。通风降温后，还需要拔出通风管，以防管壁周围的种子结露。

② 风槽式机械通风：由风机和通风槽组成。根据通风能否移动，可分为固定式（在地下）和移动式（在地上）两种。固定式又称地槽式，在仓房地坪面下开设地槽。地槽的间距一般不宜超过种子堆的高度。地槽宽度为 30cm 左右。地槽深度由连接风机的一端到另一端，应逐渐由深变浅形成斜坡，可使通入种子堆的风压相等。槽面可盖通风网或竹篾编制的网，但必须与地坪平整，以利清扫，防止种子混杂。移动式通风槽可制成三角形或半圆形，根据仓房形状布置在地坪上。三角形通风槽可在三角形的木框上钉上铁丝网或盖上草包片而成。半圆形通风槽可用薄铁皮弯制而成，在薄铁皮上打直径为 2mm 左右的小孔可利于通气，也可用竹篾编制而成。在实际使用中竹篾编制的通风槽比铁皮的为好，可避免金属导热快而引起的结露现象。

（3）机械通风应注意的事项

① 机械通风的效果与当时的温湿度有关，外界温湿度低，通风效果好；反之，除特殊情况外，不能通风。通常选择气温与种温的温差在 10℃ 以上效果较为明显。为防止种子从潮湿空气中吸湿，应掌握在当时的相对湿度低于种子平衡水分的相对湿度条件下进行。

② 通风前要把平种子堆表面，使种子堆厚薄均匀，以免种子堆厚薄不匀造成通风不均匀。

③ 采用压入式通风时，为预防种子堆表面结露，可在面上铺一层草包。在结露未消

失前，不能停止通风。采用吸出式通风时，则要用容器在风机出口处盛接凝结水，在水滴未止前不能停机，更不能中途停机，以防风管内的凝结水经管道流入种子堆。地槽通风则可在出风口接水或垫糠包吸湿。

④ 吸出式风管通风，种子堆上层、中层降温快，底层降温效果较差，在没有达到通风要求时不能停止通风。或采用先吸后压的方式，以提高通风效果。使用单管或多管通风，各风管的接头要严密、不漏气，不能有软管或弯折等情况的发生，以免影响通风效果。风管末端不能离地面过高，否则会降低底层的通风效果，应掌握在距地面 30～40cm 为好。

⑤ 通风时必须加强温度检查，随时掌握种温下降情况和可能出现的死角。出现死角的原因主要是通风管、槽布置的不合理引起的。补救办法是在死角部位增加风管。

⑥ 在实施通风作业时。应打开全部门窗，以加快空气流量。不进行通风时，应将进风口严密堵塞，以免种子受外界湿热空气的影响。

四、种子的检查

1. 种温的检查

（1）种温变化　在正常情况下，种温的升高和降低是受气温影响而变化的。变化状况与仓房隔热密闭性能、种子堆大小以及堆垛方式有关。一般来说，仓房的隔热密闭性能差、种子堆数量少以及包装堆放的，受气温影响较大，种温升降变化较快；反之，仓房隔热密闭性能好，又是全仓散装种子的，受气温影响较小，尤其是中层、下层种温比较稳定。

（2）检查的方法　种温变化一般能反映出贮藏种子的安危状况，而且相当灵敏，检查方法又简便易行，所以生产上普遍采用检查种温的方法指导贮藏工作。检查种温的仪器有曲柄温度计、杆状温度计和遥测温度仪等。曲柄温度计又称米温计，外有金属套，里面是一支弯曲的温度计，适用于包装种子。杆状温度计用金属制成，杆的一端嵌有温度计一支，长度分 1～3cm 不等，可分上、中、下分别插入种子堆，适用于散装贮藏种子。遥测温度仪由热敏电阻（测温头）与仪表组成，种子入库时把测温头埋到种子堆内，通过导线连接在仪表上，只要打开开关调节旋钮，就可分别测出各部分种子的温度，较为简便省力且准确。

检查种温需要划区定点，如散装种子在种子堆 $100m^2$ 面积范围内，将它分成上、中、下三层，每层设 5 个检查点（似梅花形）共有 15 处，即用 3 层 5 点 15 处的测定方法。包装种子则用波浪形设点的测定方法。设点并非机械不变，可根据种子堆的不同情况酌情增减。如堆面积超过 $100m^2$ 的，就应相应增加检查点。对于平时有怀疑的区域，如靠墙壁、屋角、近窗处以及曾有漏雨、漏水等部位，都应增加辅助点，以便更全面地掌握情况。检查种子温度的周期可参考表 3-22。

表 3-22　不同季节温度检查周期

种子水分 /%	夏秋季		冬季		春季		
	新收或未完成后熟种子	已晚成后熟种子	0℃以上	0℃以下	低于5℃	5～10℃	10℃以上
安全水分以下	每天1次	3d 1次	5～7d 1次	半个月1次	7～10d 1次	5d 1次	3d 1次
安全水分以上	每天1次	每天1次	3d 1次	7d 1次	5d 1次	3d 1次	每天1次

一天内近窗温度以上午 9～10 时为好，以免受外温的影响。除了检查种温外，还应记录仓温和气温。

2. 种子水分检查

（1）种子水分的变化　在通常情况下，种子堆水分主要受空气相对湿度的影响而变化。种子水分在一天中变化很小，只是在表面层。水分在一年中的变化随着季节而不同，低温和梅雨季节种子水分偏高一些，夏季和秋季种子水分则偏低一些。各层次种子水分变化也不相同，上层受空气影响最大，深度一般在 33cm 左右，而其表面种子水分变化尤为突出，中层和下层的种子水分变化较小，但下层距地面 17cm 左右的种子易受地面影响，有时水分上升较多。根据以上变化情况，检查常常发生在春季和入夏以后，有"春查面，夏查底"之说。

当种子堆存在较小的温差时，也会发生水分转移现象。如向阳部位温度较高的种子，它的水分便向温度较低的方向移动，使原来比较均匀的种子水分发生变化，高温部位的水分变低，低温部位的种子水分则变高。

（2）检查的方法　检查水分同样需要划区定点，不过每个区域的面积要小一些。一般散装种子以 25m² 面积为一小区，分 3 层 5 点 15 处设 15 个检查点取样。袋装种子则以堆装大小，把样袋均匀地分布在堆桩的上、中、下各部，并成波浪形设点取样。从各点取出的种子混合为混合样品，然后按照国家标准进行分析。对于有怀疑的检查点所取出的样品则应单独分开。分析方法可先用感观法看、摸、闻、咬，即看种子色泽有无变化，摸种子有无潮湿的感觉，闻种子有无霉味，咬种子是否松脆。一般是种子色泽无变化，有干燥感觉，无霉味，咬上去很松脆为安全的。对于那些感觉上有怀疑的种子，则应用仪器复验。目前测定种子水分的仪器种类较多，使用也较方便，只要定标准确，结果还是可靠的。仍以烘干法为标准。根据所测种子的种类采用低恒温烘干法或高温烘干法。低烘温烘干法是将种子磨碎，称样重 4.5～5g，用温度（103±2）℃烘干 8h 后，取出放在干燥器中冷却后再称重。高温烘干法用温度 130～133℃烘 60min 后，取出冷却称重。烘干称重后计算：

$$种子水分＝(试样烘前重－试样烘后重)/试样烘前重×100\%$$

检查水分的周期取决于种温，种温在 0℃ 以下时，每月检查一次。在 0℃ 以上时，每月检查 2 次。每次整理种子以后，也应检查 1 次。仓库密闭性较差，遇到阴雨或梅雨季节可以根据需要增加测定次数。种子进出仓和熏蒸杀虫前也应了解种子水分。

3. 仓库害虫检查

（1）害虫的活动状况　害虫的活动随着温度的变化而不同。温度在 15℃ 以下，害虫行动迟缓，为害极少。在生命活动的温度范围内，害虫的活动随着温度的升高而变得活跃，为害状况也逐渐变得严重。所以，一年中冬季温度低，害虫为害少；春季气温回升，为害逐渐增大；夏季气温高，尤其在 7～8 月份害虫活动猖獗，为害严重；进入秋季后气温下降，为害逐渐减少。害虫在种子堆内的活动又受种温变化而不同，一般是向温度较高的部位移动。春季移向靠南面的 33cm 下；夏季多集中在种子堆表面；秋季移向靠北面的 33cm 下；冬季则移向种子堆 1m 以下深处。害虫在种子堆内移动能力与仓虫的种类有关，蛾蝶类害虫多半只能在表面及表面以下 30cm 左右范围内活动；而甲壳类害虫则能在种子堆深处活动。喜湿性害虫向种子堆水分较高的部位移动，有些害虫则会向杂质、破碎粒集中的部位移动。害虫怕光，一般是向阴暗处移动。

（2）检查的方法　一般用筛检法，在一个检查点取 1kg 种子，经过一定时间的振动筛理，把虫子筛下来，然后分析其虫种及活头虫数，再决定防治措施。在缺少筛子的情况下，可将检查样品平摊在白纸上，仔细找出虫子，统计虫种和每千克种子感染率（头/kg）。在气温下降的季节，需正确判别害虫死活状况。可将检查出来的虫子放在手掌上或呵一口热气，活虫受热后便会苏醒爬起来。检查蛾类害虫，一般不用筛检法，因蛾类害虫善飞，受振动后就会飞逃，不易筛理，可用撒谷看蛾飞目测统计，即就手抓把种子抛撒，当种子表面因撒谷振动后，蛾类害虫就会飞起来，然后观察虫口密度计数，再决定防治措施。

筛检害虫的周期可根据气温、种温而定。一般情况下，冬季温度在 15℃ 以下，每 2～3 个月检查 1 次；春、秋季温度在 15℃ 以上到 20℃，每月检查 1 次，温度超过 20℃，每月检查 2 次；夏季高温则应每周检查 1 次。

4. 发芽率的检查

种子在贮藏期内，其发芽率因贮藏条件和贮藏时间不同而发生变化。在良好的条件下贮藏时间较短的，种子发芽率几乎不会降低。对于一些有生理休眠的种子，经过一段时间贮藏，则能提高发芽率。所以，对种子定期进行发芽试验十分必要。根据发芽率的变化状况，及时采取措施改善贮藏条件，以免造成损失。

检查发芽率的方法，可根据定点取样，将其混合成混合样品。然后按照国家标准进行分析。小粒种子为 100 粒，大粒种子为 50 粒，重复 4 次。通常小粒种子放在用吸水纸做成的发芽床上，大粒种子则选用以沙子做成的发芽床或纸间为宜，中粒种子选用纸床、沙床均可。然后置于恒温箱内发芽。一般冬季作物种子的发芽温度为 20℃，夏季作物种子的发芽温度为 30℃，其中大豆种子以 20℃ 为宜。一般情况下，种子发芽率应每 4 个月检查 1 次。根据气温变化情况可增加检查次数，如在高温或低温之后，以及药剂熏蒸前后都应检查 1 次。最后 1 次不得迟于种子出仓前 10d 做完。

5. 鼠、雀、霉检查

检查霉烂的方法一般采用目测和鼻闻，检查部位一般是种子易受潮的墙壁角落、底层和上层或沿门窗、漏雨、渗水等部位。查鼠雀时观察仓内有否鼠雀粪便和活动留下的足迹，平时应将种子堆表面整平以便发现足迹。一经发现予以捕捉消灭，还需堵塞漏洞。

6. 仓库设施检查

检查仓库地坪渗水、房顶的漏雨、灰壁的脱落等情况，特别是遇到强热带风暴、台风、暴雨等天气，更应加强检查。同时应对门窗启闭的灵活性和防雀网、防鼠板的坚牢程度进行检查。

五、种子耐藏性的预测

在种子销售季节，种子往往不可能全部售完。因此，种子公司往往会遇到这样的问题，即保存的作物品种中哪些种子批先出售，哪些可以放到次年出售或下一季出售。光靠发芽率指标作出决定是不够的，只有知道种子的耐藏性才能作出相应的判断。要知道不同品种、不同种子批间种子的贮藏特性，就有必要进行种子耐藏性的预测。在保证种子有较高发芽率前提下，不耐藏的种子可以先出售，耐藏的种子可以放到下一季节出售。

种子耐藏性的预测是根据高活性的种子能提高耐藏性这一原理进行的。因此可以说测定种子的耐藏性也就是测定种子活力水平。测定活力的大部分方法都可以用于耐藏性的测定，如发芽速率、幼苗生长速率、呼吸速率、谷氨酸脱羧酶活性、电导率测定等，但认为较有效的方法是加速老化试验。此法适用性广，已被国内外较多应用。而其他的方法只是对某些特定种类种子有效。

1. 加速老化方法

加速老化试验采用高温（40～50℃）、高湿（100％相对湿度）处理种子，加速种子老化，适宜的老化天数可以根据所用种子及其他因素确定。种子老化结束后，进行标准发芽试验，高活力种子进行老化处理后仍能正常发芽，低活力种子则产生不正常幼苗或全部死亡。大豆种子试验方法如下：首先准备老化内箱和外箱。外箱最好是保持高温的恒温箱如水浴恒温箱，切忌用干燥箱作外箱，使箱温调节至40℃。内箱最好是有盖塑料或玻璃容器（勿用金属容器）。内箱中有一支架，上放以金属丝框，于内箱中加水，距框6～8cm，将种子放在框内，约200多粒，须使框底铺满，然后加盖密封。将内箱置于外箱的支架上，然后关闭外箱，保持密闭，经72h取出种子用风扇吹干，进行发芽试验。取试样50粒，重复4次，按标准发芽试验规定进行发芽。将长出正常幼苗种子作为高活力种子。此法还适用于其他作物种子。国际种子检验协会出版的最新《活力测定方法手册》对老化后种子水分也有所限制。

此外，还有采用缓慢人工老化方法，即用30～35℃、相对湿度75％处理种子数周至数月。加速老化装置可以自制，只要达到保温、保湿的目的即可。

2. 预测效果

Delouche 和 Baskin 以玉米、高粱、洋葱种子为材料进行老化试验，并与自然老化的种子进行比较。绝大部分的种子批加速老化后的发芽率和开放条件下贮藏种子发芽率显著相关。加速老化后存活率高的种子批耐藏性好；而老化后发芽率下降严重的种子批贮藏时发芽率下降很快。

胡晋等（1988，1989）以杂交水稻及三系种子油优6号、IR26、珍汕97A、珍汕97B为材料，进行加速老化处理10d（50℃，RH90％），老化后的发芽率和发芽指数均是IR26最高，珍汕97A、油优6号最低且接近，表明IR26活力最高、耐藏性最好。这一结果和常温开放贮藏1年后发芽力和发芽指数的结果相一致。

所以，加速老化方法可以预测种子的耐藏性，也可以用此法在同一品种中选出耐藏性较好的种子批，在不同品种中筛选活力强、耐藏性好的品种。当然，预测种子耐藏性的方法尚需不断完善。

技术十二　低温仓库种子贮藏特点和管理

低温仓库采用机械降温的方法使库内的温度保持在15℃以下，相对湿度控制在65％左右。经过试验和大批生产用种贮藏表明，这类仓库对于贮藏杂交种子和一些名贵种子，能延长其寿命和保持较高的发芽率。但是这种仓库造价比一般房式仓高，并需配有成套的降温机械。

低温低湿种子库的建筑结构、设备配制、温湿度控制要求、监测技术和种子管理技术都与常温库有所不同。这里简要介绍其特点和管理要求。

一、种子低温仓库的基本要求

低温库是依靠人工制冷降低库内温度的，如果不能隔绝外来气温的影响，低温效能就差，制冷费用也大。一座良好的低温库必须具备以下要求。

1. 隔热保冷

这是低温库最基本的要求，库内的隔热保冷性能直接关系到制冷设备的工作时间、耗能及费用等方面的问题。为此，仓库的墙壁、天花板及地坪的建造都应选用较好的隔热材料。隔热材料的性能与热导率有关，热导率越小，导热能力越差，隔热则越好。每种隔热材料的热导率与它的容重成正相关，容重大，热导率也大。选材时应尽可能采用热导率小的隔热材料。对某种材料又要选容重小的作为隔热材料，一般用的隔热材料热导率在 $0.0836\sim0.5020kJ/(m\cdot℃)$ 为好。

2. 隔湿防潮

仓库的墙壁、屋顶及地坪容易渗透雨水和潮气，隔热层的材料也易受潮。实践证明，隔热层受潮后，它的隔热性能下降 $1/2\sim2/3$，制冷量增加 $10\%\sim30\%$，不仅影响隔热保冷的效果，还要增加保管费用。因此墙壁、屋顶和地坪都需有防潮层，以提高隔热层的功能。一般用的防潮材料有沥青和油毛毡及其他防水涂料如负离子氯丁胶等，可根据实际需要选用。

3. 结构严密

仓库结构的严密程度，对防止外界热湿空气的影响以及提高隔热保冷功能有密切的关系。结构越严密，隔热保冷功能越好。

低温库不能设窗，以免外界温湿度透过玻璃和窗框缝隙进入库内，有时因库内外温差过大，会在玻璃上凝结水而滴入种子堆。库门必须能很好地隔热和密封，门上衬上密封橡胶层。低温库最好设两道门，两道门中间有拐弯，以减少热量、水汽的进入。有条件的可以设立缓冲间，防止高温季节种子出库时结露。对开启频繁的大门可以安装风幕，避免外界的热空气进入仓内。

库房面积不宜过大，也不能太高，通常建造一个单独的大低温库还不如将其隔成几个小库更为适宜。由于有几个小库，当只有少量种子贮藏时，只需要将一两个小库制冷，而不必使用整个大仓库降温，这样每年的操作费用可显著降低。

4. 屋顶和仓壁的隔热结构

干燥种子贮藏在低温条件下，生命活动进行得十分缓慢，呼吸作用释放的热量较少，因此整个贮藏期内的耗冷量在很大程度上决定于库房的隔热结构。仓壁、屋顶、地坪的结构对低温仓库的影响较大。结构隔热条件好，制冷量少，制冷设备工作时间短；反之制冷量就多。

屋顶受热时间长、面积大，尤其要做好隔热工作。屋顶要设天花板，在天花板上可放隔热材料，如放 30cm 厚的膨胀珍珠岩粉用以隔热。低温库仓壁有内、外两层，外墙为承重墙，内墙起隔热防潮作用，两墙之间填充热导率较小的材料作为隔热层，隔热层可以是稻壳、膨胀珍珠岩、空心软木和泡沫塑料。

根据主体墙和保温层用材不同，可以分以下几种：

（1）稻壳隔热层　用稻壳做隔热层，取材容易又较经济，但是稻壳易生虫和吸湿，并要有相当的厚度才能保冷。在使用过程中要保持干燥，受潮后要翻晒或更换以防霉烂。稻壳中要按它重量的一定比例加入杀虫剂以防虫。

（2）膨胀珍珠岩隔热层　一般砖外墙（承重墙）37cm，砖内墙（保温墙）12cm，两墙之间填充膨胀珍珠岩粉12cm。膨胀珍珠岩是一种矿物产品，质地较轻，价格便宜，分岩粉和岩块两种，其中以岩粉较为便宜。膨胀珍珠岩也易吸湿，在使用过程中要防止吸湿。

（3）空心砖软木隔热层　用空心砖做墙体，可增加墙的厚度和空间，以降低传热能力。软木的隔热性能较好，价格较贵。粘贴时要贴得平整牢固，再用塑料面或木板做面层。

（4）泡沫塑料隔热层　泡沫塑料的隔热性能比以上几种隔热材料均好，质地轻，可粘贴在天花板上。用这种材料做隔热层不会霉烂，不会燃烧，是目前较为理想的隔热材料。

二、种子低温仓库设备和技术管理特点

1. 制冷设备

制冷设备主要是制冷机，制冷机主要由四部分组成，即压缩机、冷凝器、膨胀阀和蒸发器。机器启动后，压缩机工作，对蒸发管产生抽吸、降压作用，液态的冷冻剂经由膨胀阀进入蒸发器并在蒸发器内蒸发变为气态，同时吸收大量的热量，然后压缩机把从蒸发器中进入的气态制冷剂从低压变成高压送入分油器和冷凝器。制冷剂在冷凝器中被水或空气冷却后，便由气态变成液态，再沿管经膨胀阀调节进入蒸发器，制冷剂在蒸发器中再次吸收介质（空气）的大量热量，并由液体变成气体，压力降低。在蒸发器周围制成的冷气由风机送入贮种仓库。如此循环不息，构成一个连续的制冷系统，进行不间断冷却，达到制冷效果。至于制冷的程度，可由膨胀阀（又叫节流阀）调节流量大小而增减。

当前的制冷设备中使用较广泛的制冷剂为二氯二氟甲烷，化学分子式为CHF_2Cl_2，商品名多为氟利昂12，简写成F-12或R-12。以这种制冷剂制成的压缩冷凝机组产品有2F-10、4F-10、4FV-10等多种型号。各低温库可根据面积和制冷量的不同来选用。如浙江省嘉善县种子公司的$500m^2$面积的低温库选用2F-10型机组配KD/1-B型空调机组，在夏季可将库内温度降至15°以下。另一种氟利昂22，化学名称为一氯二氟甲烷（CHF_2Cl），制冷功能较高，比F-12可提高40%～60%。

2. 种子低温仓库设备管理

库内主机以及附属设备是创造低温低湿的重要设施，因此，设备管理是低温仓库的主要内容。通常要做好以下工作：

① 制定正确使用的规章制度，加强对机房值班人员的技术培训，使工人熟练掌握机器性能、设备安全技术操作规程、维修保养和实际操作技术。做到"三好"（管好、用好、修好）、"四会"（会使用、会保养、会检查、会排除故障）。

② 健全机器设备的检查、维修和保养制度。搞好设备的大修理和事故的及时修理，确保设备始终处于良好的技术状态，延长机器使用寿命。

③ 做好设备的备品、配件管理。为了满足检修、维修和保养的需要，要随时贮备一定品种与数量的配件。

④ 精心管理好智能温湿度仪器。探头在库内的安放要充分注意合理性、代表性。

⑤ 建立机房岗位责任制，及时、如实记好机房工作日志。

3. 种子低温库技术管理特点

（1）严格建立仓贮管理制度

① 种子入库前，彻底清仓，按照操作规程严格消毒或熏蒸。种子垛底必须配备透气

木质（或塑料）垫架。两垛之间、垛与墙体之间应当保留一定间距。

② 把好入库前种子质量关。种子入库前搞好翻晒、精选与熏蒸；种子含水量达不到国家规定标准、无质量合格证的种子不准入库；种子进库时间安排在清晨或晚间；中午不宜种子入库，若室外温度或种温较高，宜将种子先存放在缓冲室，待后再安排入库。

③ 合理安排种垛位置，科学利用仓库空间，提高利用率。

④ 库室密封门尽量少开，即使要查库，亦要多项事宜统筹进行，减少开门次数。

⑤ 严格控制库房温湿度。通常，库内温度控制在15℃以下，相对湿度控制在65％左右，并保持温湿度稳定状态。

⑥ 建立库房安全保卫制度。加强防火工作，配备必要的消防用具。注意用电安全。

⑦ 种子进低温库不能马上开机降温，应先通风降低湿度，否则降温过快，达到露点，造成结露。

（2）收集与贮存主要种子信息

① 按照国家颁发的种子检验操作规程，获取每批种子入库时初始的发芽率、发芽势、含水量及主要性状的检验资料。

② 种子贮存日期、重量和位置（库室编号及位点编号）。

③ 为寄贮单位贮存种子，双方共同封存样品资料。

（3）收集与贮存主要监测信息

① 种子贮藏期间，本地自然气温、相对湿度、雨量等重要气象资料。

② 库内每天定时、定层次、定位点的温度、相对湿度资料。有条件的应将智能温湿度仪器与电脑接口连接，并把有关信息贮存在电脑中。

③ 种子贮藏过程中，种子质量检验的有关监测数据。

4. 技术档案管理

低温低湿库的技术档案包括工艺规程、装备图纸、机房工作日志、种子入库出库清单、库内温湿度测定记录、种子质量检验资料以及有关试验研究资料等。这些档案是低温库技术成果的记录和进行生产技术活动的依据和条件。每个保管季节结束后，必须做好工作总结，并将资料归档、分类与编号，由专职人员保管，不得随便丢失。

情境教学十二　种子低温仓库贮藏

学习情境	学习情境12　种子低温仓库贮藏技术
学习目的要求	1. 掌握种子低温库的基本要求 2. 学会种子贮藏技术
任务	用低温库对种子进行贮藏
基础理论知识	种子仓库的基本知识，种子仓库贮藏的技术要求
种子低温仓库的基本要求	低温库是依靠人工制冷降低库内温度的，如果不能隔绝外来气温的影响，低温效能就差，制冷费用也大。一座良好的低温库必须具备以下要求 （一）隔热保冷 （二）隔湿防潮 （三）结构严密 （四）屋顶和仓壁的隔热结构：根据主体墙和保温层用材不同，可以分以下几种 1. 稻壳隔热层 2. 膨胀珍珠岩隔热层 3. 空心砖软木隔热层 4. 泡沫塑料隔热层

学习情境	学习情境 12　种子低温仓库贮藏技术
种子低温仓库设备管理	1. 制定正确使用的规章制度,加强对机房值班人员的技术培训,使工人熟练掌握机器性能、设备安全技术操作规程、维修保养和实际操作技术。做到"三好"(管好、用好、修好)、"四会"(会使用、会保养、会检查、会排除故障) 2. 健全机器设备的检查、维修和保养制度。搞好设备的大修理和事故的及时修理,确保设备始终处于良好的技术状态,延长机器使用寿命 3. 做好设备的备品、配件管理。为了满足检修、维修和保养的需要,要随时贮备一定品种与数量的配件 4. 精心管理好智能温湿度仪器。探头在库内的安放要充分注意合理性、代表性 5. 建立机房岗位责任制,及时、如实记好机房工作日志
种子低温库技术管理特点	(一)严格建立仓贮管理制度 1. 种子入库前,彻底清仓,按照操作规程严格消毒或熏蒸。种子垛底必须配备透气木质(或塑料)垫架。两垛之间、垛与墙壁之间应当保留一定间距 2. 把好入库前种子质量关。种子入库前搞好翻晒、精选与熏蒸;种子含水量达不到国家规定标准、无质量合格证的种子不准入库;种子进库时间安排在清晨或晚间;中午不宜种子入库,若室外温度或种温较高,宜将种子先存放在缓冲室,待后再安排入库 3. 合理安排种垛位置,科学利用仓库空间,提高利用率 4. 库室密封门尽量少开,即使要查库,亦要多项事宜统筹进行,减少开门次数 5. 严格控制库房温湿度。通常,库内温度控制在 15℃ 以下,相对湿度控制在 65% 左右,并保持温湿度稳定状态 6. 建立库房安全保卫制度。加强防火工作,配备必要的消防用具。注意用电安全 7. 种子进低温库不能马上开机降温,应先通风降低湿度,否则降温过快,达到露点,造成结露 (二)收集与贮存下列主要种子信息 1. 按照国家颁发的种子检验操作规程,获取每批种子入库时初始的发芽率、发芽势、含水量及主要性状的检验资料 2. 种子贮存日期、重量和位置(库室编号及位点编号) 3. 为寄贮单位贮存种子,双方共同封存样品资料 (三)收集与贮存下列主要监测信息 1. 种子贮藏期间,本地自然气温、相对湿度、雨量等重要气象资料 2. 库内每天定时、定层次、定位点的温度、相对湿度资料。有条件的应将智能温湿度仪器与电脑接口连接,并把有关信息贮存在电脑中 3. 种子贮藏过程中,种子质量检验的有关监测数据
注意事项	低温低湿库的技术档案包括工艺规程、装备图纸、机房工作日志、种子入库出库清单、库内温湿度测定记录、种子质量检验资料以及有关试验研究资料等。这些档案是低温库技术成果的记录和进行生产技术活动的依据和条件。每个保管季节结束后,必须做好工作总结,并将资料归档、分类与编号,由专职人员保管,不得随便丢失
考核评价标准	1. 学生按照要求逐项操作,没有违规现象,能正确利用低温库进行种子贮藏 2. 种子低温库贮藏操作规范,种子贮藏达到要求
评定学习效果	按考核评价标准分别按优秀、良好、及格、不及格来评定学生的学习和操作效果

技术十三　主要作物种子贮藏技术

农作物种类繁多,种子的形态、生理各具特点,因此对于贮藏条件的要求也不一致。本节主要介绍几种比较重要的农作物和蔬菜种子的贮藏特性及贮藏保管技术等方面的知识,以便在具体工作中,根据当地情况灵活运用,以达到安全贮藏的目的。

一、水稻

水稻是我国分布范围较广的一种农作物，稻谷类型和品种繁多，种植面积很大。为了预防缺种，实际留种数量远比播种量为多，有时连后备种子在内，往往超过数倍。所以稻种贮藏的任务十分艰巨。

（一）水稻种子的贮藏特性

1. 散落性差

水稻种子称为颖果，子实由外稃包裹着，稃壳外表面被有茸毛。某些品种外稃尖端延长为芒。由于种子表面粗糙，其散落性较一般禾谷类种子差，静止角为33～45°，对仓壁产生的侧压力较小，一般适宜高堆，以提高仓库利用率。同一批稻谷如水分高低不平衡，则散落性亦随之发生差异。因此，同一品种的稻谷，测定其静止角可作为衡量水分高低的粗放指标。稻谷水分高则子粒间的摩擦增大，即散落性减小，凭手指感觉亦可大致辨别，初步的水分感官检验即以此为依据。

2. 通气性好

由于水稻种子形态特征，形成的种子堆一般较疏松，孔隙度较禾谷类其他作物种子为大，在50%～65%。因此，贮藏期间种子堆的通气性较其他种子好。稻谷在贮藏期间进行通风换气或熏蒸消毒较易取得良好的效果。稻谷由于孔隙度较大也易受外界不良环境的影响。

3. 耐热性差

稻谷在干燥和贮藏过程中耐高温的特性比小麦差。如用人工机械干燥或利用日光暴晒，都需勤加翻动，以防局部受温偏高，影响原始生活力。另外，稻谷不论用人工干燥或日光暴晒，如对温度控制失当，均能增加爆腰率，引起变色，损害发芽率，不但降低种用价值，同时也降低工艺和食用品质。稻谷高温入库，处理不及时，种子堆的不同部位发生显著温差，造成水分分层和表面结顶现象，甚至导致发热、霉变。在持续高温的影响下，稻谷所含的脂肪酸会急剧增高。据中国科学院上海植物生理研究所研究结果，含有不同水分的稻谷放在不同温度条件下贮藏3个月表明，在35℃下，脂肪酸均有不同程度地增加。这种贮藏在高温下的稻谷由于内部发生了变质，不适于作种用，经加工后，米质亦显著降低。

4. 稃壳具有保护性

水稻的内外稃坚硬且勾合紧密，对气候的变化起到一定的保护作用。对虫霉的危害起到保护作用。内外稃裂开的水稻品种种子容易遭受害虫为害。水稻种子的吸湿性因内外稃的保护而吸湿缓慢，水分也相对比较稳定，但是当稃壳遭受机械损伤、虫蚀或气温高于种温且外界相对湿度又较高的情况下，则吸湿性显著增加。

（二）水稻种子贮藏技术要点

稻种有稃壳保护，比较耐贮藏，只要做好适时收获、及时干燥、控制种温和水分、注意防虫等工作，一般可达到安全贮藏的目的。

1. 适时收获，及时干燥，冷却入库，防止混杂

稻种成熟阶段正是农忙季节，有时因为工作安排上的困难或没有掌握品种成熟特性，

将种子过早或过迟收获。过早收获的种子成熟度差，瘦瘪粒多，不耐贮藏。过迟收获的种子，在田间日晒夜露呼吸作用下消耗物质多，有时种子会在穗上发芽，这样的种子同样不耐贮藏。所以，收获时必须充分了解品种的成熟特性，适时收获。

未经干燥的稻种堆放时间不宜过长，否则容易引起发热或萌动甚至发芽以致影响种子的贮藏品质。一般在早晨收获的稻种，即使是晴朗天气，由于受朝露影响，种子水分可达28％～30％，午后收获的稻种水分在25％左右。种子脱粒后，立即进行暴晒，只要在平均种温能达到40℃以上的烈日下，经过2～3d暴晒即可达到安全水分标准。暴晒时如阳光强烈，要多加翻动，以防受热不匀，发生爆腰现象，水泥晒场尤应注意这一问题。早晨出晒不宜过早，事先还应预热场地，否则由于场地与受热种子温差大会发生水分转移，影响干燥效果。这种情况对于摊晒过厚的种子更为明显。机械烘干温度不能过高，防止灼伤种子。

如果遇到阴雨天气，应采用薄摊勤翻、鼓风去湿、加温干燥、药物拌种等方法尽快地将种子水分降下来。加温干燥的种温不宜超过43℃，否则会影响种子发芽力。药物拌种是一种应急措施，将药物拌入湿种子内可抑制种子的呼吸作用，在短期内能预防种子发热和生霉。据华南植物研究所试验，含水量为28％的籼稻种子5000kg均匀拌入丙酸4kg，在通气条件下可保存6d，在6d之内能将种子干燥，基本上不影响发芽率。用0.5kg漂白粉拌在500kg稻种内，有同样效果。如果用在其他种子上，要适当降低药量或经过试验。

经过高温暴晒或加温干燥的种子，应待冷却后才能入库，否则，种子堆内部温度过高会发生"干热"现象，时间过长引起种子内部物质变性而影响发芽率。热种子遇到冷地面还可能引起结露。

水稻种子品种繁多，有时在一块晒场上同时要晒几个品种，如稍有疏忽，容易造成品种混杂。因此，种子在出晒前必须清理晒场，扫除垃圾和异品种种子。出晒后，应在场地上标明品种名称，以防差错。入库时要按品种有次序地分别堆放。

2. 控制种子水分和温度

水稻种子水分含量的多少直接关系到稻种在贮藏期内的安危状况。据试验证明，种子水分降低到6％左右，温度在0℃左右，可以长期贮藏而不影响发芽率。水分为13％的稻种可安全度过高温夏季。水分超过14％的稻种，到第2年6月份发芽率会有下降，到9月份则降至40％以下，而水分为12％以下的稻种，可保存3年，发芽率仍有80％以上。水分在15％以上，贮藏到翌年8月份以后，种子发芽率几乎全部丧失。然而稻种水分对发芽率的影响往往与贮藏温度密切相关。贮藏温度在20℃、水分10％的稻种保存5年，发芽率仍在90％以上。温度在28℃、水分为15.6％～16.5％的稻种，贮藏1个月便生霉。因此，种子水分应根据贮藏温度不同加以控制。在生产上，一般对早稻种子的入库水分应掌握严一些。这是因为早稻种子经过高温的夏季，而且暴晒条件较好，种子容易降低水分。对晚稻种子，尤其是晚粳稻种子的入库水分，可适当放宽一些。这是根据晚稻种子入库时气温较低，干燥条件比较困难，粳稻种子又不易降低水分等具体情况而放宽的。但是种子水分不能放得过宽，以免发热和生霉。晚稻种子的水分一般不能超过15％，而且还需在晴朗天气进行翻晒降水。总之，需经过高温季节的稻种，水分必须控制严格一些，进入低温季节的稻种，水分可适当放宽一些。通常是温度为30～35℃时，种子水分应掌握在13％以下；温度在20～25℃，种子水分应掌握在14％以内；温度在10～15℃，水分可放宽到15％～16％；温度在5℃以下，水分则可放宽到17％。但是，16％～17％水分的稻种只能暂时贮藏，应抓紧时间进行翻晒降水，以防高水分种子在低温条件下发生霉变。

3. 治虫防霉

（1）治虫　我国产稻地区的特点是高温多湿，仓虫容易滋生。仓虫通常在稻谷入仓前已经感染种子，如贮藏期间条件适宜，就迅速大量繁殖，造成极大损害。仓虫对稻谷危害的严重性，一方面决定于仓虫的破坏性，同时也随仓虫繁殖力的强弱而不同。一般情况下，每千克稻谷中有玉米螟 20 头以上时，就能引起种温上升，每千克内超过 50 头时，种温上升更为明显。单纯由于仓虫危害而引起的发热，种温一般不超过 35℃，由于谷蠹危害而引起的发热，则种温可高达 42℃。水稻种子主要的害虫有玉米螟、米螟、谷蠹、麦蛾、谷盗等。仓虫大量繁殖，除引起贮藏稻谷的发热外，还能剥蚀稻谷的皮层和胚部，使稻谷完全失去种用价值，同时降低酶的活性和维生素含量，并使蛋白质及其他有机营养物质遭受严重损耗。

仓内害虫可用药剂熏杀。目前常用的杀虫药剂有磷化铝，另外，还可用防虫磷防护。具体用法和用量参见本模块技术六"仓库害虫及其防治"。

（2）防霉　种子上寄附的微生物种类较多，但是危害贮藏种子的主要是真菌中的曲霉和青霉。温度降至 18℃时，大多数霉菌的活动才会受到抑制；只有当相对湿度低于 65%、种子水分低于 13.5% 时，霉菌才会受到抑制。霉菌对空气的要求不一，有好气性和嫌气性等不同类型。虽然采用密闭贮藏法对抑制好气性霉菌能有一定效果，但对在缺氧条件下能生长活动的霉菌如白曲霉、毛霉之类则无效。所以密闭贮藏必须在稻谷充分干燥、空气相对湿度较低的前提下，才能起到抑制霉菌的作用。

4. 稻种入库后的管理重点

（1）做好早稻种子的降温工作　新入库的早稻种子种温较高，生理活动较强，所以它的贮藏前期稳定性较差。稻种入库一般又在立秋以后，白天气温较高，夜间气温下降，形成明显的昼夜温差，影响到仓温和上层种子，以致造成上层种子增加水分。因此，在入库后的 2～3 周内需加强检查，并做好通风降温工作。在傍晚打开门窗通风，经常翻动表层种子，以利散发堆内热量。

（2）做好晚稻种子的降水工作　晚稻种子的干燥受气候条件限制，入库后已进入冬季低温阶段，所以一般对种子入库水分要求不是十分严格。由于种子水分偏高，引起某些低温性霉菌的危害以致影响发芽率，这是造成晚稻种子发芽率下降的主要原因。因此，晚稻种子入库时同样要严格控制水分，超过 16% 水分的种子不能入库贮藏。即使已经入库的种子，必须做好降水工作，把水分降到 13% 以内。水分超过 15% 的晚稻种子应在 2～3 周内设法将水分降低，否则在第 2 年播种时难以保证应有的发芽率。

（3）做好"春防面，夏防底"的工作　"春防面，夏防底"是指春季要预防表层种子结露，夏季要预防底层种子霉烂。经过冬季贮藏的稻种，温度已经降得较低，由于种子本身导热性较差，使这种低温要延续很长一段时间。当春季气温回升时，种温与气温形成较大的温差，如果暖空气接触到冷种子，便会在表层种子发生结露，使这层种子增加水分，并且会逐渐向下延伸。种堆越大，上层的结露现象越明显。所以，开春前要做好门窗密闭工作，尽可能预防潮湿的暖空气进入仓内。对于水分低于 13%、温度又在 15℃ 以下的稻种，可采用压盖密闭法贮藏，既可预防上层种子结露，又可延长低温时间，有利于稻种安全过夏。到了夏季，地坪和底层温度还较低，湿热扩散现象使底层稻种水分升高，易使底层种子霉烂。

5. 稻种少量贮藏

对于数量不多，只有几十千克到几百千克的稻种，可以采用干燥剂密闭贮藏法。通常用的干燥剂有生石灰、氯化钙、硅胶等。氯化钙、硅胶的价格较贵，但吸湿后可以烘干再用。生石灰较经济，适用于广大专业户。种子存放前需选择小口、内外涂釉的缸、坛、瓮，经检查确实无缝、不漏气、不渗水的才能使用。先在存器底层铺上生石灰，再装入种子，然后封口（不能漏气）并放在阴凉处，可延长种子寿命数年。据江苏省兴化县稻麦良种场试验，用籼、粳、糯三种类型共 8 个品种的稻种贮藏，上层和底层各放生石灰 50kg，中间放稻种 100kg，再用四层塑料薄膜封口。经 3 年贮藏，种子水分由原来的 12.6%～14.6%降低到 4.3%～5.8%，发芽率则由原来的 82.0%～97.5%增加到 91%～99%。而采用塑料袋贮藏的稻种，则全部丧失发芽率。

干燥剂密封贮藏不仅适用于水稻种子，也适用于其他种子，但是对于大豆、油料种子，放生石灰的数量要适当，否则，种子干燥过度反而会影响发芽率。

（三）杂交水稻种子贮藏特性和越夏贮藏技术

杂交水稻种子贮藏是杂交水稻利用过程中的重要一环。保持杂交水稻种子播种品质和生活力是推广杂交水稻和杂种优势利用的前提。根据有关实践和各地贮藏经验，将杂交水稻种子贮藏特性和越夏贮藏技术做一介绍。

1. 杂交水稻种子的贮藏特性

（1）种子保护性能比常规稻种子差　杂交水稻种子具有的遗传特性，使米粒组织疏松，闭颖较差。据对籼型杂交水稻种子闭合程度的直观考察，颖壳张开的种子数量占总数的 23%。而常规种子颖壳闭合良好，种子开颖数极少。颖壳闭合差，使种子保护性能降低，易受外界因素影响，不利于贮藏。

水稻种子的耐藏性因类型和品种不同而有明显差异，非糯稻种子的耐藏性较糯稻为好，籼稻种子强于粳稻，常规稻种子强于杂交稻。据刘天河（1984）对水稻（籼型）杂交种及其三系种子耐藏性的研究，保持系和恢复系的种子较不育系和杂交种子的寿命为长。又据胡晋等（1989）研究，籼型汕优 6 号及其三系种子中恢复系 IR26 种子的耐藏性最好，其次是保持系珍汕 97B，耐藏性最差的是不育系珍汕 97A 和杂交种汕优 6 号种子；粳型虎优 1 号及其三系种子中则以恢复系 77302-1 和杂交种虎优 1 号种子的耐藏性最好，保持系农虎 26B 种子的耐藏性最差。并认为杂交种及其三系种子耐藏性的不同与种子的原始活力及种子覆盖物的保护性能有关，裂壳率和柱头残迹夹持率高的种子不耐藏。种子的细胞质雄性不育基因对种子的耐藏性也有一定影响。

（2）耐热性差　杂交水稻种子耐热性低于常规水稻种子。干燥或暴晒温度控制失当，均能增加爆腰率，引起种子变色，降低发芽率。同时，持续高温，使种子所含脂肪酸急剧增高，降低耐藏性，加速种子活力的丧失。早夏季制种的杂交稻种子晴天午间水泥地晒种，温度可达 60℃左右，造成种子损伤，发芽势、发芽率、发芽指数均降低（胡晋等，1999）。

（3）休眠期短，易穗萌　杂交水稻种子生产过程中需使用赤霉素。高剂量赤霉素的使用可打破杂交水稻种子的休眠期，使种子易在母株萌动。据对种子蜡熟至完熟期间考察，颖花受精后半个月胚发育完整，在适宜萌发的条件下，种子即开始萌动发芽。据 1989 年对收获的汕优 64 种子考察，因种子成熟期间遇上阴雨，穗上发芽种子达 23％。1990 年同一种子虽未遇雨，穗上发芽仍达 3％～5％。而常规水稻种子 2 年均未发现穗发芽现象。

（4）不同收获期的杂交稻种子贮藏期间出现情况不同　春制和早夏制收获的种子收获期在高温季节，贮藏初期处于较高温度条件下，易发生"出汗"现象。秋制种子收获期气温已降，种子难以充分干燥，到翌年 2～3 月份种子堆顶层易发生结露、发霉现象。

（5）杂交水稻种子生理代谢强，呼吸强度比常规稻大，贮藏稳定性差　杂交水稻生产过程中易使种子内部可溶性物质增加，可溶性糖分含量比常规稻种子高，呼吸强度较大，不利于种子贮藏。

2. 杂交水稻种子变质规律

（1）湿度引起霉变　湿度引起杂交水稻种子霉变主要有三种情况：一是新收种子进仓后有一个后熟阶段，种子内部进行着一系列生理生化变化，呼吸旺盛，不断放出水分，使种子逐渐回潮，湿度增大，引起种子发霉变质。二是秋制种子收获时气温较低，种子难以干燥，进仓后到次年春暖，气温回升，种子堆表层吸湿返潮，顶层"结露"、发霉、变质。三是连续阴雨（特别在梅雨季节），空气相对湿度接近饱和，在种子稃壳上凝成液滴附在表面，引起种子发霉、变质。

（2）发热引起霉变　一是种子贮藏期间（主要是新收获种子或受潮和高水分种子）新陈代谢旺盛，释放的大量热量聚积在种子堆内又促进种子生理活动，放出更多热量，如此反复，导致种子发热、发霉、变质。二是春制或早夏制收获的种子，初藏时处于高温季节，种子堆上层种温往往易突然上升，继而出现"出汗"现象，导致种子发热、霉变。三是种子堆内部水分不一，整齐度差，出现种子堆内部发热，最终发霉、变质。

（3）仓虫与病菌活动繁殖引起霉变　杂交稻种子产区的气候特点是高温多湿，仓虫螨类最易滋生。仓虫活动引起种温上升，造成发热、霉变。同时仓虫剥蚀皮层和胚，使种子失去种用价值。病菌在适宜条件下能很快繁殖，危害种子，引起种堆危害部分发热、霉变、结顶，最终腐烂、变质。

3. 杂交水稻种子越夏贮藏技术

杂交水稻种子生产常常出现过剩积压或丰歉不均的现象，因此常常遇到越夏贮藏的问题。对于越夏贮藏的种子关键是控制种子的水分和贮藏的温度。具体可以采取以下措施。

（1）降低水分，清选种子　首先准确测定种子水分，以确定其是否直接进仓密闭贮藏，或先做翻晒处理。种子水分在 12.0％ 以下，可以不做翻晒处理，采用密闭贮藏，对种子生活力影响不大。但必须对进库种子进行清选，除去种子秕粒、虫粒、虫子、杂质，减少病虫害，提高种子贮藏稳定性，提供通风换气的能力，为降温降湿打下基础。采取常规管理，根据贮藏种子变化，在 4 月中旬到下旬进行磷化铝低剂量熏蒸。剂量控制在种子含水量为 12.5％ 以下，空间每立方米为 2g，种堆为 3g，熏蒸 7d 后开仓释放毒气 3h 后做密闭贮藏管理。

（2）搞好密闭贮藏　选择密闭性能好的仓库。种子含水量在 12.5％ 以下时，可采用密闭贮藏，使种子呼吸作用降到最低水平。由于种子处在相对密闭条件下，故对外界温湿度的影响也起着一定的隔绝作用，使种堆温度变化稳定，水分波动较小，延长种子安全保管的期限。密闭贮藏的最大特点是可以防止种子吸湿，节省处理和翻晒种子的费用和时间。但对高水分种子，不能马上采用密闭贮藏，更不能操之过急地熏蒸。因为含水量较高的种子，呼吸作用旺盛，这时熏蒸将会使种子吸进较多的毒气，导致种子发芽率急剧下降。因此，应及时选择晴好天气进行翻晒。如无机会翻晒，在种子进入仓库时应加强通风，安装除湿机吸湿，迅速降低种子含水量。随着含水量的降低而逐步转入密闭贮藏。种子含水量在12.5%以下，可以常年密闭贮藏；含水量在12.5%～13%的种子，在贮藏前期应短时间通风，降低种堆内部温度与湿度后，立即密闭贮藏。

（3）注意控制温湿度　外界温湿度可直接影响种堆的温湿度和种子含水量。长期处于高温高湿季节，往往造成仓内温湿度上升。如果水分较低，温度变幅稍大，对种子贮藏影响不大。但水分过高，则必须在适当低温下贮藏。种子含水量未超过12.5%，种温未超过20～25℃，相对湿度在55%以内，能长期安全贮藏。湿度影响种子含水量，高湿度能使种子堆水分升高。在6月下旬至8月下旬可采取白天仓内开除湿机，除去仓内高湿；晚上10点后或早上8点左右采取通风、换气、排湿、降温，使仓内一直保持相对的低温、低湿，以顺利通过炎热夏季。

此外，种子贮藏期间应增加库内检查次数，加强种情检查，掌握变化情况，及时发现问题，及早采取措施处理。同时注意仓内外的清洁卫生，消除虫、鼠、雀危害。

（4）采用低温库贮藏　有条件的地方，应采用低温库贮藏，可以较好地保持种子的生活力。在低温库条件下（15℃以下）种子的水分控制在13%以下，可以安全度夏，而保持其原有的生活力水平。

二、小麦

小麦收获时正逢高温多湿气候，即使经过充分干燥，入库后如果管理不当，仍易吸湿回潮、生虫、发热、霉变，贮藏较为困难，必须引起重视。

（一）小麦种子的贮藏特性

1. 易吸湿

小麦种子称为颖果，稃壳在脱粒时分离脱落，果实外部没有保护物。果种皮较薄，组织疏松，通透性好，在干燥条件下容易释放水分；在空气湿度较大时也容易吸收水分。麦种吸湿的速度因品种而不同。在相同条件下，红皮麦粒的吸湿速度比白皮麦粒慢；硬质小麦吸湿能力比软质小麦弱；大粒小麦比小粒、虫蚀粒弱。但是，从总体上讲，小麦种子具有较强的吸湿能力。在相同的条件下，小麦种子的平衡水分较其他麦类为高，吸湿性较稻谷为强。因此，麦粒在暴晒时降水快，干燥效果好；反之，在相对湿度较高的条件下，容易吸湿提高水分。麦种在吸湿过程中还会产生吸胀热，产生吸胀热的临界水分为22%，水分在12%～22%，每吸收1g水便能产生热量336J。水分越低，产生热量越多。所以，干燥的麦种一旦吸湿不仅会增加水分，还会提高种温。

2. 通气性差

麦种的孔隙度一般在35%～45%，通气性较稻谷差，适宜于干燥密闭贮藏，保温性也较好，不易受外温的影响。但是，当种子堆内部发生吸湿回潮和发热时，则不易排除。

3. 耐热性好

小麦种子具有较强的耐热性，特别是未通过休眠的种子，耐热性更强。据试验，水分17%以下的麦种，种温在较长的时间内不超过54℃；水分在17%以上，种温不超过46℃的条件下进行干燥和热进仓，不会降低发芽率。根据小麦种子这一特性，实践中常采用高温密闭杀虫法防治害虫。但是，小麦陈种子以及通过后熟的种子耐高温能力下降，不宜采用高温处理，否则会影响发芽率。

4. 后熟期长

小麦种子有较长的后熟期，有的需要经过 1～3 个月的时间。后熟期的长短因品种不同，通常是红皮小麦比白皮小麦长。一般是春性小麦 30～40d，半冬性小麦 60～70d，冬性和强冬性小麦在 80d 以上。其次，小麦的后熟期与成熟度有关，充分成熟后收获的小麦后熟期短一些；提早收获的小麦则长一些。通过后熟作用的小麦种子可以改善麦粉品质。但是麦种在后熟过程中，由于物质的合成作用不断释放水分，这些水分聚集在种子表面上便会引起"出汗"，严重时甚至发生结顶现象。有时因种子的后熟作用引起种温波动即"乱温"现象。这些都是麦种贮藏过程中需要特别注意的问题。

小麦种皮颜色不同，耐藏性存在差异，一般红皮小麦的耐藏性强于白皮小麦。

由于麦种很容易回潮并保持较高的水分，为仓虫、微生物的繁殖提供了良好的条件。为害小麦种子的主要害虫有玉米螟、米螟、谷蠹、印度谷螟和麦蛾等，其中以玉米螟和麦蛾为害最多。被害的麦粒往往形成空洞或被蛀蚀一空，完全失去使用价值。因此，麦种的贮藏特别应注意防回潮、防害虫和防病菌等"三防"工作。

（二）小麦种子贮藏技术要点

1. 干燥密闭贮藏

麦种容易吸湿从而引起生虫和霉变，如能采用密闭贮藏防止吸湿回潮，可以延长贮藏期限。但是，密闭贮藏的麦种对水分要求十分严格，必须控制在 12% 以内才有效，超出 12% 便会影响发芽，水分越高发芽率下降越快。据试验，水分为 11%、13% 和 15% 的麦种，在室温条件下同样用铁桶密封贮藏。经过 1 年半后，水分为 11% 的麦种发芽率仍能保持在 94% 以上；水分 13% 的种子发芽率下降到 69%，失去种用价值；而水分为 15% 的麦种，经过一个高温季节发芽率便下降，1 年半后发芽率全部丧失。即使在低温条件下密闭贮藏麦种，同样需要保持干燥。如温度在 15～20℃、水分为 11.3% 的麦种，经 12 个月贮藏，发芽率完好；水分 14% 的麦种，贮藏 5 个月，发芽率便开始下降；如果水分在 16.5%，仅贮藏 2 个月，发芽率便下降。所以，麦种收获后要趁高温天气及时干燥，将水分降到 12% 以下，然后用缸、坛、瓮或木柜、铁桶等容器密闭贮藏比袋装通气贮藏好得多。密闭贮藏既能避免受潮湿空气的影响，又能预防种子吸湿而生虫。

2. 密闭压盖防虫贮藏

此法适用于数量较大的全仓散装种子，对于防治麦蛾有较好的效果。具体做法：先将种子堆表面耙平，后用麻袋 2～3 层，或篾垫 2 层或干燥砻糠灰 10～17cm 覆盖在上面，可起到防湿、防虫作用，尤其是砻糠灰有干燥作用，防虫效果更好。覆盖麻袋或篾垫要求做到"平整、严密、压实"，就是指覆盖物要盖得平坦而整齐，每个覆盖物之间衔接处要严密不能有脱节或凸起，待覆盖完毕再在覆盖物上压一些有分量的东西，使覆盖物与种子之间没有间隙，以阻碍害虫活动及交尾繁殖。

压盖时间与效果有密切关系，一般在入库以后和开春之前效果最好。但是种子入库以后采用压盖，要多加检查，以防后熟期"出汗"发生结顶。到秋冬季交替时，应揭去覆盖物降温，但要防止表层种子发生结露。如在开春之前采用压盖，应根据各地不同的气温状况，必须掌握在越冬麦蛾羽化之前压盖完毕。在冬季每周进行面层深耙沟一次，压盖后能使种子保持低温状态，防虫效果更佳。

3. 热进仓贮藏

热进仓贮藏是利用麦种耐热特性而采用的一种贮藏方法，对于杀虫和促进种子后熟作用有很好的效果。具有方法简便、节省能源、不受药物污染等优点，而且不受种子数量的限制。具体做法：选择晴朗天气，将小麦种子进行暴晒降水至12%以下，使种温达到46℃以上且不超过52℃，此时趁热迅速将种子入库堆放，并需覆盖麻袋2～3层密闭保温，将种温保持在44～46℃，经7～10d之后掀掉覆盖物，进行通风散温直至达到与仓温相同为止，然后密闭贮藏即可。

为提高麦种热进仓贮藏效果，必须注意以下事项：

（1）严格控制水分和温度　麦种热进仓贮藏成败的关键在于水分和温度，水分高于12%会严重影响发芽率，一般可掌握在10.5%～11.5%。温度低于42℃杀虫无效，温度越高杀虫效力越大，但温度越高持续时间越长，对发芽率影响越大。一般掌握在种温46℃密闭7d较为适宜，44℃则应延长至10d。如果暴晒种温达到50℃以上时，将麦种拢成2000～2500kg左右的大堆，保温2h以上然后再入库，杀虫效果更好。

（2）入库后严防结露　经热处理的麦种温度较高，库内地坪温度较低，二者温差较大，种子入库后容易引起结露或水分分层现象。上表层麦种温度易受仓温影响而下降，与堆内高温发生温差使水分分层。有时这两部分种子反而会生虫和生霉。所以，麦种入库前需打开门窗使地坪增温，或铺垫经暴晒的麻袋和砻糠（谷壳），以缩小温差。如果用缸、坛、瓮等容器贮藏种子，必须与麦种同时暴晒增温。入库时无论麦种数量多大应一次完成，以免造成种子之间的温差。入库后应在面上加覆盖物，密闭门窗，既可保温又可预防结露。对于一些缸、坛等容器也应密封，以防麦种子在冷却过程中吸湿回潮。

（3）抓住有利时机迅速降温　高温密闭杀虫达到预期效果后，应迅速通风降温，这项工作应在短期内完成。因为长时间的高温密闭虽对杀虫有效，但对保持种子发芽率并不一定有益。如果降温时间拖得太长，麦种受外界温湿度影响增加水分，有时还有可能感染害虫。

（4）通过后熟期的麦种不宜采用热进仓贮藏　这是因为通过后熟作用的麦种耐热性降低，经高温处理后虽能达到杀虫目的，但是对发芽率会有较大影响。所以，热进仓贮藏应在麦种收获后立即进行较为适宜。

三、玉米

玉米是一种高产作物，适应性强，在我国各地几乎都有种植。玉米是异花授粉作物，自然杂交率很高，保纯较难。玉米是我国的主要粮食作物之一，玉米种子贮藏中又极易发生发热、霉变与低温冻害等种子劣变现象，因此安全、有效地贮藏玉米种子具有重要意义。

（一）玉米种子的贮藏特性

穗贮与粒贮并用是玉米种子贮藏的一个突出特点，一般新收获的种子多采用穗贮以利通风降水，而隔年贮藏或具有较好干燥设施的单位常采取脱粒贮藏。

1. 种胚大，呼吸旺盛，容易发热

玉米在禾谷类作物种子中属大胚种子，种胚的体积几乎占整个子粒的1/3左右，重量占全粒的10%～12%，从它的营养成分来看，其中脂肪占全粒的77%～89%，蛋白质占

30％以上，并含有大量的可溶性糖类。由于胚中含有较多的亲水基，比胚乳更容易吸湿。在种子含水量较高的情况下，胚的水分含量比胚乳为高，而干燥种子的胚的水分却低于胚乳（表3-23）。因此吸水性较强，呼吸量比其他谷类种子大得多，在贮藏期间稳定性差，容易引起种子堆发热，导致发热、霉变。有资料报道，含水量14％～15％的玉米种子在25℃条件下贮藏，呼吸强度为28mg/（kg·24h），而相同条件下的小麦种子呼吸强度仅为0.64mg/（kg·24h）。

表3-23　玉米胚与胚乳水分变化的比较

不同处理的玉米	全粒水分/％	胚水分/％	胚乳水分/％	备　注
新剥玉米粒	31.4	45.2	29.0	刚从植株上剥下时测定的水分
收获后5d的玉米	23.8	36.4	22.4	收获后剥去苞叶5d后测定的水分
烘干的玉米	12.8	10.2	13.2	
晾晒后的玉米	14.4	11.2	14.8	

2. 玉米种胚易遭虫霉为害

其原因是胚部水分高，可溶性物质多，营养丰富。为害玉米的害虫主要是玉米螟、谷盗、粉斑螟和谷蠹，为害玉米的霉菌多半是青霉和曲霉。当玉米水分适宜于霉菌生长繁殖时，胚部长出许多菌丝体和不同颜色的孢子，被称为"点翠"。因此，完整粒的玉米霉变常常是从胚部开始的。实践证明，经过一段时间贮藏后的玉米种子，其带菌量比其他禾谷类种子高得多。因此，在生产上玉米经常发生"点翠"现象，这是玉米较难贮藏的原因之一。

在穗轴上的玉米种子由于开花授粉时间的不同，顶部子粒成熟度差，加上含水量高，在脱粒加工过程中易受损伤，据统计，一般损伤率在15％左右。损伤子粒呼吸作用较旺盛，易遭虫、霉为害，经历一定时间会波及全部种子。所以，入库前应将这些破碎粒及不成熟粒清除，以提高玉米贮藏的稳定性。

3. 玉米种胚容易酸败

玉米种子脂肪含量绝大部分（77％～89％）集中在种胚中，这种分布特点加上种胚吸湿性又较强，因此，玉米种胚非常容易酸败，导致种子生活力降低。特别是在高温、高湿条件下贮藏，种胚的酸败比其他部位更明显。据试验，玉米在13℃和相对湿度50％～60％条件下贮藏30d，胚乳的酸度为26.5（酒精溶液，下同），而胚为211.5；在温度25℃、相对湿度90％的条件下，胚乳酸度为31.0，胚则高达633.0，可见玉米种胚容易酸败，高温高湿更加快酸败的速度。

4. 玉米种子易遭受低温冻害

在我国北方，玉米属于晚秋作物，一般收获较迟，加之种子较大，果穗被苞叶紧紧包裹在里面，在植株上水分不易蒸发，因此收获时种子水分较高，一般多在20％～40％。由于种子水分高，入冬前来不及充分干燥，极易发生低温冻害，这种现象在下列情况下更易发生：一是低温年份，种子成熟期推迟或不能正常成熟，含水量偏高；二是种子收获季节阴雨连绵、空气潮湿或低温来得早；三是一些杂交组合生育期偏长、活秆成熟或穗粗、粒大、苞叶包裹紧密。

有关玉米种子低温冻害条件的研究资料众多，由于研究者选用的材料和试验方法不同，得到的结果也不尽一致。据试验，玉米水分高于17％时易受冻害，发芽率迅速下降。

5. 玉米穗轴特性

玉米穗轴在乳熟及蜡熟阶段柔软多汁。成熟时轴的表面细胞木质化变得坚硬，轴心（髓部）组织却非常松软，通透性较好，具有较强的吸湿性。种子着生在穗轴上，其水分的大小在一定程度上决定于穗轴。潮湿的穗轴水分含量大于子粒，而干燥的穗轴水分则比子粒少。果穗在贮藏期间，种子和穗轴水分变化与空气相对湿度有密切关系，都是随着相对湿度的升降而增减。

将玉米穗轴和玉米粒放在不同的相对湿度条件下，其平衡水分有明显的变化。据实验，在空气相对湿度低于 80% 的情况下，穗轴水分低于玉米粒；当相对湿度高于 80% 时，穗轴水分却高于玉米粒。前者情况，穗轴向子粒吸水，可以使玉米粒降低水分；而后者却相反，玉米粒从穗轴吸水，使种子增加水分。因此，相对湿度低于 80% 的地区以穗藏为宜，超过 80% 的地区则以粒藏为宜。

（二）玉米种子贮藏技术要点

保管好玉米种，关键在于种子水分，低水分种子如不吸湿回潮，则能长期贮藏而不影响生活力。据各地经验，北方玉米种子水分在 14% 以下，种温不高于 25℃，南方玉米种子水分在 13% 以下，种温不超过 30℃，可以安全过夏。玉米霉变的临界水分见表 3-24。

表 3-24　玉米霉变的临界水分

含水量/%	13	14	15	16	17	18	19	20
温度/℃	30	27	24	21	18	15	12	9

玉米贮藏有果穗贮藏和粒藏法两种，可根据各地气候条件、仓房条件和种子品质而选择采用。常年相对湿度较低的丘陵山区和我国北方，常采用穗藏法；常年相对湿度较高或仓房条件较好的地区，多采用粒藏法。

1. 果穗贮藏

① 新收获的玉米果穗，穗轴内的营养物质因穗藏可以继续运送到子粒内，使种子达到充分成熟，且可在穗轴上继续进行后熟。

② 穗藏孔隙度大，达 51% 左右，便于空气流通，堆内湿气较易散发。高水分玉米有时干燥不及时，经过一个冬季自然通风，可将水分降至安全标准以内，至第 2 年春即可。

③ 子粒在穗轴上着粒紧密，外有坚韧果皮，能起一定的保护作用，除果穗两端的少量子粒可能感染霉菌和被虫蛀蚀外，一般能起防虫、防霉作用，中间部分种子生活力不受影响，所以生产上常采用这部分种子作播种材料。

果穗贮藏同样要注意控制水分，以防发热和受冻害。果穗水分高于 20%，在温度 -5℃ 的条件下便受冻害而失去发芽率。水分高于 17%，在 -5℃ 时也会轻度受冻害，在 -10℃ 以下便失去发芽率。水分大于 16% 时，果穗易受霉菌危害，在 14% 以下方能抑制霉菌生长。所以，过冬的果穗水分应控制在 14% 以下为宜。干燥果穗的方法可采用日光暴晒和机械烘干。暴晒法一般比较安全，烘干法对温度应做适当控制，种温在 40℃ 以下，连续烘干 72~96 h，一般对发芽率无影响，高于 50℃ 对种子有害。

果穗贮藏法有挂藏和玉米仓堆藏两种。挂藏是将果穗苞叶编成辫，用绳逐个联结起来，挂在避雨通风的地方。有些是采用搭架挂藏，也有将玉米苞叶联结后围绕在树干上挂成圆锥体形状，并在圆锥体顶端披草防雨等各种形式。堆藏则是在露天地上用高粱秆编成圆形通风仓，将剥掉苞叶的玉米穗堆在里面越冬，次年再脱粒入仓，此法在我国北方采用较多。

2. 子粒贮藏

粒藏法可提高仓容量，密度在 55%～60%，空气在子粒堆内流通性较果穗堆内为差。如果仓房密闭性能较好，可以减少外界温湿度的影响，能使种子在较长时间内保持干燥，在冬季入库的种子，则能保持较长时间低温。据试验，利用冬季低温种温在 0℃ 时将种子入库，面上盖一层干沙，到 6 月底种温仍能保持在 10℃ 左右，种子不生霉不生虫，并且无异常现象。

对于采用子粒贮藏的玉米种子，当果穗收获后不要急于脱粒，应以果穗贮藏一段时间为好。这样对种子完成后熟作用、提高品质以及增强贮藏稳定性都非常有利。玉米种子的后熟期因品种而不同，一般经过 20～40d 即可完成，而经过 15～30d 贮藏之后，就可达到最高的发芽率。

粒藏种子的水分一般不宜超过 13%，我国南方则在 12% 以下才能安全过夏。据各地经验，散装堆高随种子水分而定。种子水分在 13% 以下，堆高 3～3.5m，可密闭贮藏。种子水分在 14%～16%，堆高 2～3m，需间隙通风。种子水分在 16% 以上，堆高 1～1.5m，需通风，保管期不超过 6 个月，或采用低温保管，要注意防止冻害。

（三）北方玉米种子越冬贮藏管理技术

我国北方玉米种子贮藏的突出问题是种子成熟后期气温较低，收获时种子水分较高，又难晒干，易受低温冻害，因此如何安全越冬是北方玉米种子贮藏管理的重点。根据研究结果与实践经验，从收获前开始，利用北方秋季凉爽干燥的气候条件，抓好晒种降水这一关键因素，在低温来临之前将水分降至受冻害的临界水分以下，可以安全越冬。

1. 站秆扒皮，收前降水

在种子乳熟末期至蜡熟期之间，将玉米果穗的苞叶扒开，使果穗暴露在空气当中，可收到明显的降水效果。这一措施已成为辽宁、吉林等省普遍采用的玉米种子干燥措施。扒皮时间在 9 月上中旬，收获前 10～20d 进行。试验表明收前 20d 扒皮可比对照多降水 9.7%，收前 15d 扒皮多降水 8.6%，收前 9d 扒皮则多降水 6.5%。站秆扒皮的最适宜时机是种子蜡熟初期，过早会影响产量，太晚则降水不明显，得不偿失。站秆扒皮尤其适用于那些生育期偏长、活秆成熟和子粒脱水较慢的种子。

2. 适期早收，高茬晾晒

玉米种子的生活力形成较早。试验表明，乳熟末期的玉米种子已具有较好的种用品质，是适期早收的临界期，而蜡熟期收获比较理想，不仅活力高，而且不影响产量。

高茬晾晒的具体做法是先收父本，将父本从地上 30cm 处割断。母本从地面割倒后，扒棒绑挂，2～4 个一串，挂在父本行的高茬上进行风干。

3. 玉米果穗通风贮藏

玉米穗贮时由于孔隙度较大，便于通风干燥，可利用秋冬季节继续降低种子水分，同时穗轴对种胚有一定的保护作用，可以减轻霉菌和仓虫的感染。

玉米果穗通风贮藏有多种方式，根据种子量的大小不同可灵活选用。少量种子可采用立桩搭挂、木架吊挂、棚内吊挂等方式进行。种子量较大时可选择地势高燥、通风良好的地方与秋季主风向垂直搭砌玉米穗仓，具体方法是在地面用砖、木等垫高 30～50cm 做好仓底，铺上秫秸，上面砌玉米穗仓，仓的厚度为 70～100cm，高度和长度依种子量而定，也可砌成多排仓，但各排之间要留有一定距离，以免相互挡风。为便于搭砌通风仓，有的地方将玉米果穗先装入通气良好的编织袋，然后建仓，效果很好。有条件的单位也可建造永久性玉米仓，即四周用方木作固定柱，在地面上 30～50cm 架好仓底，四周用木板条或金属做成通风仓壁，顶盖用人字架做遮雨（雪）棚，既通风又防雀、防雨。

玉米果穗入仓时应进行挑选，将未成熟、含水量高的果穗挑出继续干燥，当种子水分降至 20％ 以下时，可入仓贮藏而不必倒仓，一直贮藏至春季播前脱粒，也可在入冬前种子水分降至 16％ 以下时，入种子库贮藏。

4. 低温密闭隔年贮藏

通风仓中的玉米果穗，至春季含水量可降至 13％ 左右，如果当年不用于播种，最好脱粒后进行密闭贮藏。方法是在早春（3～4 月份）脱粒，然后趁自然低温过风做囤密闭贮藏，以保持种子干燥低温的贮藏状态。密闭可采用压盖、囤套囤等方式，隔热材料以膨胀珍珠岩效果较好，稻壳等容重较低的代用材料也有一定效果。隔离层厚度以 20～40cm 较适宜，并应注意密闭隔热层的完整性。

5. 贮藏管理中的注意事项

（1）严格控制水分以防冻害 种子贮藏效果的好坏，很大部分取决于种子含水量。低温是种子贮藏的有利条件，但在北方寒冷天气到来之前，种子只有充分晒干，才能防止冻害。入仓及贮藏期间，含水量要始终保持在 14％ 以下，种子方可安全越冬。如果玉米种子含水量过高，种子内部各种酶类进行新陈代谢，呼吸能力加强，严寒条件下，种子就会发生冻害，降低或丧失发芽能力。据有关资料介绍，当玉米种子含水量低于 14％ 时，室外温度在 −40℃ 以下的条件下，不降低发芽率；当含水量在 19％ 时，室外温度在 −18～−12℃ 的条件下，仅 8d 就丧失发芽力；当含水量在 30％ 时，在同样的室外温度下，只 2d 就全部冻死。

（2）加强种子管理，定期检查含水量、发芽率 北方玉米种子冬贮时间较长。因此在贮藏期间要定期检查种子含水量。如发现水分超过安全贮藏标准，应及时通风透气，调节温湿度，以免种子受冻或霉变。另外还应定期进行种子发芽试验，检验种子是否受害。若发芽率降低，应查明原因，及时采取补救措施。

（3）创造良好的贮藏环境 对不符合建仓标准和条件差的仓库要进行维修，种子仓库要做到库内外干净清洁，仓库不漏雨雪。室外贮藏不可露天存放在雨雪淋浸的地方。还要认真做好防虫、防鼠工作。

（4）要有合理的贮藏保管方法 贮藏方法是否合理，直接影响贮藏效果。贮藏方法大致有室外、冷室、暖室贮藏等几种。若种子含水量在 14％ 以下，室内外越冬均安全。但一般多以冷室贮藏为宜，也可室外贮藏，但应注意防止雨雪淋浸。不论采取什么方法贮藏，都应把种子袋垫离地面 30cm 以上，堆垛之间要留一定空隙。还应注意，在室外贮存的种子遇冷后不应再转入室内；同样在室内贮存的种子不可突然转到室外，否则，温度的骤然变化会使种子的发芽率降低。

（四）南方玉米种子越夏贮藏技术

我国南方各地的夏收早玉米，应注意种子水分，只有充分干燥的种子才能安全度过炎夏高温期。

杂交玉米种子经济价值较高，每年过剩种子如转为商品粮，降价销售，会造成经济损失，如能通过有效种子贮藏管理措施，保持良好的种子生活力和活力，以供翌年播种，就可减少损失和满足生产用种。玉米种子越夏贮藏的关键是做好"低温、干燥、密闭"。

1. 低温

7、8、9月份高温多湿的季节采取合理通风的办法，使仓温不高于25℃，种温不高于22℃。种子是热不良导体，种温不会随外界温度变化而迅速改变。在6月底以前温度上升的时候不轻易开仓，以免热空气进入仓内而提高仓温。发现种子含水量超过越夏种子贮藏安全标准（玉米小于12％），也只能通过春前低温季节的低湿度空气通风和仓内除湿等措施来降低种子含水量，以防高温季节晒种种温提高。7、8、9这3个月，虽系高温季节，但也有晴、雨、阴、早、中、晚的气温差异之别，此期的通风主要是以降温为目的的通风，多采用阴天或晴天的傍晚以排风扇、电动鼓风机等机械强力通风，以迅速降低仓温。种温是影响种子呼吸强度的重要因素，仓贮期控制好种温是重要的一环。当然有条件的地方最好将越夏玉米放在低温仓库贮藏。

2. 干燥

干燥指严格控制越夏种子水分。整个贮藏期要保证种子水分的变化在安全水分范围内，既要考虑到种子本身入仓水分的标准，又要考虑到影响水分变化的各个因素。在控制种子贮藏水分工作中，着重做到种子入库时"五不准"（即未检验的种子不准入库，净度达不到国家标准的种子不准入库，水分超过安全水分标准的种子不准入库，受热害的种子不准入库，受污染的种子不准入库）。贮藏中做到亲本种与一代种分开贮藏，一、二级种子分开贮藏，高活力种子与低活力种子分开贮藏，异品种分开贮藏，带病虫种和无病虫种分开贮藏。同时，密切注意种子入仓后第1个月内水分的变化。种子入库季节正值高温高湿，同时也是种子生理成熟的重要时期，入库种子常会因后熟作用发生"出汗"而提高种子含水量，也会因种温、仓温（特别是地坪）的温度差异出现"结露"而使局部种子含水量急剧增加。据介绍，通过袋装种子用药后迅速整理翻包、散装种子入仓1月后及时定额装袋等措施，有效地阻止了因"出汗"、"结露"而导致水分提高和发生仓贮异常现象。对隔年种子有两个特殊的要求：一是通过水分仪速测种子的含水量，把住杂交玉米亲本和一代种子入库含水量不高于11.5％；二是通过机械清选，使种子净度达到国标一级净度标准，尽量除去秕粒、破碎粒和泥沙这些易吸湿、易生虫和易受微生物侵害的杂物。发芽率较低的种子剔出，不宜进行越夏，应在当年及时售出。

3. 密闭

密闭是指在种子贮藏性能稳定之后，特别是水分达到越夏要求后，用塑料薄膜密闭种子和仓房门窗。仓门的密闭绝不是一年四季常闭仓库。具体工作严格掌握以下两点：①种子入库1个月内除投药杀虫需密闭外，其余时间应尽量抓住机会开门通风，以降温降湿；②在10月中下旬气温处于下降季节，应寻找机会尽快开门通风使种温下降。总之，密闭的目的是为了减轻仓外温度、湿度对仓温、种温、种子水分的影响，使种堆处于低温低湿状态。

（五）包衣玉米种子贮藏方法

1. 包衣种子贮藏特点

据研究，在正常贮藏条件下，贮藏1年的包衣与不包衣种子的发芽势和发芽率基本无差异。包衣种子由于种衣剂含有杀菌杀虫的成分，具有防霉、防虫的作用。

包衣种子易吸湿回潮，当其含水量超过安全水分时，种衣剂化学药剂会渗入种胚，伤害种子，因此贮藏时保持包衣种子的干燥状态是十分重要的。根据国家标准"主要农作物包衣种子技术条件"的规定，包衣后的种子不能立即搬运，需根据所使用的种衣剂的要求，待种衣成膜后方可入库。包衣种子要专库分批贮存，仓库要求干燥，在常温下贮存期不得超过4个月。

2. 包衣玉米种子越夏保存方法

① 欲越夏保存的玉米种子，先做种子发芽试验和活力测定，选择发芽率和活力水平高的种子批做越夏保存。

② 降低种子含水量，达到安全水分标准。

③ 采用防湿包装和干燥低温仓库贮藏。

④ 在贮藏期间做好防潮和检查工作，发现问题应及时处理，确保贮藏安全。

⑤ 出仓前做好种子发芽试验和活力测定，选择具有种用价值的种子销售。

四、油菜

油菜种子含油量较高，在35%～40%，一般认为不耐贮藏。但如能掌握它的贮藏特性，严格控制条件，也能达到安全贮藏的目的。

（一）油菜种子的贮藏特性

1. 吸湿性强

油菜种子种皮脆薄，组织疏松，且子粒细小，暴露的比面积大。油菜收获正近梅雨季节，很容易吸湿回潮；但是遇到干燥气候也容易释放水分。据浙江省的经验，在夏季比较干燥的天气，相对湿度在50%以下，油菜种子水分可降低到7%～8%以下；而相对湿度在85%以上时，其水分很快回升到10%以上。所以常年平均相对湿度较高的地区和潮湿季节，特别要注意防止种子吸湿。

2. 通气性差，容易发热

油菜种子近似圆形，密度较大，一般在60%以上。由于种皮松脆，子叶较嫩，种子不坚实，在脱粒和干燥过程中容易破碎，或者收获时混有泥沙等因素，往往使种子堆的密度增大，不易向外散发热量。然而油菜种子的代谢作用又旺盛，放出的热量较多。如果感染霉菌以后，分解脂肪释放的热量比淀粉类种子高1倍以上。所以油菜种子比较容易发热。尤其是那些水分高、感染霉菌，又是高堆的种子。据上海市、苏南地区等的经验，发热时种温可高达70～80℃。经发热的种子不仅失去发芽率，同时含油量也迅速降低。

3. 含油分多，易酸败

油菜种子的脂肪含量较高，一般在36%～42%，在贮藏过程中，脂肪中的不饱和脂肪酸会自动氧化成醛、酮等物质，发生酸败。尤其在高温高湿的情况下，这一变化过程进行得更快，结果使种子发芽率随着贮藏期的延长而逐渐下降。

油脂的酸败主要由两方面原因引起：一是不饱和脂肪酸与空气中的氧起作用，生成过氧化物，它极不稳定，很快继续分解成为醛和酸。另一种原因是在微生物作用下，使油脂分解成甘油及脂肪酸，脂肪酸进而被氧化生成酮酸，酮酸经脱羧作用放出二氧化碳便生成酮。实践中油脂品质常以酸价表示，即中和1g脂肪中全部游离脂肪酸所耗去的氢氧化钾的毫克数。耗去氢氧化钾量越多，酸价越高，表明油脂品质越差。

油菜种子在贮藏期间的主要害虫是螨类，它能引起种子堆发热，是油菜种子的危险害虫。螨类在油菜种子水分较高时繁殖迅速，只有保持种子干燥才能预防螨类为害。

（二）油菜种子贮藏技术要点

1. 适时收获，及时干燥

油菜种子收获以在花薹上角果有 70％～80％呈现黄色时为宜。太早则嫩子多，水分高，不易脱粒，内容欠充实，较难贮藏；太迟则角果容易爆裂，子粒散落，造成损失。脱粒后要及时干燥，晒干后需经摊晾冷却才可进仓，以防种子堆内部温度过高，发生干热现象（即油菜种子因闷热而引起脂肪分解，增加酸度，降低出油率）。

2. 清除泥沙杂质

油菜种子入库前，应进行风选 1 次，以清除尘土杂质及病菌之类，可增强贮藏期间的稳定性。此外对水分及发芽率进行一次检验，以掌握油菜种子在入库前的情况。

3. 严格控制入库水分

油菜种子入库的安全水分标准不宜机械规定，应视当地气候特点和贮藏条件而有一定的灵活性。就大多数地区一般贮藏条件而言，油菜种子水分控制在 9％～10％，可保证安全，但如果当地特别高温多湿以及仓库条件较差，最好能将水分控制在 8％～9％。根据四川省经验，水分超过 10％，经高温季节，就会发生不正常现象，开始结块；水分在12％以上就会形成团饼，出现霉变现象。

4. 低温贮藏

贮藏期间除水分需加以控制外，种温也是一个重要因素，必须按季节严加控制，在夏季一般不宜超过 28～30℃，春秋季不宜超过 13～15℃，冬季不宜超过 6～8℃，种温与仓温相差如超过 3～5℃就应采取措施，进行通风降温。

5. 合理堆放

油菜种子散装的高度应随水分多少而增减，水分在 7％～9％时，堆高可达 1.5～2.0m；水分在 9％～10％时，堆高只能 1～1.5m；水分在 10％～12％时，堆高只能 1m 左右；水分超过 12％时，应晾晒后再进仓。散装的种子可将表面耙成波浪形或锅底形，使油菜种子与空气接触面加大，有利于堆内湿热的散发。

油菜种子如采用袋装贮藏法应尽可能堆成各种形式的通风桩，如工字形、井字形等。油菜种子水分在 9％以下时，可堆高 10 包；9％～10％的可堆 8～9 包；10％～12％的可堆 6～7 包；12％以上的高度不宜超过 5 包。

6. 加强管理勤检查

油菜种子进仓时即使水分低、杂质少、仓库条件合乎要求，在贮藏期间仍需遵守一定的严格检查制度，一般在 4～10 月份，对水分在 9％～12％之间的油菜种子，应每天检查2 次，水分在 9％以下应每天检查 1 次。在 11 月至来年 3 月份之间，对水分为 9％～12％的油菜种子应每天检查 1 次，水分在 9％以下的可隔天检查 1 次。

根据浙江省粮食部门总结的经验，按水分高低油菜子保管时间和方法也有所不同。

五、棉花

（一）棉子的贮藏特性

棉子种皮厚，一般在种皮表面附有短绒，导热性很差，在低温干燥条件下贮藏，寿命可达 10 年以上，在农作物种子中是属于长命的类型。但如果水分和温度较高，就很容易变质，生活力在几个月内完全丧失。

1. 耐藏性好

成熟后的棉子，种皮结构致密而坚硬，外有蜡质层可防外界温湿度的影响。种皮内含有 7.6％左右的鞣酸物质，具有一定的抗菌作用。所以，从生物学角度讲，棉子属于长寿命种子。但是未成熟种子则种皮疏松皱缩，抵御外界温湿度的能力较差，寿命也较短。一般从霜前花轧出的棉子，内容物质充实饱满，种壳坚硬，比较耐贮藏。而从霜后花轧出的棉子，种皮柔软，内容物质松瘪，在相同条件下，水分比霜前采收的棉子为高，生理活性也较强，因此耐藏性较差。

棉子的不孕粒比例较高，据统计，中棉为 10％左右，陆地棉为 18％左右。棉子经过轧花后机械损伤粒比较多，一般占 15％～29％，特别是经过轧短绒处理后的种子，机损率有时可高达 30％～40％。上述这些种子本身生理活性较强，又易受贮藏环境中各种因素的影响，不耐贮藏。

棉子入库前要进行一次检验，其安全标准为：水分不超过 11％～12％，杂质不超过 0.5％，发芽率应在 90％以上，无霉烂粒，无病虫粒，无破损粒，霜前花子与霜后花子不可混在一起，后者通常不作留种用。

2. 通气性差

一般的棉子表面着生单细胞纤维称为棉绒。轧花之后仍留在棉子上的部分棉绒称为短绒，占种子重量的 55％左右，它的导热性较差，具有相当好的保温能力，不易受外界温湿度的影响。如果棉子堆内温度较低时，则能延长低温时间，相反堆内的热量也不易向外散发。短绒属于死坏物质，易吸附水分子，在潮湿条件下易滋生霉菌，相对湿度在84％～90％时霉菌生长很快，放出大量热量，积累在棉子堆内而不能散发引起发热，干燥的棉子很容易燃烧，在贮藏期间要特别注意防火工作。

3. 含油分多，易酸败

棉子的脂肪含量较高，约 20％，其中不饱和脂肪酸含量比较高，易受高温、高湿的影响使脂肪酸败。特别是霜后花中轧出的种子，更易酸败而丧失生活力。棉子入库后的主要害虫是棉红铃虫，幼虫由田间带入，可在仓内继续蛀食棉子，危害较大。幼虫在仓内越冬，到第 2 年春暖后羽化为成虫飞回田间。因此，棉子入库前后做好防虫灭虫工作十分重要。

留种用的棉子短绒上会带有病菌，可用脱短绒机或用浓硫酸将短绒除去，以消除这些病菌，并可节省仓容，来春播种时也比较方便，种子不至于互相缠结，使播种落子均匀，对吸水发芽也有一定促进作用。但应注意脱去绒的棉子在贮藏中容易发热，需加强检查和适当通风。

（二）棉子贮藏技术要点

棉子从轧出到播种需经过 5～6 个月的时间。在此期间，如果温湿度控制不适当，就会引起棉胚内部游离脂肪酸增多，呼吸旺盛，微生物大量繁殖，以致发热霉变，丧失生活力。轧花时要减少破损粒、提高健子率，以保证种子质量。除此之外，应掌握以下技术环节。

1. 合理堆放

棉子可采用包装和散装。散装虽对仓壁压力很小，但也不宜堆得过高。一般只可装满仓库容量的一半左右，最多不能超过 70%，以便通风换气。堆装时必须压紧，可采用边装边踏的方法把棉子压实，以免潮气进入堆内使短绒吸湿回潮。我国华中及华南地区的棉子，堆放不宜压实。棉子入库最好在冬季低温阶段冷子入库，可延长低温时间。但是当堆内温度较高时，则应倒仓或低堆再插入用竹篾编成的通气篓，以利通风散热。

2. 严格控制水分和温度

我国地域广大，贮藏方式应因地制宜。华北地区冬春季温度较低，棉子水分在 12% 以下，已适宜较长时间保管，贮藏方式可以用露天围囤散装堆藏；冬季气温过低，需在外围加一层保护套，以防四周及表面棉子受冻。水分在 12%～13% 以上的棉子要注意经常做测温工作，以防发热变质。如水分超过 13% 以上，则必须重新晾晒，使水分降低后才能入库。棉子要降低水分，不宜采用人工加温机械烘干法，以免引起棉纤维燃烧。

华中、华南地区温湿度较高，必须有相应的仓库设备，采用散装堆藏法。安全水分要求达到 11% 以下，堆放时不宜压实，仓内需有通风降温设备。在贮藏期间保持种温不超过 15℃。长期贮藏的棉子水分必须控制在 10% 以下。

3. 检查管理

（1）温度检查　在 9～10 月份应每天检查 1 次。入冬以后，水分在 11% 以下，每隔 5～10d 检查 1 次，12% 以下则应每天检查。方法可采用每隔 3m 插竹管一根，管粗约为 2cm，一端制成圆锥形以利插入堆内。竹管分上、中、下层，各置温度计一支，定时定点进行观测。

（2）杀虫　棉子入库前如果发现有虫，可在轧花后进行高温暴晒，或将 60℃ 左右的热空气通过种子 5min，再装袋闷 2h，可将棉红铃虫杀死。也可在仓内沿壁四周堆高线以下设置凹槽，在槽内投放杀虫药剂，当越冬幼虫爬入槽内时便可将其杀死。

（3）防火　棉子有短绒，本身含油量又高，遇到火种容易引起燃烧，而且在开始燃烧时往往不易察觉，一旦被发觉时已酿成火灾，应予充分重视。在管理上要严禁火种接近棉子仓库，仓库周围不能堆放易燃物品。工作人员不能带打火机、火柴等物入库，更不能在库内吸烟。在库内甚至不能发生铁器碰撞现象，以免产生火花引起火灾。

4. 脱绒棉子的保管

脱绒棉子是指经过脱绒机械或硫酸处理过的种子。这些棉子因经过处理，其外壳虽然未破碎，但种皮一般都受到机械磨损或腐蚀，透水性增加，比较容易受外界温湿度的影响，不耐贮藏。在贮藏过程中容易引起发热现象。所以，对脱绒棉子应加强管理、多检查，在堆法上应采用包装通风垛或围囤低堆等通风形式更为有利。

（三）包衣棉子的贮藏方法

一般包衣后种子不应做长期贮藏，由于用剩包衣棉子带剧毒农药，无法转商，只能深埋处理，既浪费种子，又会污染环境。

根据研究，只要认真做好安全贮藏，种子发芽率和田间出苗率仍能基本保持原有水平，翌年仍能使用，既能节约种子，又增加经济效益。包衣棉子贮藏特点和方法简介如下。

① 脱绒包衣棉种易于在夏秋两季吸潮、发热、降低发芽率，因此，必须堆成通风垛，

在种垛上、中、下各处均匀放置温度计，掌握温度的变化情况。高温潮湿季节每天检测 1 次，棉子温度需保持在 20℃ 以下。如有异常，迅速采取倒仓或通风降温等措施。最好放入低温库保存，确保种子安全越夏。

② 脱绒包衣棉子种皮脆、薄、机械损伤多，如压力一大往往出现种皮破裂的情况。因此，仓贮中袋装种子高度不应超过 2m。

③ 包衣棉种带有剧毒，发出刺激性气味，仓内不应贮存其他种子。同时，应注意人身安全，以防中毒。

六、大豆

（一）大豆种子的贮藏特性

大豆除含有较高的油分外（17%～22%），还含有非常丰富的蛋白质（35%～40%）。因此，其贮藏特性不仅与禾谷类作物种子大有差别，而与其他一般豆类比较也有所不同。

1. 吸湿性强

大豆子叶中含有大量蛋白质（蛋白质是吸水力很强的亲水胶体），同时由于大豆的种皮较薄，种孔（发芽口）较大，所以对大气中水分子的吸附作用很强。在 20℃ 条件下，相对湿度为 90% 时，大豆的平衡水分达 20.9%（谷物种子在 20% 以下）；相对湿度在 70% 时，大豆的平衡水分仅 11.6%（谷物种子均在 13% 以上）。因此，大豆贮藏在潮湿的条件下，极易吸湿膨胀。大豆吸湿膨胀后，其体积可增加 2～3 倍，对贮藏容器能产生极大的压力，所以大豆晒干以后，必须在相对湿度 70% 以下的条件下贮藏，否则容易超过安全水分标准。

2. 易丧失生活力

大豆水分虽保持在 9%～10% 的水平，如果种温达到 25℃ 时，仍很容易丧失生活力。大豆生活力的影响因素除水分和温度外，种皮色泽也有很大的关系。黑色大豆保持发芽力的期限较长，而黄色大豆最容易丧失生活力。种皮色泽越深，其生活力越能保持长久，这一现象也出现在其他豆类中，其原因是由于深色种皮组织较为致密，代谢作用较为微弱的缘故。

贮藏期间的通风条件影响大豆的呼吸作用，也会间接影响生活力。当大豆水分为 10%，在 0℃ 时放出 CO_2 的量为 100mg/(kg·24h)，当温度升高到 24℃ 时，通风贮藏的，其呼吸强度增至 1073mg/(kg·24h)（即增强 10 倍多），而不通风的仅 384mg/(kg·24h)（还不到 4 倍）。呼吸强度增高，放出水分和热量又进一步促进呼吸作用，很快就会导致贮藏条件的恶化而影响生活力。

根据 Toole 等（1946）的研究，两个大豆品种在高水分（大粒黄为 18.1%，耳朵棕为 17.9%）、30℃ 条件下经 1 个月贮藏，大粒黄种子仅有 14% 的发芽率，而耳朵棕种子则完全死亡。同样水分如在 10℃ 下贮藏 1 年，发芽率分别为 88% 和 76%；而自然风干的种子（大粒黄水分为 13.9%，耳朵棕为 13.4%）10℃ 下贮藏 4 年，发芽率分别为 88% 和 85%；低水分种子（大粒黄水分为 9.4%，耳朵棕为 8.1%）30℃ 条件下经 1 年贮藏，大粒黄和耳朵棕种子仍分别有 87% 和 91% 的发芽率，同样的低水分种子在 10℃ 下贮藏 10 年，发芽率分别为 94% 和 95%。

3. 破损粒易生霉、变质

大豆颗粒椭圆形或接近圆形，种皮光滑，散落性较大。此外大豆种子皮薄、粒大，干燥不当易损伤破碎。同时种皮含有较多纤维素，对虫霉有一定抵抗力。但大豆在田间易受虫害和早霜的影响，有时虫蚀高达50%左右。这些虫蚀粒、冻伤粒以及机械破损粒的呼吸强度要比完整粒大得多。受损伤的暴露面容易吸湿，往往成为发生虫霉的先导，引起大量生霉、变质。

4. 导热性差

大豆含油分较多，而油脂的导热率很小。所以大豆在高温干燥或烈日暴晒的情况下，不易及时降温以至影响生活力和食用品质。大豆贮藏期可利用这一特点以增强其稳定性，即大豆进仓时必须干燥而低温，仓库严密，防热性能好，则可长期保持稳定，不易导致生活力下降。据黑龙江省试验，大豆贮藏在木板仓壁和铁皮仓顶的条件下，堆高4m，于1月份入库，种温为−11℃，到7月份出仓时，仓温达30℃，而上层种温为21℃，中层为10℃，下层为7℃。如果仓壁加厚，仓顶选用防热性良好的材料，则贮藏稳定性将会大大提高。

5. 蛋白质易变性

大豆含有大量蛋白质，远非一般农作物种子可比，但在高温高湿条件下，很容易老化变性，以致影响种子生活力和工艺品质及食用品质。这和油脂容易酸败的情况相同，主要由于贮藏条件控制不当所引起，值得注意。

大豆种子一般含脂肪17%～22%，由于大豆种子中的脂肪多由不饱和脂肪酸构成，所以很容易酸败变质。

（二）豆种子贮藏的技术要点

为了保证大豆的安全贮藏，应注意做好以下工作。

1. 充分干燥

充分干燥是大多数农作物种子安全贮藏的关键，对大豆来说更为重要。一般要求长期安全贮藏的大豆水分必须在12%以下，如超过13%，就有霉变的危险。大豆干燥以带荚为宜，首先要注意适时收获，通常应等到豆叶枯黄脱落、摇动豆荚时互相碰撞发出响声时收割为宜。收割后摊在晒场上铺晒2～3d，荚壳干透，有部分爆裂，再行脱粒，这样可防止种皮发生裂纹和皱缩现象。大豆入库后，如水分过高仍需进一步暴晒，据原粮食部科学研究设计院试验：大豆经阳光暴晒对出油率并无影响，但阳光过分强烈，易使子叶变成深黄色、脱皮甚至发生横断等现象。在暴晒过程中，以不超过44～46℃为宜，而在较低温度下晾晒更为安全稳妥；晒干以后，应先摊开冷却，再分批入库。

2. 低温密闭

大豆由于导热性不良，在高温情况下又易引起红变，所以应该采取低温密闭的贮藏方法。一般可趁寒冬季节，将大豆转仓或出仓冷冻，使种温充分下降后，再进仓密闭贮藏，最好表面加一层压盖物。加覆盖的和未加覆盖的相对比，在种子堆表层的水分要低，种温也低，并且保持原有的正常色泽和优良品质。有条件的地方将种子存入低温库、准低温库、地下库等效果更佳，但地下库一定要做好防潮去湿工作。贮藏大豆对低温的敏感程度较差，因此很少发生低温冻害。

3. 及时倒仓过风散湿

新收获的大豆正值秋末冬初季节，气温逐步下降，大豆入库后，还需进行后熟作用，放出大量的湿热，如不及时散发，就会引起发热霉变。为了达到长期安全贮藏的要求，大豆入库3～4周左右，应及时进行倒仓过风散湿，并结合过筛除杂，以防止出汗发热、霉变、红变等异常情况的发生。

根据实践经验，大豆在贮藏过程中，进行适当通风很有必要。贮藏在缸坛中的大豆，由于长期密闭，其发芽率还比仓库内贮藏的为差。适当通风不仅可以保持大豆的发芽率，还能起到散湿作用，使大豆水分下降，因大豆在较低的相对湿度下，其平衡水分较一般种子为低。

七、蚕豆

(一) 蚕豆的贮藏特性

在农作物中，蚕豆是一种大粒种子，其子叶含有丰富的蛋白质和少量脂肪，种皮比较坚韧；与花生、大豆比较，蚕豆是豆类中较耐藏的一种。蚕豆晒干后在贮藏期间很少有发热、生霉现象，更不会发生酸败、变质等情况，经常遇见的突出问题是仓虫为害和种皮变色。

1. 虫害

蚕豆蟓是为害蚕豆的主要害虫，蚕豆蟓1年发生1代，以幼虫蛀食豆粒，严重时为害率可达90%以上。通常以成虫隐蔽在仓房角落隙缝里或田间枯枝草丛里越冬，次年3月间成虫产卵于刚发育的嫩荚上，孵化后，幼虫钻入豆粒内逐渐成长。当蚕豆成熟收获后，就一同带入仓内继续为害，到8月初羽化为成虫，从豆粒内飞出，躲藏在仓库内越冬。到来年蚕豆开花结荚时，又飞到田间交尾产卵，孵化幼虫蛀食豆粒；这样循环往复，使蚕豆品质下降，生活力很快丧失，造成严重损耗。目前在生产上已采取田间杀虫和仓内防治结合的技术措施，可以大大降低或完全防止蚕豆蟓的为害。

2. 种皮变色

蚕豆的种皮颜色因品种而不同，但大体上可分为两个类型：①青皮蚕豆，种皮青绿色，如老品种阔板青、香珠豆、牛踏扁等；②白皮蚕豆，种皮呈苹果色（即白里带绿），如大白蚕、大秆白等。但也有少数品种的种皮呈紫红色，如浙江嘉兴地区的紫皮蚕豆。青皮蚕豆或白皮蚕豆在贮藏过程中往往随着贮藏期的延长而引起种皮变色。变色一般在内脐（合点）和侧面隆起部分先出现，开始呈淡褐色，以后范围逐步扩大，由原来的青绿色或苹果绿色转变为褐色、深褐色乃至红色或黑色。

蚕豆变色的原因是由于蚕豆子粒内含有多酚氧化物质及酪氨酸等。这些物质参与氧化反应，其发展速度除与温度及pH值有直接关系外，还受光线、水分及虫害的影响。当温度达40～44℃、pH值在5.5左右时，氧化酶的活性最强；而在强光、高水分及虫蚀的情况下，酶的作用更为活跃，因而促使蚕豆变色加快，色泽加深。从散装的种子堆来看，上层表面易受到水、温、光的综合影响，所以首先变色，且变色程度较其他部分严重。在60cm以下，变色程度逐步减轻；通过高温夏季，变色较多，而度过冬季则变色较少；水分达11%～12%的变色较少，13%以上的变色较多。豆粒遭受虫害的，也比较容易引起变色。蚕豆变色不很严重的子粒，仍能正常发芽，可用来播种；但变色较深且贮藏时间较久（特别是通过炎夏季节）的就显著降低生活力，即使播后能出芽，也长成落后苗，造成减产。

（二）蚕豆贮藏的技术要点

根据生产实践经验，蚕豆贮藏应针对上述两特点将注意力集中在防治蚕豆螟和防止种皮变色两方面。

1. 防治蚕豆螟

上述提到蚕豆螟的成虫是当蚕豆开花结荚期在田间产卵并孵化为幼虫，到收获入库以后，幼虫才发育化蛹和羽化为成虫。因此，防治工作要采取生产单位与贮藏单位相互协作、田间和仓内同时并举的综合体系。在具体操作上要紧紧抓住两个关键时刻，一个是蚕豆开花期，此时正当成虫集中田间活动交尾时期，需抓紧田间杀虫以防止产卵；另一个时期是收获以后到7月底以前，此时正是幼虫发育和化蛹期，需抓紧入库前后杀虫以防止成虫羽化。

仓内防治主要是药剂熏蒸，种子水分在12%以下的，可用氯化苦或磷化铝；水分超过12%的种子，不宜用氯化苦，以免影响发芽力。熏蒸时间最好在7月底以前，否则成虫一经羽化完成，就从种子里穿孔飞出，藏匿在各种隐蔽地方，不但本批种子受到严重损失，而且使来年蚕豆在开花期间的为害范围更扩大。

生产单位贮藏蚕豆多采用两种方法杀虫：开水浸烫和药剂熏蒸。开水浸烫法是将蚕豆放箩筐或竹篮里，约占容积1/2，浸入正在滚着的开水中浸烫 25～28s（不可超过 30s），边浸、边拌使热度均匀。取出后，放入冷水中浸凉，立即摊晾干燥，一般杀虫效果可达100%。但必须注意蚕豆的原始水分需在13%以下，浸烫时间掌握在 30s 以内，烫后随即冷却晒干，否则可能会影响发芽力。另一种是用药剂熏蒸法，即将蚕豆密封在坛里，投入氯化苦或磷化铝片剂，然后密封 72h 亦可杀死全部害虫。剂量按每立方米蚕豆 700kg 计算，用氯化苦 50～60g 或磷化铝 3 片（约相当于每 50kg 蚕豆用氯化苦 4g 或每 225kg 蚕豆用磷化铝 1 片），此法比较简便，但必须注意安全问题，预先做好充分准备工作，防止发生意外。蚕豆秸是隐藏蚕豆螟的重要场所，需在 7月底即羽化成虫以前全部烧掉，以减少后患。

2. 防止种皮变色

根据生产实践上的探索，影响蚕豆变色的主要因素是光线、温度和水分。因此，要防止蚕豆变色，应该避光、低温和干燥三方面同时兼顾。据上海市 1972 年试验结果，可得到初步结论如下。

① 低温可防止变色，效果好。蚕豆收获后到晚秋播种需经过一个夏季，要保持低温在 5℃以下虽然目前尚存在一些困难，但进入冬令以后实行冷冻密闭，在较长保藏时期减少变色程度，仍有相当实践意义。

② 氧气和蚕豆变色关系不很明显。将蚕豆装入牛皮纸袋，外套塑料袋、密封、抽真空 93325.4Pa（700mmHg），有一定效果。但真空密闭保藏对保持蚕豆生活力有一定的损害。

③ 暴晒时带荚或不带荚壳对变色无直接影响。

④ 避光保藏（装在涂墨汁的牛皮纸袋，再加套一层塑料袋，密闭）对防止变色效果显著，方法简便易行，可供生产上广泛应用。浙江农业大学种子教研室用去氧剂密封贮藏

蚕豆，明显降低种子的变色百分率。目前农村生产单位保藏蚕豆种子，数量一般不很大，多采用囤藏法，水分晒到11%左右，表面用草包覆盖以减少吸潮，对防止变色有一定作用。用等量干河沙与蚕豆分层压盖法，经证明对控制虫害及防止变色都有很好效果。如当地缺少河沙，可采用谷糠贮藏法，亦有同样效果。具体做法是在蚕豆入库时，先在囤底垫30～50cm的谷糠，摊平，倒10cm厚的蚕豆一层，然后上面铺3～5cm的谷糠。像这样一层谷糠、一层蚕豆相间铺平，到适当高度时，再在表面加盖30cm厚的谷糠一层。另一种保藏方法是用新鲜干燥的谷糠（按1筐蚕豆、2筐谷糠的比例）拌匀藏在算囤中，囤底要垫一层谷糠，囤的周围和种子堆表面都应加谷糠一层以防潮隔热，囤高以1.5～2m为宜。

采用上法时，需注意以下几点：

a. 蚕豆水分必须在12%以下。

b. 所用谷糠需干燥无虫、新鲜清洁，垫底的和表层覆盖的谷糠应厚实，覆盖的谷糠要经常检查，如发现结露返潮，应及时调换。

c. 每次检查完毕，需立即照原状覆盖严密。

d. 围囤边沿空隙部分需灌注谷糠以杜绝害虫通过。

八、豌豆

（一）豌豆的贮藏特性

豌豆的化学成分和蚕豆很相近，但颗粒呈球形且较小，种子堆的密度较大，其种皮亦不及蚕豆坚厚，因此在耐藏性方面远不如蚕豆，在同样的条件下进行保藏，其生活力较易丧失。

1. 虫害

豌豆在贮藏中经常发生的问题是豌豆螟的为害。据某些地区调查，一般为害率可达30%左右，而最严重的可达90%。重量损失，一般轻度为害的约15%，严重的达40%左右。

豌豆螟是在豌豆开花结荚期间产卵在嫩荚上。幼虫孵化出来就咬破豆荚，侵入豆粒中，以后随着豌豆收获带入仓库，继续在豆粒中发育、化蛹，最后羽化为成虫，隐匿在仓库隙缝、屋檐瓦缝里越冬。到次年豌豆开花期又飞到田间交尾产卵。

2. 散落性好

豌豆的容重约为800g/L，比重达1.32～1.40，静止角在21°～30°，散落性好，孔隙度小，如大量散装，对仓壁或其他容器的侧压力是相当大的（超过大多数农作物种子）。因此，在仓库建筑时必须注意材料的强度与构造的坚牢度。

（二）豌豆贮藏的技术要点

豌豆贮藏的关键就是如何能有效地防止豌豆螟的为害，从实践中摸索出采用囤套囤密闭贮藏法是一种切实易行的措施。当豌豆刚收获后，呼吸作用非常旺盛，产生大量热量；用密闭保温法使热量不易散发，种温很快升高，经过一定时间，即可杀死潜伏在豆粒内的豌豆螟幼虫。同时由于豌豆螟在高温下强烈呼吸作用所产生的大量CO_2，也能促使其幼虫窒息死亡。此法具体步骤是当豌豆收获后，趁晴天晒干，使水分降到14%以下；当种温晒到相当高时，趁热入囤密闭，使在密闭期间温度继续上升达到50℃以上（如未达到，杀虫效果不可靠），入仓前预先在仓底铺一层谷糠（先经过消毒），压实，厚度需在 30cm 以上。糠面垫一层席子，席子上围一圆囤，其大小随豌豆数量而定，然后将晒干的豌豆倒进囤内，再在囤的外围做一套囤，内外囤圈的距离应相隔 30cm 以上。在两囤的空隙间装满谷糠，最后囤面再覆盖一层席子，席上铺一层谷糠，压实，厚度需在 30cm 以上，这样豌豆上下和四周都有 30cm 厚的谷糠包围着，密闭的时间一般为 30～50d，随种温升高程度加以控制。

豌豆密闭后的 10d 内，需每天检查种温，每隔 1d 检查虫霉情况，到 10d 以后，就可每隔 3～5d 检查 1 次。豌豆在密闭前后均需测定发芽率。上述方法除囤边部位有时有很少数害虫未杀死外，其他部位能达到 100% 的杀虫效果，而且经过这样处理的豌豆不降低发芽率。理化特性也不受影响，但必须抓紧在豌豆收获后尽快进行处理。

消灭豌豆蟓亦可采用开水烫种法，即用大锅将水烧开，把豌豆（水分在安全标准以内）倒入竹筐内，浸入开水中，迅速用棍搅拌，经 25s，立即将竹筐提出放入冷水中浸凉，然后摊在垫席上晒干贮藏。处理时要严格掌握开水温度，勿突然下降，烫种时间不可过长或过短，开水需将全部豌豆浸没，烫时要不断搅拌。

九、花生

（一）花生种子的贮藏特性

1. 原始水分高，易发热生霉

花生的荚果刚收获时水分很高，可达 40%～50%。由于颗粒较大、荚壳较厚，而且子叶中含有丰富蛋白质，所以水分不易散发，但它的安全水分则要求达到 9%～10% 以下，有时暴晒 4～5d，还不能符合标准。花生荚果到一定干燥程度，质地变为松脆，容易开裂，不耐压，而吸湿性较强，在贮藏过程中很容易遭受外界高温、潮湿、光线或氧气等不良影响，如果对水分和温度这两个主要因素控制不当，往往造成发热、霉变、走油、酸败、含油率降低以及生活力丧失等一系列品质变化。据生产实践经验，花生荚果含水分 11.4%，同时温度升高到 17℃，即滋生霉菌引起变质；特别是经黄曲霉菌为害，就会产生黄曲霉毒素，对人、畜有致癌作用，不论种用或食用都失去价值。此外花生荚果从土中收起，带有泥沙杂质，一经淘洗，荚壳容易破裂，更难晒干，在贮藏期间就会引起螨类和微生物的繁殖和为害。

2. 干燥缓慢，易受冻害，失去生活力

花生种子生长于地下，收获时含水量可高达 40%～50%，花生收获期正值秋季凉爽季节，如天气情况太差，未能及时收获，易造成子房柄霉烂，荚果脱落，遗留在土中，或由于子房柄入土不深，所结荚果靠近土面，这都可能遭到早霜侵袭，使种子冻伤。同时由于花生种子较大，其中又含有较多的蛋白质，水分不易散失，在严寒来临之际，种子水分不能及时降至受冻的临界水分以下时，也会受到低温冻害。根据观察，花生的植株在 −1.5℃ 时即将受冻枯死，到 −3℃，荚果即受到冻害。受冻的花生种子色泽发暗、发软，有酸败气味。在纬度较高地方，花生贮藏最突出的问题是早期受冻和次年度过夏季。一般花生产区，花生种子的发芽率仅 50%～70%，值得加以重视。

花生收获后未能及时干燥，也能造成冻害。根据王景升等研究，含水量 38.41%～45.15% 的花生种子在 −3～−2℃ 条件处理 12h，则使发芽率明显降低；含水量 24% 的种子，在 −6℃ 条件下存放 3d，发芽率显著下降。据河北省秦皇岛市粮食仓库的资料，受冻的花生不但丧失生活力，同时食用品质也显著下降（表 3-25）。

表 3-25　花生种子受冻以后的化学成分变化

试样	成分					
	水分/%	脂肪/%	脂肪酸/%	蛋白质/%	糖类/%	灰分/%
正常粒	9.32	42.53	26.83	31.74	15.40	1.96
受冻粒	9.28	40.12	29.67	31.59	18.18	1.83

3. 种皮薄，含油多，怕晒，对高温敏感

花生种子的种皮薄而脆，如日晒温度较高，种皮容易脆裂，色泽变暗。而且在暴晒过程中，由于多次翻动会导致种皮破裂，破瓣粒增加，贮藏时易诱发虫霉，呼吸强度也会升高，降低贮藏稳定性和种子品质。若未充分晒干而天气连续阴雨，种皮就失去光泽，子粒发软。花生种子含油分 40%～50%，在高温、高湿、机械损伤、氧气、日光及微生物的综合影响之下，很容易发生酸败。花生种子除含有丰富的油分外，还含有较多的蛋白质，可为微生物的繁殖和发育提供有利条件。这些都是花生容易丧失生活力的重要因素。

（二）花生种子贮藏技术要点

总起来说，花生保藏的主要关键在于适时收获（防冻）、充分干燥（防冻防热）、冷却进仓、低温密闭、播前脱壳。

1. 适时收获，抓紧干燥

花生种子收获过早，子粒不饱满，产量低，发芽率也低；而收获太迟，不但容易霉烂、变质，而且早熟花生会在田间发芽，晚熟花生还可能受冻。因此花生种子应在成熟适度的前提下适时收获，以免受冻害丧失生活力。一般晚熟品种应在寒露至霜降之间收获完毕。据生产实践经验，刚收获的荚果一经霜冻就不能发芽。正常情况下，当植株上部叶片变黄，中、下部叶片由绿转黄，大部分荚果的果壳硬化、脉纹清晰、海绵组织收缩破裂、种仁子粒饱满、种皮呈现本品种特有光泽时，即可收获。为避免收获时遭受霜冻，晚熟品种收获时要与早霜错开至少 3d 以上，收获后要及时干燥。

花生采收后，应采取全株晾晒，这样不仅干燥快、干燥安全，而且有利于植株中的养分继续向种子转移。在田间晾晒时，可将荚果朝上，植株向下顺垄堆放。也可运到晒场上，堆成南北小长垛，蔓在内，荚果在两侧朝外，晾晒过程中应避免雨淋。倘收获时遇到阴雨天气，需将花生荚果上的湿土除去，放在木架上，堆成圆锥形垛，荚果朝里，并留孔隙通风。晾晒 7d 左右即可将荚果摘下。

2. 荚果贮藏

花生荚果贮藏过夏，需将水分控制在 9%～10% 以下。干燥的荚果在冬季通风降温后，趁低温密闭贮藏。高水分的荚果可用小囤贮存过冬，经过通风干燥后，第 2 年春暖前再入仓密闭保管。如水分超过 15%，在冬季低温条件下，易遭受冻害，必须设法降低水分，才能保藏。

种用花生一般以荚果贮藏为妥。最好在晒干以后，先摊开通风降温，待气温降至 10℃ 以下时，再入仓贮藏，以防止早期入仓发热。花生入仓初期，尚未完成后熟，呼吸强度大，需注意通风降温，否则可能造成闷仓、闷垛的异常情况，严重影响发芽率。在次年播种前不宜脱壳过早，否则会影响发芽率，一般应在播种前 10d 脱壳。

留种花生荚果最好用袋装法贮藏，剔除破损及嫩粒，水分在 9%～10%，堆垛温度不宜超过 25℃。如进行短期保藏，可采用散装贮藏，堆内设置通气筒，堆高不超过 2m（不

论脱壳与否，均不耐压）。

从安全贮藏角度看，用荚果贮藏具有许多优越性：种子有荚壳保护，不易被虫霉为害；荚果组织疏松，一经晒干，不易吸潮，受不良气候条件影响较小，生活力可以保持较久；对检查和播种前的选种工作较为方便，特别是鉴定种子的品种纯度和真实性等。其唯一缺点就是体积较大，比用种仁贮藏需多占仓容 2 倍以上。

3. 种仁贮藏

作为食用或工业用的花生，一般都以种仁（花生米）贮藏。需待荚果干燥后再行脱壳。脱壳后的种仁如水分在 10％以下可贮藏过冬；如水分在 9％以下能贮藏到次年春末；如果要度过次夏水分必须降至 8％以下，同时种温控制在 25℃以下。据山东省经验，花生仁安全贮藏的临界水分和温度见表 3-26。在贮藏期间如检查出水分或温度超过临界标准太大，就需及时采取适当措施，以防止其恶化。

表 3-26　花生仁安全贮藏的临界水分和温度

临界水分/％	7	8	9	10
临界温度/℃	28	24	20	16

花生仁吸湿性强，度过高温高湿的梅雨季节和夏季，很容易吸湿生霉。经充分干燥的花生仁，通过寒冷的冬季，一到来春气温上升，湿度增高，就应进行密闭贮藏。密闭方法为先压盖一层席子，上面再盖压一层麻袋片。席子的作用除隔热防潮外，还可防止工作人员在上面走动时踩伤花生仁，麻袋片能吸收空气中水汽，回潮时取出晒晾，再重新盖上，这称为"麻袋片搬水法"。如能保持水分在 8％以下，种温不超过 20℃，则很少发生脂肪变质或种粒发软等现象。据山东省用河沙压盖密闭保管试验，从 4 月份保管到 7 月份，密闭保管在含油量、色泽、气味等方面都比通风保管变化小。

十、高粱

高粱为我国北方地区的主要杂粮，有粒用、糖用、饲用和粮食兼用等多种类型。为配套制种，还有不育系、保持系和杂交种等。

（一）高粱种子的贮藏特性

1. 种粒结构与成分

高粱种粒一般外被颖壳，内有种皮、胚和胚乳等。其主要化学成分见表 3-27。

表 3-27　高粱种粒主要化学成分

种粒部分	粗蛋白/％	粗脂肪/％	粗纤维/％	无氮浸出物/％	灰分/％	钙/％	磷/％
整粒	7.4～11.4	2.8～4.5	1.0～8.0	64.2～73.9	1.8～4.9	0.02～0.19	0.11～0.41
糠层	10.3	9.2	10.0	54.5	6.0	0.37	0.68
颖壳	2.2	0.5	26.4	44.8	17.4	—	0.11

高粱种子种皮内还含有不同程度的色素和单宁（抗鸟害的杂交高粱单宁含量可达 2.36％～7.25％）。由于单宁的存在，对鸟、虫和霉菌有防御作用。但单宁有致癌性，故食用品种以含单宁少或不含为宜。单宁含量在蜡熟期比完熟期高，经低温（−2℃）贮藏可以减少。此外，据研究，高粱种粒内还含有 20 种以上的甲基甾醇、脱甲基甾醇和三萜烯类物质，这些物质对动物有很强的生理作用，如能降低消化率和氨基酸的利用率等。

2. 水分高、杂质多、易霉变

北方地区高粱种子收获时天气寒冷，不易干燥，入仓水分多在 16%～25%；同时经常混入护颖等杂质，既易吸湿，又易堵塞种堆孔隙，不利于通风散湿，易发生霉变。霉变时，粒面生白色菌丝，继之胚部出现绿色菌落，粒面变黑。种皮和胚乳间由于单宁氧化而呈现紫圈。整个霉变过程约 15d 左右，温度可高达 50～80℃。

（二）高粱种子贮藏技术要点

1. 除杂降水

高粱在收获脱粒后杂质较多，必须清选除杂，以保证种子的通透性，减少吸湿和虫病。降低水分，使种子保持干燥，这是做好高粱种子贮藏的关键。据东北地区的经验，高粱种子的相对安全水分见表 3-28。

表 3-28　高粱种子相对安全水分

水分/%	13	14	15	16	17	18
温度小于/℃	30	25	20	15	10	5

2. 低温密闭

高粱种子适宜低温密闭贮藏。据东北地区实地保管经验，凡在低温季节经过清理除杂入库的高粱种子，水分在 14.5%～15.0% 的也可以安全度夏。据吉林省试验，2 月份低温入库的高粱种子水分为 14.6%，种堆上部温度为 -10℃，中部为 -6℃，到 8 月份上部种温 20℃，中部 16℃，可安全度夏。另一高粱种子水分为 14.4%，3 月份入库，种温 2℃，到 8 月份发生变化，种温达到 23℃，已稍有发热，并使种子水分增加到 15.2%。据报道，少量种子在充分干燥后，于低温下密闭贮藏，经 17 年还可保持 98% 的发芽率。

高粱种子容易发生的害虫有米蛾、印度谷蛾和麦蛾等。虫害多发生在距种堆表层 5～10cm 处，下部很少见。因此必须在入库前做好清仓消毒和害虫防治工作。在夏季要做好防潮防热工作；在气温下降季节，要防止种子的结露，以利于较长时间贮藏。

十一、蔬菜

（一）蔬菜种子的贮藏特性

蔬菜种子种类繁多，种属各异，甚至分属不同科。种子的形态特征和生理特性很不一致，对贮藏条件的要求也各不相同。

蔬菜种子的颗粒大小悬殊，大多数种类蔬菜的子粒比较细小，如各种叶菜、番茄、葱类等种子。并且大多数的蔬菜种子含油量较高。

蔬菜大多数为天然异交作物，在田间很容易发生生物学变异。因此，在采收种子时应进行严格选择，在收获处理过程中严防机械混杂。

蔬菜种子的寿命长短不一，瓜类种子由于有坚固的种皮保护，寿命较长，番茄、茄子种子一般室内贮藏 3～4 年仍有 80% 以上的发芽率。含芳香油类的大葱、洋葱、韭菜以及某些豆类蔬菜种子易丧失生活力，属短命种子。对于短命的种子必须年年留种，但通过改变贮藏环境，寿命可以延长。如洋葱种子经一般贮藏 1 年就变质，但在含水量降至 6.3%，-4℃ 条件下密封贮藏 7 年仍有 94% 的发芽率。

(二) 蔬菜种子贮藏技术要点

1. 做好精选工作

蔬菜种子子粒小，重量轻，不像农作物种子那样易于清选。子粒细小及种皮带有茸毛短刺的种子易黏附和混入菌核、虫瘿、虫卵、杂草种子等有生命杂质以及残叶、碎果种皮、泥沙、碎秸秆等无生命杂质。这样的种子在贮藏期间很容易吸湿回潮，还会传播病虫杂草，因此在种子入库前要对种子充分精选，去除杂质。蔬菜种子的清选对种子安全贮藏、提高种子的传播质量比农作物种子具有更重要的意义。

2. 合理干燥

蔬菜种子日光干燥时需注意，小粒种子或种子数量较少时，不要将种子直接摊在水泥晒场上或盛在金属容器中置于阳光下暴晒，以免温度过高烫伤种子。可将种子放在帆布、苇席、竹垫上晾晒。午间温度过高时，可暂时收拢堆积种子，午后再晒。在水泥晒场上晒大量种子时，不要摊得太薄，并经常翻动，午间阳光过强时，可加厚晒层或将种子适当堆积，防止温度过高，午后再摊薄晾晒。

也可以采用自然风干方法，将种子置于通风、避雨的室内，令其自然干燥。此法主要用于量少、怕阳光晒的种子，以及植株已干燥而种果或种粒未干燥的种子。

3. 正确选用包装方法

大量种子的贮藏和运输可选用麻袋、布袋包装。金属罐、盒适于少量种子的包装或大量种子的小包装，外面再套装纸箱可长期贮存或销售，适于短命种子或价格昂贵种子的包袋。纸袋、聚乙烯铝箔复合袋、聚乙烯袋、复合纸袋等主要用于种子零售的小包装或短期贮存。含芳香油类蔬菜种子如葱、韭菜类，采用金属罐藏效果较好。密封容器包装的种子，水分要低于一般贮藏的含水量。

4. 大量和少量种子的贮藏方法

大量种子的贮藏与农作物贮藏的技术要求基本一致。留种量较多的可用麻袋包装，分品种堆垛，每一堆下应有垫仓板以通风。堆垛高度一般不宜超过6袋，细小种子如芹菜之类不宜超过3袋。隔一段时间要倒装翻动一下，否则底层种子易压伤或压扁。有条件的应采用低温湿库贮藏，有利于种子生活力的保持。

蔬菜种子的少量贮藏较广泛，方法也更多。也可以根据不同的情况选用合适的方法。

(1) 低温防潮贮藏　经过清选并已干燥至安全含水量以下的种子装入密封防潮的金属罐或铝箔复合薄膜袋内，再将种子放在低温干燥条件下贮藏。灌装、铝箔复合袋在封口时还可以抽成真空或半真空状态，以减少容器内氧气量，使贮藏效果更好。

(2) 在干燥器内贮藏　目前我国各科研或生产单位用得比较普遍的是将精选晒干的种子放在纸袋或布袋口中，贮于干燥器内。干燥器可以采用玻璃瓶、小口有盖的缸瓮、塑料桶、铝罐等。在干燥器底部盛放干燥剂，如生石灰、硅胶、干燥的草木灰及木炭等，上放种子袋，然后加盖闭。干燥器存放在阴凉干燥处，每年晒1次，并换上新的干燥剂。这种贮藏方法保存时间长，发芽率高。

(3) 整株和带荚贮藏　成熟后不自行开裂的短角果，如萝卜及果肉较薄、容易干缩的辣椒，可整株拔起；长荚果，如豇豆，可以连荚采下，捆扎成把。以上的整株或扎成的把，可挂在阴凉通风处逐渐干燥，至农闲或使用时脱粒。这种挂藏方法，种子易受病虫损害，保存时间较短。

5. 蔬菜种子的安全水分

蔬菜种子的安全水分随种子类别不同，一般保持在 8%～12% 为宜，水分过高则贮藏期间生活力下降很快。根据我国最新"农作物种子质量标准"，不结球白菜、接球白菜、辣椒、番茄、甘蓝、球茎甘蓝、花椰菜、莴苣含水量不高于 7%；茄子、芹菜含水量不高于 8%；冬瓜含水量不高于 9%；菠菜含水量不高于 10%；赤豆（红小豆）、绿豆含水量不高于 8%；大豆、蚕豆含水量不高于 12%。在南方气温高、湿度大的地区特别应严格掌控蔬菜种子的安全贮藏含水量，以免种子发芽力下降。

情境教学十三　主要作物种子贮藏

学习情境	学习情境 13　几种主要作物的种子贮藏
学习目的要求	1. 了解几种主要作物种子的物理特性 2. 掌握几种主要作物种子的贮藏技术
任务	对几种主要作物种子进行贮藏管理
基础理论知识	了解种子的特征特性，掌握种子的贮藏要求
水稻种子的贮藏	（一）水稻种子的贮藏特性：水稻种子贮藏特性主要包括以下几方面 1. 散落性差 2. 通气性好 3. 耐热性差 4. 稃壳具有保护性 （二）水稻种子贮藏技术要点：稻种有稃壳保护，比较耐贮藏，只要做好适时收获，及时干燥，控制种温和水分，注意防虫等工作，一般可达到安全贮藏的目的
小麦种子的贮藏	小麦收获时正逢高温多湿气候，即使经过充分干燥，入库后如果管理不当，仍易吸湿回潮、生虫、发热、霉变，贮藏较为困难，必须引起重视 （一）小麦种子的贮藏特性 1. 易吸湿 2. 通气性差 3. 耐热性好 4. 后熟期长 （二）小麦种子贮藏技术要点 1. 干燥密闭贮藏 2. 密闭压盖防虫贮藏 3. 热进仓贮藏 （三）为提高麦种热进仓贮藏效果，必须注意以下事项 1. 严格控制水分和温度 2. 入库后严防结露 3. 抓住有利时机迅速降温 4. 通过后熟期的麦种不宜采用热进仓贮藏
玉米种子的贮藏	玉米种子贮藏中又极易发生发热、霉变与低温冻害等种子劣变现象，因此安全、有效地贮藏玉米种子具有重要意义 （一）玉米种子的贮藏特性：穗贮与粒贮并用是玉米种子贮藏的一个突出特点。一般新收获的种子多采用穗贮以利通风降水，而隔年贮藏或具有较好干燥设施的单位常采取脱粒贮藏 1. 种胚大，呼吸旺盛，容易发热 2. 玉米种胚易遭虫霉为害 3. 玉米种胚容易酸败 4. 玉米种子易遭受低温冻害 5. 玉米穗轴特性 （二）玉米种子贮藏技术要点：保管好玉米种，关键在于种子水分。低水分种子如不吸湿回潮，则能长期贮藏而不影响生活力。据各地经验，我国北方玉米种子水分在 14% 以下，种温不高于 25℃；南方玉米种子水分在 13% 以下，种温不超过 30℃，可以安全过夏

学习情境	学习情境13 几种主要作物的种子贮藏
油菜种子的贮藏	(一)油菜种子的贮藏特性:油菜种子贮藏特性主要包括以下三个方面 1. 吸湿性强 2. 通气性差,容易发热 3. 含油分多,易酸败 (二)油菜种子贮藏技术要点 1. 适时收获,及时干燥 2. 清除泥沙杂质 3. 严格控制入库水分 4. 低温贮藏 5. 合理堆放 6. 加强管理勤检查
棉花种子的贮藏	(一)棉子的贮藏特性:棉子种皮厚,一般在种皮表面附有短绒,导热性很差,在低温干燥条件下贮藏,寿命可达10年以上,在农作物种子中是属于长命的类型。但如果水分和温度较高,就很容易变质,生活力在几个月内完全丧失 1. 耐藏性好 2. 通气性差 3. 含油分多,易酸败 (二)棉子贮藏技术要点:棉子从轧出到播种需经过5～6个月的时间。在此期间,如果温湿度控制不适当,就会引起棉胚内部游离脂肪酸增多,呼吸旺盛,微生物大量繁殖,以致发热霉变,丧失生活力。轧花时要减少破损粒提高健子率,以保证种子质量。除此之外,应掌握以下技术环节 1. 合理堆放 2. 严格控制水分和温度 3. 检查管理:温度检查;杀虫;防火 4. 脱绒棉子的保管
大豆种子的贮藏	(一)大豆种子的贮藏特性:大豆除含有较高的油分外(17%～22%),还含有非常丰富的蛋白质(35%～40%)。因此,其贮藏特性不仅与禾谷类作物种子大有差别,而与其他一般豆类比较也有所不同 1. 吸湿性强 2. 易丧失生活力 3. 破损粒易生霉、变质 4. 导热性差 5. 蛋白质易变性 (二)豆种子贮藏的技术要点:为了保证大豆的安全贮藏,应注意做好如下工作 1. 充分干燥 2. 低温密闭 3. 及时倒仓过风散湿
花生种子的贮藏	(一)花生种子的贮藏特性 1. 原始水分高,易发热、生霉 2. 干燥缓慢,易受冻害,失去生活力 3. 种皮薄,含油多,怕晒,对高温敏感 (二)花生种子贮藏技术要点:总起来说,花生贮藏的主要关键在于适时收获(防冻),充分干燥(防冻防热),冷却进仓,低温密闭,播前脱壳 1. 适时收获,抓紧干燥 2. 荚果贮藏 3. 种仁贮藏

模块三

基本技术

147

学习情境	学习情境 13　几种主要作物的种子贮藏
高粱种子的贮藏	（一）高粱种子的贮藏特性 1. 种粒结构与成分 2. 水分高、杂质多、易霉变 （二）高粱种子贮藏技术要点 1. 除杂降水 2. 低温密闭
学生实境教学过程	1. 分组进行不同作物的种子贮藏技术操作 2. 首先制定不同作物的贮藏管理计划 3. 分组说出不同作物种子贮藏的特点，贮藏期间注意事项，主要操作环节
考核评价标准	1. 学生按照要求逐项操作，没有违规现象，能正确进行不同作物的贮藏 2. 种子贮藏操作规范，种子贮藏达到要求
评定学习效果	按考核评价标准分别按优秀、良好、及格、不及格来评定学生的学习和操作效果

十二、顽拗型种子

顽拗型种子是指那些不耐干燥和零上低温的种子，也即对干燥和低温敏感的种子。是相对于能在干燥、低温条件下长期贮藏的"正常型"种子而言。顽拗型种子的生理和贮藏特性均不同于通常所说的正常型种子，在贮藏上有一定难度，以往对这方面的介绍较少，但顽拗型种子往往具有较高的经济价值，因此有必要了解这方面的知识。

（一）顽拗型种子研究的意义和生理特性

1. 顽拗型种子研究的意义

农作物种子如禾谷类种子均为正常型种子。据研究，产生顽拗型种子的植物有两大类：

① 水生植物，如水浮莲与菱的种子。

② 具有大粒种子的木本多年生植物，包括若干重要的热带作物，如橡胶、可可、椰子；多数的热带果树，如油梨、芒果、山竹、榴莲、红毛丹、菠萝蜜；一些热带林木，如坡垒、青皮、南美杉；一些温带植物，如橡树、板栗、七叶树。

顽拗型种子由于其贮藏特性的关系，寿命较短，即使采用含水量较高的贮藏条件，保存寿命只有几个月甚至几周。国内对顽拗型种子贮藏技术的研究还处于摸索阶段。因为这类种子的贮藏特性种间差异很大，即使同一种的不同变种也不一样，需逐个研究。由于顽拗型种子多属经济价值较高或珍贵的作物，国内外均将其列为重点研究对象。

2. 顽拗型种子的生理特性

（1）干燥脱水易损伤　种子水分干燥至某一临界值，一般为 $12\%\sim35\%$，种子则死亡。种子在干燥过程中常发生脱水损伤，降低种子活力。如红毛丹种子在水分 13%、榴莲种子在水分 20% 就会丧失生活力。据此有人把顽拗型种子也称为干燥敏感型种子。

（2）易遭冻害和冷害　种子冻害是指零下温度对种子产生的危害。顽拗型种子由于水分高，在零下温度会在细胞内形成冰晶体而杀死细胞，从而导致种子死亡。而热带的顽拗型种子对温度更敏感，不但易遭冻害，而且易遭冷害。种子冷害是指温度在 $0\sim15℃$ 之间对种子产生的危害。如可可、红毛丹、婆罗洲樟种子在 $10℃$，芒果在 $3\sim6℃$ 就会死亡。

有时冷害往往不是低温的直接作用，而是在种子吸胀时发生损伤，故也称吸胀损伤。

（3）属大型或大粒种子　顽拗型种子较大，水分较高，因此种子千粒重通常大于500g。如椰子、芒果千粒重 50 万～100 万克、栗子、面包果 600～8000g。

（4）不耐贮藏，寿命短　顽拗型种子到目前为止只能保存几个月或几年。如橡胶种子在湿木屑中，外用有孔的聚乙烯带包装，在 7～10℃下只能保存 4 个月。

（5）多数属于热带和水生植物　顽拗型种子多数属于热带和水生植物而且多数属于多年生。种子成熟时水分较高。对于顽拗型、正常型种子曾有很多人进行区分。King 和 Roberts 根据文献报道，列出了可以划分为顽拗型种子的大约 90 个种。较近的划分是 Ellis（1984）及 Bajaj（1987），但随着研究的不但深入，顽拗型种子的目录不断在修改。

（二）顽拗型种子的贮藏特性

1. 影响顽拗型种子长期贮藏的因素

（1）干燥损伤　种子离开母体时往往水分很高，其致使临界水分也很高，如银槭种子的致死临界水分是低于 40%，可可种子是 36.7%。这样高的水分很容易引起生活力丧失，特别是干燥时易损伤。

（2）不耐低温、发生冷害　所有顽拗型种子的贮藏温度都不低于 0℃，否则就会因细胞中形成冰晶体而致死。其中有些种子因会发生冷害，对温度要求则更高。

（3）微生物的生长旺盛　一般来说，种子水分在 9%～10% 以上，细菌就开始为害；种子水分 11%～14% 以上，真菌开始为害。而顽拗型种子不会致死的临界水分大都在 15% 以上，显然这给微生物的旺盛生长提供了有利的条件，为害的严重程度不言而喻。

（4）呼吸作用强　由于种子水分和贮藏温度高，所以种子代谢旺盛，需氧量大，呼吸作用强，这就是顽拗型种子不能密闭贮藏的原因。

（5）贮藏期间发芽现象　在适宜条件下，一般种子在水分 35% 以上就会发芽。而由于一些顽拗型种子的致死临界水分很高，所以很容易在贮藏期间发芽。如葫芦科的一种南瓜种子致死的临界水分是 40%～60%，它甚至在成熟时期就在果实内发芽长根。由此可见，用常规的方法进行顽拗型种子长期贮藏是不可能的。有一些顽拗型种子的寿命只有几周，连运输和短期贮藏都很困难。

2. 顽拗型种子贮藏中通常采取的一些有效措施

① 种子水分保持在临界水分以上，新鲜种子适当干燥，但切不可低于其临界值，否则将会产生干燥损伤。

② 种子水分要控制在低于其萌发所需的含水量。

③ 种子保存于潮湿、疏松的物质中，并使用杀菌剂以防真菌生长。

④ 保持足够氧气供应。

⑤ 将种子保存在较低温度下，但应在受冷冻损害的临界温度之上。

⑥ 尽量使种子处于休眠状态。

3. 顽拗型种子保存的关键措施

这是针对影响顽拗型种子长期贮藏的因素而采取的。归纳起来有三大主要措施：

（1）控制水分　对顽拗型种子来说，适宜的种子水分对保持生活力是至关重要的；贮藏水分过高不仅对生活力保持不利，而且很易发芽；但水分过低，顽拗型种子会产生脱水损伤。可见，最好的方法是使种子水分略高于致死的临界水分。由于顽拗型种子要求水分高，要维持这么高的水分必须保湿。可采取潮湿、疏松介质，通常用木炭粉、木屑及干苔藓等加水与种子混存，然后把它们贮藏在聚乙烯袋里。由于种子水分过高，需氧量大，因此绝不能密封（袋口敞开或袋上打孔）。为了防止微生物旺盛生长，贮藏前用杀菌剂处理是必要的，如采用克菌丹、0.5％氯化汞等处理。

（2）防止发芽　顽拗型种子贮藏过程中最易发生的现象是发芽。为了抑制发芽通常采用以下两种途径。

① 使种子水分刚刚低于种子发芽所需的水分：Robert 等（1984）就采用此法保存可可种子，贮藏在盛有饱和硫酸铜溶液（相对湿度98％）的容器中，在20℃下贮藏（这样比以前报道经8个月仍有27％发芽率要好）。也有人采取如聚乙二醇（PEG）溶液等渗透调节液来控制水分，以达到种子延缓发芽，但 King 等（1982）认为这种方法保存效果不理想。

② 抑制发芽或使种子保持休眠：抑制发芽通常采用抑制剂，如采用甲基次萘基醋酸对延长栗子等寿命有效果，但常见的发芽抑制剂脱落酸（ABA）效果不理想。现在利用使种子保持休眠而抑制发芽的手段很多。如橡树、槭树等一些种子收获后由于未完成后熟而保持休眠，这种休眠可在低温下被层积破除，因此这类种子收获后要避免层积处理。由于很多未成熟的果实内有抑制剂存在，而成熟果实所含的抑制剂大大减少，因此，保存这类种子可提早收获未成熟果实进行贮藏较好。有些对光敏感的种子，可利用光敏色素 pr（抑制）←──→pfr（活性）的转化调控方法。如用远红光照射，诱导种子休眠。另外，Hanson（1983）采用 Villier（1975）保存莴苣种子的方法。利用吸胀种子来保存菠萝蜜、榴莲、红毛丹也有一定效果。总之，可根据各种种子的特性，采用各种各样的有效措施来保存顽拗型种子。

（3）适宜低温　贮藏中另一个重要的因素是温度，温度尽可能适当低对种子生活力保持有利。根据顽拗型种子对贮藏温度反应的不同，可把顽拗型种子分为两类：一类是易遭冷害的种子，包括热带、亚热带水生植物种子，如榴莲、芒果、红毛丹、菠萝蜜、坡垒等种子，最好采用高于15℃而低于20℃的贮藏温度；另一类是不会产生冷害的种子，温度可低至5℃或更低。不管哪一类类型，贮藏温度都不应低于0℃。

（三）顽拗型种子贮藏的方法

1. 普通短期贮藏

这种贮藏的目的是针对影响贮藏的因素，采用一些相应的措施，解决顽拗型种子的运输和短期贮藏，保持种子含水量在饱和含水量下，要求贮藏环境闭合但不密封，仍保持气体交换。同时贮于相对低温中，防止遭受零上低温伤害。采用杀菌剂处理，置于保湿环境中。贮藏特点是：①防止干燥。②防止微生物侵染。③防止贮藏中萌发。④保持适宜的氧气供应。如日本板栗贮藏采用在通气的罐子或用聚乙烯袋在0～3℃下贮藏，不能过高水分或过分干燥进行贮藏。

顽拗型种子多属于多年生种子。其中某些林木种子要十几年才繁殖一次种子。显然通过上述的一些改善条件而延长寿命的措施对种质的长期保存仍不奏效。目前仍是通过田园连续栽培和繁殖进行保种，这不仅费工、费时、费钱，而且很不保险，因为田园繁殖易遭自然灾害、气候反常、病虫害和经济条件等影响。所以有必要探讨新的保存技术。

2. 超低温保存

Grout（1980）报道了一个令人振奋的关于番茄种子液氮保存的试验结果。虽然番茄种子是正常型种子，但高水分的番茄种子可认为是顽拗型种子的模式。Grout 用不同水分的番茄种子材料，采用 15％（体积含量）二甲基亚砜作为保护剂。他发现快速冷冻至－196℃时，水分为 33.4％的种子仍有 86％的发芽率，而水分高达 72.3％的种子丧失发芽力，但胚芽外植体（外植体是指用于发生一个培养无性系的植物或组织的切段）仍有29％存活。这个试验给用液氮保存顽拗型种子的成功曾加信心。用液氮保存顽拗型种子，以前均认为难度较大，如印度国家植物遗传资源局 Chaudhury 等（1990）用整粒的茶子超低温保存一直未取得成功，认为是种子太大、水分太高、干燥敏感性这几个因素影响的结果。最后转而采用胚轴为材料进行研究（1991）。所以以往均认为尚无真正的顽拗型种子在－196℃贮存成功的实例。1992 年，浙江农业大学种子教研室对茶和樟子进行超低温保存研究，获得成功。茶子超低温保存的最适含水量为 13.83％，在液氮内经 118d 保存，发芽率达 93.3％，且均成苗。

3. 离体保存

离体保存也称组织培养，是指把将来能产生小植株的培养物（用于种质保存最适是茎尖和胚），在容器中进行人工控制条件下培养或保存。现在应用离体保存主要采用最低限度生长方法。这种方法适用于基因库的中期保存，即采用胚和茎尖（其他体细胞变异较大）保存在容器的培养基上面进行培养。经过一定时期，由于培养基中的水分丧失、营养物质干燥以及一些组织的代谢产物的产生，又需把离体组织转移到新的培养基上面（这个过程在组织培养上称继代培养）。经研究，继代培养会导致变异增加，而且转移时也易导致污染等原因。因此，最理想的种质保存技术是控制条件即只允许最小生长进行贮藏。限制离体生长的方法很多，一般有以下三种：

（1）改变培养的物理条件　最常见的是降低容器的贮藏温度（在 6～9℃），也有采用改善容器的气体条件。

（2）在培养基中加生长迟缓剂　如加入脱落酸（ABA）、甘露糖醇和 B9 等。

（3）改变培养基的成分　即通过减少正常生长的必需因子或减少营养的可给性，如降低蔗糖浓度。

对不同作物而言，离体贮藏可以补充种子贮藏的缺陷。

4. 组织培养结合超低温保存

近年来，应用液氮保存生物组织已有不少成功例子，保存植物成功的例子也不少，包括原生质、细胞、愈伤组织、器官、胚。保存过程一般为：材料分离—消毒—（防冻剂使用）—冷冻—贮藏—解冻—恢复生长（培养基上）。

用来保存的材料常常是离体胚和离体的胚轴。这两者在中文的文献中常被混为一谈，其实后者不包括子叶。如前面所述的 Chaudhury（1991）从茶子分离出胚轴，干燥至13％水分以下，经液氮 17h 贮存，培养基上培养成长 5～6cm 高的健康幼苗。

防冻剂或者称冷冻保护剂在超低温保存生物材料中具有重要的作用。从 1949 年Polge 等人用甘油作为精子的冷冻保护剂以来，保护剂一直是超低温保存研究中一个重要的方面。现在常用的冷冻剂有二甲基亚砜、甘油、脯氨酸、蔗糖、葡萄糖、山梨醇、聚乙二醇等。在以往的报道中，也有未用防护剂而存活的例子。首例真正顽拗型种离体胚在液氮保存后存活是 Normah 等用木菠萝（榴莲）胚完成的，胚干燥 2～5h，水分在 14％～

20%，液氮内保存24h后，20%～69%胚存活，并形成了具有正常根、芽的幼苗。木菠萝不能干至20%以下水分，否则显著降低生活力。采用离体干燥可将水分降至10%，生活力仍在80%以上。用脯氨酸处理后，可干至8%，生活力无大下降。

技术十四　种子贮藏加工新技术及其应用

一、计算机的应用

（一）种子贮藏的计算机管理

随着计算机技术在种子领域的应用，促使种子贮藏工作朝着自动化、现代化发展。种子仓库自动化管理可通过电脑控制各种种子仓库贮藏条件，给予不同情况的种子以最适合的贮藏措施。在仓库中应用计算机技术，我国粮食部门先于种子部门，种子部门可以加以借鉴、改进和应用。

目前国内种子仓库应用的电子计算机开发系统主要有以下两种。

（1）种情检测系统　其作用是对种子仓库的温度、湿度、水分、氧气、二氧化碳等实行自动检测与控制。有的还能检测磷化氢气体。

（2）设备调控系统　对仓库的干燥、通风、密闭输运和报警等设备，实行自动化管理与控制。

（二）种子安全贮藏专家系统的开发和应用

种子安全贮藏计算机专家系统开发是从影响种子安全贮藏的诸多环境因素的信息采集入手，通过系统的实验室试验、模拟实验和实仓实验以及大量调查研究资料收集处理分析，获得种子安全管理的特性参数和基本情况参数；然后将这些参数模型化，并建立不同的子系统，集合成为"种子安全贮藏专家系统"软件包。它能起到一个高级贮种专家的作用，可为管理者和决策者提供一套完整的、系统的、经济有效和安全的最佳优化贮种方案，是最终实现种子贮藏管理工作科学化、现代化和自动化的重要环节之一。目前开发中的安全贮种专家系统由4个子系统组成。

1. 种情检测子系统

该系统是整个系统的基础和实现自动化的关键。通过该系统将整个种堆内外生物和非生物信息量化后，送入计算机中心贮存。使管理者能通过计算机了解种堆内外的生物因素，如昆虫、微生物的数量、危害程度等；非生物因素，如温度、湿度、气体、杀虫剂等的状态、分布等，随时掌握堆中各种因子的动态变化过程。该系统主要由传感器、模/数转换接口、传输设备和计算机等部分组成。

2. 贮种数据资料库子系统

该子系统是专家系统的"知识库"。它将各种已知贮种参数，知识、公认的结论，已鉴定的成果，常见仓型的特性数据、文体库和图形库用计算机管理起来，随时可以查询、调用、核实、更新等，为决策提供依据。其主要内容包括：

（1）种仓结构及特性参数数据和图形库　以图文并茂的方式提供我国主要种仓类型的外形、结构特性、湿热传导特性、气密性等。

（2）基本种情参数数据库　包括种子品种重量、水分、等级、容重、杂质和品质检验数据，以及来源、去向和用途等。

（3）有害生物基本参数数据库、图形库　以图文并茂的方式提供我国主要贮种有害生物的生物学、生态学特性、经济意义和地理分布，包括贮种昆虫种类（含害虫和益虫）、虫口密度（含死活数）、虫态、对药剂抗性，以及其他生物如微生物、鼠、雀的生物学、生态学特性等参数。

（4）杀虫剂基本参数数据库　包括杀虫剂种类、作用原理、致死剂量、CT值、半衰期、残留限量，杀虫剂商品的浓度、产地、厂家、单价、贮存方法、使用方法和注意事项等参数。

（5）防治措施数据库　包括生态防治、生物防治、物理机械防治、化学防治等防治方式的作用、特点、效果、使用方法、操作规程和注意事项等。

（6）贮藏方法数据库　包括常规贮藏、气控贮藏、通风贮藏、"双低"贮藏、地下贮藏、露天贮藏等贮藏方法的特点、作用、效果、适用范围等。

（7）政策法规文本库　包括有关种子贮藏的政策法规技术文件、操作规范、技术标准等文本文件。

3. 贮种模型库系统

将有关贮种变化因子及其变化规律模型化，组建为计算机模型，然后以这些模型为基础，根据已有的数据库资料和现场采集来的数据，模拟贮种变化规律，并预测种堆变化趋势，为决策提供动态的依据。其内容主要包括大气模型、关系模型、种堆模型等。

（1）大气模型　包括种堆周围大气的温度和湿度模型等。

（2）关系模型　包括种堆与大气之间，气温与仓温和种温之间，气湿与仓湿和种子水分之间，温度、湿度和贮种害虫及微生物种群生长为害之间的关系模型。

（3）种堆模型　包括整个种堆中各种生物、非生物因素的动态变化、种仓湿度变化、种堆气体动态变化、害虫种群、生长动态变化、微生物生长模型、药剂残留及衰减模型等。

4. 判断、决策执行系统

该系统是专家系统的核心。它通过数据库管理系统和模型库管理系统将现场采集到的数据存入数据库，并比较、修改已有数据，然后用这些数据作为模型库的新参数值，进行种堆的动态变化分析，预测其发展趋势。同时，根据最优化处理理论和运筹决策理论，对将采用的防治措施和贮藏方法进行多种比较和分析判断，提出各种方案的优化比值和参数，根据决策者的需要，推出应采取的理想方案，并计算出其投入产出的经济效益和社会效益。

种子安全贮藏专家系统的开发是一项浩大的系统工程，目前只开展了部分工作。通过种子安全贮藏专家系统的不断开发和应用，我国种子贮藏工作的管理水平和种子的质量将会得到显著的提高。

（三）计算机在种质资源管理上的应用

1. 概况

在种质资源管理上计算机得到广泛的应用。美国马里兰州贝尔茨维尔的农业部农业研究中心的种子资源研究室提早建立了遗传资源情报管理系统，应用电子计算机对保存的种质材料进行情报管理。日本在筑波科学城建立了现代化的种子贮藏室，利用计算机管理170多种作物的种质，其数据库已贮存30多万余种信息，实现全国联机检索。在墨西哥的国际玉米和小麦改良中心等也都建立了完整的种质资源数据库的管理系统。

2. 国际水稻研究所管理系统

国际水稻研究所（IRBR）现已保存8万个以上的水稻种质材料，建立了国际水稻基因库的信息系统。该系统可以有效地协助管理基因库的种质，它涵盖了基因库的整个运作范围，即种子的接受、繁殖、保存、更新和分发。基因库的数据对全世界用户免费开放。信息系统通过本地网在IRBR的VAX4000上运行。通过虚拟机器（VMS）环境在一个VAX终端或PC机上进入系统。PC机必须与本地网连接。

给予命令进入有效机械系统后，输入VMS的使用者名字和密码，在VMS路径下输入IRRIGB，出现ORACLE登陆屏幕，输入ORACLE使用者名字和密码或按Scroll-Ccok键利用默认值。电脑屏幕将给出两个主要的选择（说明使用者已成功的登录该系统），如果进行某一项基因库工作，则选择基因库活动，屏幕给出选择菜单："繁殖、接受、性状、种子管理、选择、帮助"。如果希望得到种质及相关的资料，可以选择"基因库服务"，得到相应的菜单"用户指南，需要的数据，需要的种子，收集，统计……"。以上是基因库工作人员进入系统的方式。对于外部用户，同样给予命令进入有效机器系统后，输入IRGCIS，选择"继续"按屏幕要求输入"姓名、单位、国别"，即进入"基因库服务"菜单。

在"基因库服务"菜单下，选中"接收"选项，可以进行有关种子接收和"护照"资料文件管理等工作，如进行新样品的登记、核对可能的重复、分配国际水稻基因库收集品编号、更新"护照"资料文件等；选中"繁殖"选项，可以进行种子繁殖和更新的有关活动，如进行需要繁殖样品的选择、分配种植位置等；选中"性状"选项，可以进行有关种质的性状的工作，如选择用于性状评价的样品、用于种植的种子等；如果要从事有关贮藏的种子的工作，可以选中"种子管理"选项，如用于长期贮藏种子的准备、用于复份贮藏的种子处理、种子生活力的监测等。

"基因库服务"菜单下的选项则可以为外部用户使用。选择"需要的数据"可以得到想要的资料，如国际水稻基因库的数量、种名、品种名等；如果希望得到种子，选择"需要的种子"选项，可以给出你所需要的种质的代号，也可以查询你所需要的种质的情况。

能进入"基因库活动"菜单的只限于负责操作的人员，这样可以防止数据被错误地修改和删除。同时，系统定期备份数据文件以保护种质数据，防止潜在的灾难性破坏。

3. 中国国家种质库管理系统

我国在"七五"期间建成了农作物种质资源数据库。在微机上建成了拥有1259万个数据项的国家农作物品种资源数据库系统。其中国家种质库管理数据库子系统录入22162万份种质，共3224405万个数据项；种植特征评价数据库子系统录入272710万份种质，共8139214万个数据项；国内外种质交换库子系统实际录入1133969万个数据项。整个数据库总数据量590兆，首次研究制定了我国农作物资源信息处理规范；研制成功了多功能农作物资源数据库管理系统。在"八五"期间扩充和完善了国家农作物种质资源数据库。在"七五"的基础上增加了库管数据、特性评价数据、优异种质综合评价数据、国内外种质交换数据、野生种质圃管理数据和西宁备份库管理数据，共计完成了7727万个数据项值，是目前国内最大的综合性种质资源数据库系统。完善和丰富了中国作物种质资源信息系统，并在全国建立了 43 个信息服务点，为全国科研、教学、生产部门提供了 2100 万个数据项值的种质信息。建成了染色体和同工酶谱图像分析系统，为作物基因图谱构建、基因定位以及 DNA 序列测定中绘制图形和识别图谱奠定了良好的基础。此外，建成了中国作物种质资源电子地图系统，成功绘制了 84 种主要农作物地理分布图 272 幅，为我国作物遗传多样性和作物起源、演化、分类研究以及资源考察提供了可靠依据。

二、种子贮藏及处理新技术

（一）种子超低温贮藏的机理和技术

1. 种子超低温贮藏的概念和意义

（1）概念　种子超低温贮藏是指利用液态氮（−196℃）为冷源，将种子等生物材料置于超低温下（一般为−196℃），使其新陈代谢活动处于基本停止状态，而达到长期保持种子寿命的贮藏方法。在−196℃下，原生质、细胞、组织、器官或种子代谢过程基本停止并处于"生机暂停"的状态，大大减少或停止了与代谢有关的劣变，从而为"无限期"保存创造了条件。

通常超低温以液态氮为冷源，液态罐中液相的温度为−196℃。液氮超低温技术提供了种子"无限期"保存的可能。在液氮中冷却和再升温过程中能够存活的种子，延长其在液氮中贮存的时间也不会对种子有害。

（2）应用和意义　近几十年来，低温冷冻保存技术发展很快，尤其在医学和畜牧业中，利用低温冷冻技术成功地保存了血红细胞、淋巴细胞、杂交瘤细胞、骨髓、角膜、皮肤、人和动物的精液、动物胚胎等。利用低温冷冻技术保存植物材料的研究，自 20 世纪 70 年代以来已有较大的进展，利用液氮可以安全地保存许多作物的种子、花粉、分生组织、芽、愈伤组织和细胞等（胡晋等，1996）。这种保存方式不需要机械空调设备及其他管理，冷源是液氮罐。设备简单，保存费用只相当于种子库保存的 1/4。入液氮保存的种子不需要特别干燥，一般收获后常规干燥即可，也能省去种子的活力监测和繁殖更新，是一种省事、省工、省费用的种子低温保存新技术。适合于长期保存珍贵稀有的物质。

2. 不同种类种子对液氮低温反应的差异

根据种子对液氮对低温的反应，将种子分为三种类型：①忍耐干燥有忍耐液氮的种子；②忍耐干燥对液氮敏感的种子；③对干燥和液氮均敏感的种子。

（1）忍耐干燥有忍耐液氮的种子　多数农作物、园艺作物种子都能忍耐干燥和液氮低温。目前，已有许多研究者成功地将这类种子冷却到液氮温度，再回升到室温，不损害种子生活力。对超低温冷冻保存而言，种子含水量过低又会导致种子生活力的部分丧失。不同的植物种种子都含有一个适宜的含水范围。

适用于冷冻保存的最高含水量就是种子含水量的临界值。在同一植物种中这个临界值有一个不大的变化范围，但是植物中间有明显的差异。

种子含水量超过 HMFL，冷冻到一定温度，种子死亡。例如，小麦种子含水量高于 26.8%，冷冻到−7℃则发芽率下降到 25%。根据试验，小麦种子含水量为 5.7%～16.4%，在液氮温度−196℃冷冻保存 24 个月之后发芽率仍在 92%～96%，同对照相比没有明显差异。

较多的研究报道认为，冷冻和解冻速率对多数植物种子冷冻到冷冻到液氮温度影响不大。然而莴苣和芝麻种子却不一样。Roos（1981）用莴苣种子做试验，其含水量接近于 HNFL 值及 19%，发现用 200℃/min 的速率冷冻几乎 100% 成活，若用 22.2℃/min 或更低的速率冷冻，生活力明显下降。水分非常低的芝麻种子以 1～30℃/min 缓慢冷冻时，种子生活力随生活力的影响同种子含水量有关，假如种子含水量在适宜范围内，则慢速或快速冷冻对多数种子的成活率没有明显影响。

在冷冻和解冻过程中由于温度的极端变化，种子要经受极大的物理压力。如果种子的细胞间质承受不了如此巨大的压力，就会产生物理损伤，种皮破裂。当种子在回升到室温之前在液氮蒸气上停留一段时间也可减少破裂。因此破裂主要产生在冷冻和解冻过程中。当种子只暴露在液氮气中（约 -150℃），种子不发生破裂，小部分的破裂发生在 -196～150℃。亚麻、蚕豆、萝卜、大豆、紫花苜蓿等都在液氮温度时就会产生一定程度的破裂现象。

（2）忍耐干燥对液氮敏感的种子　许多果树和坚果类作物，如李属、胡桃属、榛属和咖啡属的植物种子属于这种类型。这类种子多数能干燥到含水量 10% 以下，但是不能忍耐 -40℃ 以下的低温。例如榛子含水量可降到 6%，冷冻到 -20～0℃ 不是去生活力。但是当温度降低到 -40℃ 以下种子生活力受损。忍耐干燥对液氮敏感的种子多数含有较高的贮存类脂（如脂肪等），有的种含量高达 60%～70%。含油量是否是引起种子对液氮敏感的因素，尚不清楚。这类种子的寿命一般少于 5 年。研究这类种子的保存技术非常必要。因为这类种子多属于主要经济作物，目前还只能无性保存。如果建立了超低温冷冻保存技术，可改进这类植物种质长期保存的方法从而改良育种和繁殖技术。

（3）对干燥和液氮均敏感的种子　这类种子就是顽拗型种子，它们的寿命很短难以保存，对于这类种子保存见本模块技术十三"顽拗型种子贮藏的方法"。

3. 种子超低温贮藏的技术关键

根据不完全统计，已经约有 200 个植物种能成功地贮藏在液氮温度。种子超低温贮藏的关键技术问题主要有：

（1）寻找适合液氮保存的种子含水量　只有在合适的含水量范围内，种子才能在液氮内存活。

（2）冷冻和解冻技术　不同种子的冷冻与解冻特性有差异，需分别探讨，以掌握合适的降温和升温温度。

（3）包装材料的选择　根据报道，包装材料有牛皮纸袋、铝箔复合袋等。有的包装材料能使种子与液氮隔绝，如种子与液氮直接接触，有些种子会发生爆裂现象，而影响种子寿命。

（4）添加冷冻保护剂　常用的冷冻保护剂有二甲基亚砜、甘油、PEG 等。最近报道脯氨酸的效果很好。使用冷冻保护剂的量应足够到有冷冻保护作用但又不超过渗透能力和中毒的界限。

（5）解冻后的发芽方法　经液氮贮存后种子发芽方法是一个容易被研究者忽视的问题，液氮保存顽拗型种子难以成功，可能与保存后的发芽方法不当有关，致还有生活力的种子在发芽过程中受损伤或死亡。如茶子在超低温保存后，最适发芽方法是在 5% 水分（质量百分数）沙床中于 5℃±1℃ 预吸处理 15d，然后移到 25℃ 发芽。预处理后的种子，细胞膜修复能力增强，沙漏物减少，发芽率提高（Hu 等，1994）。

液氮超低温保存的技术还需进一步完善为植物遗传资源保存开辟了新的途径。

(二) 种子超干贮藏原理和技术

1. 种子超干贮藏概念和意义

(1) 种子超干贮藏概念　超干种子贮藏亦称超低含水量贮存，是指种子水分降至5％以下，密封后在室温条件下或稍微降温的条件下贮存种子的一种方法。常用于种质资源保存和育种材料的保存。

(2) 种子超干贮藏的经济意义　传统的种质资源保存方法是采用低温贮存，目前据不完全统计全世界约有基因库1308座，大部分的基因库都以$-20 \sim -10℃$，$5％ \sim 7％$含水量的条件贮存种子。但是低温库建库资金投资和操作运转费用是相当高的，特别是在热带地区，这对发展中国家是一个较大的负担。因此，有必要探讨其他较经济简便的方法来解决种质的保存问题，种子超干贮藏正是这样一种探索中的种子保存新技术，已通过降低水分来代替降低贮藏温度，达到相近的贮藏效果而节约种子贮藏的费用。

Ellis（1986）将芝麻种子水分由5％降到2％，在20℃下种子寿命延长了40倍，并证明2％含水量的芝麻种子贮藏在20℃条件下效果一样。可见种子超干贮存大大节省了制冷费用，节省能耗，有很大的经济意义和潜在的使用价值，是一种颇具广阔前景的种子贮存方法。

2. 种子超干贮藏的研究概况

1985年，国际植物遗传资源委员会首先提出对某些作物种子采用超干贮存的设想，并作为重点支助的研究项目。1986年，英国里丁大学首先开始种子超干研究。从20世纪80年代后期开始，浙江农业大学、北京植物园、中国农业科学院国家种质库也相继开展了种子超干研究并取得一些研究成果。

(1) 适合超干种子种子种类　多数正常型作物可以进行超干燥贮存，但不同类型的种子耐干程度不同。脂肪类作物种子具有较强的耐干性，可以进行超干贮存。淀粉类和蛋白类作物种子耐干程度差异较大，有待进行深入研究。

(2) 种子忍耐超干的限度　种子超干不是越干越好，存在一个超干水分的临界值，种子寿命不再延长，并出现干燥损伤。不同作物种子水分的超干临界值不同，需逐个进行试验。从20世纪80年代后期开始，已经研究出不同作物种子超干含水量临界值。

(3) 种子干燥的适合速率　在种子的干燥速率因干燥剂的种类和剂量不同而不同。种子在P_2O_5、CaO、$CaCl_2$和硅胶中的干燥速率依次递减，在P_2O_5中最快，在硅胶中最慢。干燥速率对种子活力的影响尚有不同的看法，有待深入研究。

(4) 种子含油量与脱水速率的关系　种子含油量的高低与其脱水速率及耐干性能均成正相关，此系种子胶体化学特性所决定。

3. 种子超干贮藏理论基础和原理的研究

过去认为种子水分安全下限为5％，如果低于5％，大分子失去水膜的保护作用，易受到自由基等毒物的侵袭，而且在低水分下不能产生新的阻氧化的发育酚。现在看来，这可能由于不同种类种子对失水有不同反应所致。至少5％安全水分下限的说法在某些正常型种子上是不适用的。

有人推测，适合超过贮藏的种子含有较高水平的抗氧剂和自由基螯合剂。已知抗氧化剂维生素E、维生素C等能够阻止脂氧化酶对多聚不饱和脂肪酸的氧化作用，β-胡萝卜素和谷胱甘肽以及其他酚类物质也有这种保护作用。

尽管在超干状态下增加了自由基与敏感区域的接触机会，尽管超氧化物歧化酶（SOD）、过氧化物酶和过氧化氢酶等在种子及干燥状态下不能启动，但只要有大量抗氧化剂等自由基清除剂的作用，仍能有效避免脂质自动氧化。另外，从试验结果看，SOD等酶类自由基清除剂并没有被破坏，一旦种子吸水萌动，就可协同抗氧化剂共同清除自由基等毒害物质，使耐干的种子有较好的萌动效果。

由于种子超干贮存研究时间不长，其操作技术、适用作物、不同作物种子的超干含水量确切临界值，以及干燥损伤、吸胀损伤、遗传稳定性等诸多问题，都有待于深入研究，使这一方法尽早实际应用。从目前情况看，实用技术的研究走在了基础理论研究的前面，这方面的原理探讨有待于深入。

4. 种子超干贮藏技术关键

(1) 超低含水量种子的获得　要使种子含水量降至5%以下，采用一般的干燥条件时难以做到的。如用高温烘干，则要降低活力以致丧失生活力。目前采用的方法有冰冻真空干燥、鼓风硅胶干燥、干燥剂室温下干燥，一般对生活力没影响。

为避免种子因强烈过度脱水而造成形态和组织结构上的损伤，郑光华等找到了有效的前干预处理法，使其在亚细胞和分子水平上，特别是膜体系构型的重组方面有效进行。同时采取先低温15℃后高温35℃的逐步升温干燥法，使大豆种子的干裂率由87%降为0%，而且毫不损伤种子活力。

(2) 超干种子萌发前的预处理　由于对种子吸胀损伤的认识不足，以往误将超干种子直接浸水萌发的不良效果归于种子的干燥损伤。为此，根据种子"渗控"和修补的原理，采用PEG引发处理或回干处理和逐级吸湿平衡水分的预措能有效地防止超干种子的吸胀损伤，获得高活力的种苗。

（三）种质资源核心种质的构建

目前，种质资源保存主要是以种子形式进行保存。随着种质资源的广泛征集和不断积累交换，种质资源库已愈来愈大，FAO（1993）的资料表明，全球作物遗传资源种质库保存份数已超过380万份。虽然种质资源的征集、保存有效地保存了作物种及其近缘野生种的遗传多样性，但随着库容量的不断扩大，反而成了评价和利用种质资源的障碍。种质资源的最终目的是利用，面对大量的材料，育种工作者在取得这些材料的详细信息之前是无法利用的，这就需要开展深入细致的评价鉴定工作。由于保存的资源种类、材料数量的规模极大，以目前的人力、物力，种质库管理部门和育种单位不可能对所有的种子资源进行详细的评价、整理和有效的管理、利用。鉴于以上状况，人们寻找既能包含一个种及其野生种的遗传多样性，而研究数量又较小的方法，也就是建立植物资源核心种质的方法。构建核心种质（亦有人称核心种质库）可以有效克服上述难题。这是作物种质资源保存研究的一个新的领域。

1. 核心种质概念

Frankie（1984）最早提出，核心种质指代表一个作物种及其野生近缘种的遗传多样性，具有最少重复的一批有限的此种作物及其野生近缘种样品。国际植物遗传资源研究所（IPGRI）等研究单位及个人对核心种质的概念进行了阐述和完善。概括起来核心种质有以下四个特点：

① 核心种质是由一个已存在的种质库或种质资源保存材料中的一批数量有限的样品材料所组成，被选作于代表原有材料的遗传范围，并包括尽可能多的遗传多样性。

② 核心种质不是用来代替原有的种质，而是原有种质中的一部分选定的种质。一般对核心种质的材料并不移动其物理位置，只是在数据库中加以标记。

③ 核心种质中选入的样品都是有代表性的，它们互相之间都存在着生态上或遗传上的距离。核心种质内不应含有复份，并且在入选样品之间的相似性应尽可能最小。

④ 核心种质可以代表一个种及其野生近缘种的遗传多样性，在发展核心种质时要分别处理不同的种。

核心种质也可以是从某一基因源内选择出的、数量易于管理的而又包括了该物种最大的遗传多样性的样品。

目前，核心种质这个概念也有了新的发展，不仅是以核心种质来代表一个已经存在的种质库，而是应用核心种质这个概念到具体某一种作物上，因而对这种作物来说，它的核心种质就是由有限数量的代表这一个种及用于育种研究的野生近缘的种的入选核心材料所构成的。这是一个合成的核心种质，从不同的合作种质库（也可以是在不同国家）聚集而成或从野生或从作物群体取样而构成。

2. 核心种质的功能

有了核心种质，可以为种质资源管理人员、育种家和研究者提供比较明确而有代表性的种质样品。核心种质不会代替已有的全部收藏样品，相反，核心种质可以对全部样品起到有效的指挥作用（如在性状细致评价、新技术的应用等方面），使种质库管理、利用更有效率。一个核心种质在种质运作上具有以下明显的优点：

（1）新样品的增加　核心种质提供了一个参考的标准。当新样品达到种质基因库时，通过比较决定是否应加入种质库或直接加入到核心种质本身。先是判断新样品与现有核心种质是否相似，如果相似，再看一下完整的基因库内这种类型是否足够，再决定是否加入基因库；如果新样品与现有核心种质样品不相似，就要考虑将此样品加入核心种质。

（2）样品的保存　核心种质包含了应高度优先的保存材料，在保存过程中，应优先对这些样品进行生活力的监测（通过常规的种子测定）。当生活力降低到一定标准，就应进行繁殖，核心种质的建立使繁殖这一繁重的任务有了工作的重点。核心种质样品具有代表性，使得它适宜于用来发展新的种质保存方法，例如超干种子保存、试管保存或超低温贮藏。

（3）特性的描述　种质库的数据库管理中要对作物和样品的特性进行描述，大量的特性和性状被用于确定样品之间的区别。核心种质是用于发展数据处理中表示一个特性项目的主字码的适宜材料。

（4）种质的评价　对于遗传材料昂贵和复杂特性的评价，核心种质可以优先进行。核心种质提供了涵盖整个基因库内变异范围内的一系列材料，可以用于发展新的评价方法，而这些方法对整个对整个基因库是有效的。进而，通过对一系列有限的样品评价，核心种质有助于发展一个多变量的数据库，以研究特性之间、不同种类资料之间的关系。

（5）种质的改良　对种质做较大难度的改进，把需要的性状从不同的遗传背景材料中引入当地适应的品种中去的育种工作需要较长的过程和较多的费用。利用核心种质可以形成一系列具有代表性的样品，减少工作的样品量，用于与当地的品种进行一般配合力的测定，筛选需要的性状，进行提高产量的育种和抗病虫育种。

（6）种质的分发　核心种质的构建有助于加速需要者的利用，从而提高利用率。因为核心种质可以优先繁殖、包装、准备好分送和交换。更重要的是核心种质具有代表性，可以减少分发的规模。

总之，构建核心种质使种质资源的管理和利用有了工作重点，极大地节约人力和物力，为育种家提供更详细有用的育种材料，提高和加速种质资源的管理和利用效率。

3. 构建核心种质的一般程序

构建核心种质的具体方法可以多种多样，随着生物技术、数量遗传学和统计遗传学的不断发展，构建核心种质的方法也会不断发展和变化，但不管何种构建方法，构建核心种质一般均具有以下过程：

（1）资料收集　构建核心种质的第一步是资料的收集。首先从现有手头上的种质库的样品开始，收集有效的"护照"资料（即种质收集者记载的原始材料）和特性描述资料，并需要尽可能最新的资料。最灵活的方法是结合"护照"资料、特性描述资料。在某些情况下还有评价的资料，通过系统分类方法将样品归类。所考虑的属性依次有：分类学、地理起源、生态起源、遗传标记和农艺资料。

（2）样品分组　构建核心种质的第二步是将样品分组。同组的样品在遗传性状上可能是相似的。如果采用等级方法，可以将样品在组内再分成越来越小的组，具体的分组方法可以采用主成分分析、聚类分析等。组的数量依赖与样品的数量的多少，核心种质设计的大小及最低分类水平上组之间的差异。样品分成多么小的组将依赖于样品间的鉴别水平。

（3）样品鉴别　需考虑的问题是从每个组中取样的数量，和在一个组里挑选核心材料的方法。可以按原有数量材料的 10％、15％ 或 20％～30％ 取样。取样方法可以是忽略分组、完全随机从原有遗传资源中取样、从所有组内取数量相同的样品、依组的大小按比例取样、依组的大小按对数取样等。

（4）样品处理　建立核心种质的最后一步是入选材料的处理。在许多基因库，例如禾谷类的基因库，入选的核心种质的样品仍然保存在原来的总的基因库内，只是在数据库内记载，表明某些样品是核心种质样品。可以作为以后工作中心的重点。随着核心种质的建立，评价的过程也同时开始。通过评价可以发现不同性状的供体，供给育种工作者杂交所用或供生物计划研究所用，或由于具有优良的农艺性状可以直接在生产上利用。核心种质的利用者应该将核心种质的效果和价值的有用信息返回给管理者。有关样品的新的"发现"可以引导核心种质分组或每组代表样品数量的修正。

4. 核心种质的研究的现状

1989 年国际植物遗传资源委员会（IBPGR）对世界范围内的研究所和研究工作者的调查表明，核心种质正引起研究工作者广泛的兴趣，一些核心种质正在建立，特别是在发达的国家和国际农业研究磋商小组（CGIAR）下属的中心（这些中心都有大型的种质库）。当时有关建立核心种质的研究项目不多，约 20 多个，涉及豆类、蔬菜、水果作物，秋葵、野生大豆和冬小麦已建立核心种质。随着何种种质在种质管理和利用中的作用日益被认识和重视，有关核心种质方面的研究日益增多。

1992 年 8 月在巴西首都巴西利亚，由 IBPGR/CGN（荷兰遗传资源中心）/CENAR-GEN（巴西国家遗传资源中心）举办了题为"核心种质：改进植物种质库的管理和利用"研讨会，讨论了核心种质的有关问题。1995 年 IPGRA 出版了第一本关于植物遗传资源核心种质的专著《Core Collcetions Plant Genetic Resources》。该书对核心种质的构建、资料分析的方法、核心种质的管理及利用等都做了较多的论述。

可以认为 Hamon 等（1986）以西非秋葵为材料构建的核心种质是最早的核心种质之一，目前国际上有关核心种质研究的报道以日益增多。涉及的材料已知包括多年生大豆，冬小麦，郁金香，大豆，野水稻，水稻，绿豆，硬粒小麦，木薯，花生，燕麦，春大麦，大麦，玉米，菜豆，一年生苜蓿，多年生苜蓿，多年生黑木草，高粱，兵豆，白三叶草，咖啡，紫苜蓿，甘蓝，披碱草属，芝麻，甘薯。此外还有野生大豆、油菜等为材料进行研究。我国国家重点基础研究发展规划项目课题也展开了对水稻、小麦、大豆作物核心种质的研究，以期发掘重要新基因，为分子育种和种质创造新服务。

不同的核心种质研究在方法上存在差异。Boukema 首先将甘蓝分成栽培和野生类型，再以地理起源分类，为芸薹属抗病虫基因的筛选构建了甘蓝的核心种质。Hintum 和 Haalman（1994）以系谱分析的方法构建资源核心种质。Diwan 等（1995）根据材料起源和表现型值构建资源核心种质。Holbrook 等用花生种子性状构建核心种质，所有遗传材料先按起源国家和种质形态学资料分层，然后聚类成不同的组，按大约 10% 的比例随即取样。Casler（1995）认为种质资源的开发、利用与频繁交换，使地理多样性难以可信地预测其遗传多样性，因此将地理来源作为分级指标很不可靠。Perry 等（1991）根据苹果酸脱氢酶等 5 种的同工酶的酶谱资料进行典型判别分析和系统聚类分析，并建立以 15% 的比例组成核心样品。由于存在酶谱资料聚类与形态性状聚类结果的差异，认为同工酶酶谱资料应与形态指标结合来评介和研究作物的核心种质。20 世纪 80 年代以来，随着分子标记技术的发展，DNA 限制性片段的长度多态样被用于种质资源分类的研究，Figdore 等（1998）利用 RFIP 技术的研究芸薹属种的进化和分类为题，进一步核实了以往分类标准所得出的结论，并且从 DNA 水平进一步研究了亚种间的遗传多样性及进化关系。DNA 聚合酶链反应（PCR）的发展，使直接扩增 DNA 的多态性成为可能，基于 PCR 的 AFLP 也被用于种质资源的多样性研究。Duque 等（1995）用 AFLP 分析野生菜豆核心种质的遗传结构。在 PCR 技术的基础上，Williams 等（1990）采用随即核苷酸序列为引物扩增基因组 DNA，简称 RAPD。Brummer 等（1995）利用 RAPD 评估种内样品的遗传变异性，表明 RAPD 谱带模式能反映样品的差异，可为构建核心种质提供有用的信息。Bonierbale 等（1997）用 RAPD 比较从核心种质和保留库抽取的各 90 个样品，以此验证菜豆核心种质的代表性。以前由于引物开发困难，而为得到广泛应用的微卫星 DNA 标记，也被用于揭示核心种质样品的遗传多样性。Kresovich 等（1995）认为分子技术的发展将促进核心种质的研究。胡晋等（1999）采用基因型值构建核心种质，得到核心种质包含有较多的遗传变异度，核心种质的代表性优于表现性值构建的核心种质。此外，从样品组成上也有差异，如野生大豆、秋葵、小麦等以一个种质库的样品为基础构建核心种质，核心种质入选样品在一个种质内保存，而大麦，是多国合作的研究，样品分散在各国和各地区保存。

在核心种质构建所用数据类型、分类方法、代表性评价、取样方法和取样数量等方面仍需进一步深入研究。

（四）种子引发机理及其研究进展

1. 种子引发的概念及生物学意义

广义地讲，种子引发属于种子处理的范畴。种子引发是控制种子缓慢吸收水分使其停留在吸胀的第二阶段，让种子进行欲发芽的生理生化代谢和修复作用，促进细胞膜、细胞器、DNA 的修复和酶的活化，处于准备发芽的代谢状态，但防止胚根的伸出。

种子引发最早由 Heydecke 等（1973）提出。现经大量研究，经引发的种子，活力增强，抗逆性强，耐低温，出苗快而齐，成苗率高。现在美国有的种子公司已有芸薹属、胡萝卜、芹菜、黄瓜、茄子、莴苣、洋葱、辣椒、番茄和西瓜等引发种子的销售。

2. 种子引发的机理和效应

（1）种子引发机理　种子引发也反映在代谢水平上，种子在引发过程中发生各种生理生化变化。

① RNA 的合成：根据 ^{3}H-尿嘧啶核苷结合进 RNA 的时间进程，判断 RNA 的合成。用 25％ PEG6000 引发莴苣种子 2 周后，发芽率与 RNA 的合成速率有平行的关系。引发后种子在约 6h 开始发芽，RNA 合成达到高峰。未处理种子的 RNA 合成模式与引发种子相似，但总的合成活动明显低于引发种子。

② 蛋白质合成：根据 ^{14}C-亮氨酸结合进三氯乙酸沉淀部分，判断蛋白质的合成。在 15℃以 25％ PEG6000 引发莴苣种子 2 周，蛋白质合成增加，蛋白质的合成速率和数量均受到引发的影响。这与观察到的引发不但加速发芽而且提高种子和幼苗的活力现象相一致。

电泳后蛋白质谱带的变化也表明引发不仅影响蛋白质的合成，也影响蛋白质的质量。

③ 酶合成和激活：利用硝基苯磷酸作为反映基质测定了酸性和碱性磷酸酯酶活性。引发后种子的碱性磷酸酯酶活性无变化，酸性磷酸酯酶活性增加到未引发种子的 160％。引发后种子酯酶的活性增加到未引发种子的 382％。

④ 同工酶变化：未处理的干种子含有几种预存的酸性磷酸酯酶同工酶，而引发引起酸性磷酸酯酶新的同工酶的出现，这似乎涉及同工酶的从头开始的合成。

⑤ 脱落酸（ABA）水平的变化：脱落酸被认为与种子的发芽率和休眠有关。为引发的种子含有相对高的 ABA 水平，而引发后的种子游离 ABA 或结合态 ABA 均为零。

⑥ 诱导细胞膜的修复：Pandey（1988）报道引发诱导法国菜豆细胞膜的修复。经 PEG 引发后的种子，由于膜相得到完善的修复，即使在低温逆境环境下，细胞吸胀均匀，细胞器发育良好，ATPase 在质膜上分布均匀，膜的结构与功能已发育正常。

（2）种子引发的效应　关于种子引发的效应已有很多的报道，这里归纳为以下几个主要方面：

① 在低温或高温下加速发芽。

② 提高发芽和出苗的一致性。

③ 增加产量，提早成熟。

④ 提高在逆境下的出苗。

⑤ 提高幼苗干重、鲜重和苗高。

⑥ 克服远红光的抑制作用。

⑦ PEG 作为抗菌剂的载体，提高抗病能力。

⑧ 减少热休眠效应。

⑨ 防止幼苗猝倒病。

⑩ 提高陈种子、未成熟种子的活，免除吸胀冷害的发生和损失。

3. 种子引发方法及技术

目前常用的种子引发方法有渗调引发、滚筒引发、固体基质引发和生物引发。根据方法的不同，又有不同的技术，以下简介一些技术。

(1) 渗调引发　应该说渗调引发是各种引发的基础。渗调引发的一般过程可以归纳如下：将种子置于盛有引发溶液的容器内；将装有容器的种子置于恒温下（通常 10～30℃）经一定的时间；用蒸馏水漂洗吸湿至一定程度的种子；通风干燥种子；种子用于播种或贮藏。根据不同的情况和所用种子的不同，以上处理条件会有所改变。如渗透溶液种类，渗透溶液的浓度，处理的时间，处理的温度，处理期间的光强，处理期间的通气，盛放处理种子的容器类型，处理后种子的干燥方式和程度等均可以改变。

渗透调节通常用聚乙二醇为材料，将种子放在适当浓度的 PEG 溶液中，以控制渗透压，调节水分进入种子。PEG 是一种高分子有机化合物，通常 PEG 相对分子质量为 6000 或 8000，它不能透过细胞壁而进入细胞内。

很多种类物质（主要为化学药品）可以用于种子的引发，根据不同的报道归纳为应用单一药剂处理，如 Na_2HPO_4、$Al(NO_3)_3$、$Co(NO_3)_2$、KNO_3、K_3PO_4、$NaCl$、$MgSO_4$、KH_2PO_4、NH_4NO_3、$Ca(NO_3)_2$、$NaNO_3$、KCl、丙三醇、甜菜碱、甘露醇、脯氨酸、聚乙二醇、SPP，或几种药剂混合作为处理溶液，如 $KNO_3+K_3PO_4$、$KNO_3+K_2HPO_4$、$KH_2PO_4+(NH_4)_2HPO_4$、$PEG+NaCl$、K_3PO_4+BA（苄基腺嘌呤）、PEG+链霉素、PEG+四环素等。甚至用海藻悬液进行诱发。盐溶液在种子引发期间有两方面作用。首先，盐溶质作为一个渗透质调节水分进入种子。其次，盐离子可能进入胚不细胞影响预发芽代谢。已知所研究的种类包括大麦、小麦、玉米、高粱、大豆、罗马甜瓜、香瓜、西瓜、莴苣、甜菜、大白菜、芹菜、韭菜、胡萝卜、洋葱、番茄、欧芹、豌豆、菠菜、菜豆、花茎甘蓝、辣椒、胡椒、花椰菜、茄子、冬瓜、葡萄、月见草、扁穗雀麦、鸭茅、苇状羊毛等。

在种子引发过程中，由于种子在高湿温暖的条件下极易受到真菌微生物的侵染和危害，因此，在种子引发过程中应注意病原菌的控制。Nascimento 和 Wesst（1997）报道在罗马香瓜的试验中种子原始菌带为 20%，用 $KNO_3+KH_2PO_4$（1.5%＋1.5%）在 25℃黑暗下引发 6d 后，种子带菌上升为 94%，如在引发前用客菌丹处理，则引发后种子带菌下降至 60%。采用不同的杀真菌剂及不同的使用方法可以使种子引发过程中的真菌降低到较低水平。但没有一种杀菌剂是对所有的真菌都有效的。

(2) 滚筒引发　通常用 PEG 或其他药剂作为引发溶液，种子通过半透性膜从渗透液吸收水分保持种子内的水势在一定的水平，足以在种子吸胀的第二阶段（滞缓期，各种大分子及膜系统可在此时期修复）开展代谢活动，但防止培根伸出种皮。因此，其他方法如能产生适当的吸湿水平并紧接着一个适当的培养期，也应有类似的对发芽的效应。基于这一原理，位于英国 Wellesbourne 的园艺研究国际组织发展了滚筒引发新技术，通过控制直接吸水方法来控制种子的水势。这一方法 1991 年已获英国专利。

这一方法将种子置放在一个铝质的滚筒内，滚筒一侧为可拆装的有机玻璃圆盘，滚筒以水平轴转动，滚筒内种子在滚筒轴线上转动，速度为每秒 1～2cm。水汽被喷入滚筒内。当种子在滚筒内吸水 24～48h 时，混合是非常均匀一致的，这一时期结束时种子非常丰满，但表面干燥。为得到最大的效应，控制吸水程度是关键。对每一批种子，可以通过一个简单的校准测定来确定。计算机被用于计算吸湿的速率和控制水的供应。根据不同的种子，在一个关闭的滚筒内滚动吸湿种子 5～15d，然后用空气流干燥种子。滚筒引发包括四个不同的阶段：一是校准，这一过程是确定引发时种子吸湿的合适水平，决定将多少水加入到种子中。二是吸湿，在一定时间内（较典型的是 1～2d），加水至校准的水平使种子吸湿。三是培养，这一过程为 1～2 周，种子保持吸湿过程达到的水分，增加引发的效果。四是干燥，去除种子增加的水分，以便种子回复或接近引发前的含水量。当然也可以直接播种。

（3）起泡柱引发　起泡柱直径 5cm，高度约为 50cm，种子在柱内引发，引发期间潮湿的空气被通入柱内，以减少 PEG 引发溶液水分损失并增加溶液中的氧含量。

（4）搅拌型生物反应器引发　反应器直径 1900mm，具有 5L 的工作容积，一个六叶 45°斜度的搅拌器，形成一个向下的液体流，转动速度 250r/min。0.02～0.05vvm（vvm 为每分钟每液体体积的气体体积）的富含氧的空气和 0.5～1.0vvm 空气在搅拌叶片下，被喷射进反应系统。

以上两种方法处理过程中，种子保持悬浮状态，常给予溶解氧值在 80% 饱和以上。利用氧电极持续的测定溶解氧，定时测定 PEG 的水势，如有必要则调整引发溶液或更换引发溶液。

（5）固体基质引发　固体基质引发通过种子与固体颗粒、水以一定的比例混合在闭合的条件下控制种子吸胀达到一定的含水量，但防止种子胚根的伸出。大部分水被固相基质载体所吸附，干种子表现负水势而从固相载体中吸水直至平衡。

作为理想的引发的固体基质必须具有下列性质：对种子无毒害最用；具有较高的持水能力；在不同的含水量下保持松散性；化学性质表现为惰性；引发结束后容易与种子分离。

随着固体基质引发技术的不断发展，引发中利用的固体载体和液体成分也得到不断的改善。目前应用的固体基质主要有蛭石、烧黏土、页岩、软烟煤、聚丙烯酸钠胶以及合成硅酸钙等。在引发中所使用的液体成分主要有水、PEG 溶液和一些小分子无机盐溶液。在基质引发中，所使用的种子与引发固体基质的比例通常为 1∶(1.5～3)，所含水分量常为固体基质干重的 60%～95%。

Chang 等（1998）将种子和蛭石混合，加水后密封培养，用这种方法引用引发甜玉米种子，提高了甜玉米种子的出苗率，减少了种子的内含物泄露，提高了过氧化物酶的活性。

另外，固体基质引发在控制种子吸水速率的同时，还可以作为种子消毒剂和杀菌剂的载体。Parera（1991）报道超甜玉米种子在低温试验中发芽率为 10%，但经 SMP＋0.05% NaOCl 处理后，发芽率提高到 37%。

（6）水引发　水引发是将种子先在水中预浸，然后将种子放在相对湿度为 100% 的密闭容器内培养。Fujikuar 等（1993）用该方法引发花椰菜种子，效果比 PEG 引发要好，尤其在低温（10℃）下发芽效果好，但它对老化种子的修复效果不如 PEG。水引发和 PEG 引发（渗透引发）可能存在机制上的不同。根据不同种子的特性，改变浸泡和培养时间，水引发可能对其他种子也会有效。

（7）生物引发　生物引发已成为一种新的种子处理技术。生物引发是利用有益微生物作为种子的保护剂，而不是利用传统的抗生素。通常，有益的微生物不能与田间原有的大量种子存在的病原菌竞争，通过生物引发，使种子上的有益微生物大量增殖布满种皮，并能较快地和有效地繁殖和保护发育中的幼苗根系。近来美国一家公司已有商业化试用生物引发的蔬菜种子产品。

Callan 等（1990，1991）采用 1.5％荧光假单胞菌 AB254 的甲基纤维素悬浮夜包衣甜玉米种子，然后回干 2h，此后，包衣种子在 23℃下水合 20h，包衣种子吸胀至 35％～40％的含水量并立即播种。生物引发期间，细菌群体增加 10～1000 倍。结果显示，生物引发的种子很少出现由最终极腐酶引起的出苗前的猝倒病，在低温土壤里的效果好于杀菌剂氨丙灵的控制水平或与之相同。

近年来，Reese 等（1998）已建立了一个新的生物引发的方法，称为加压融合生物引发。该法采用增加空气压力，达到加速种子水合，促进生物控制剂致金色假单胞菌进入甜玉米种子。结果表明，引发后面的甜玉米种子播后明显增加了出苗率。

随着种子引发研究的不断深入，新的引发效果不断被发现，引发技术也不断更新，但引发的效果在种、品种甚至种子批间也会有差异。正因如此，处理的条件难以有一个确定的标准，这一点对种子引发在商业大规模应用上带来了一定的难度。目前这一领域的研究正方兴未艾，受到各国科学家的日益关注和重视。种子引发的研究，可为种子包衣、丸化、液播等新工艺新技术提供材料、方法和理论依据。

（五）种子生活力和活力非破坏性测定研究

1. 非破坏性测定种子生活力和活力的意义

种子贮藏期间，种子生活力必须通过样品的发芽率试验来监测，然而常规的发芽试验都要消耗有限的种子库数量，这必将导致繁殖更新次数的增加，进而增加遗传漂移的频率，改变原有种性。因此，在不破坏种子的前提下，寻找一项或几项综合指标来间接地预测种子生活力的方法，具有很重要的实践意义。IBPGR 较早认识到这一问题，资助了美国国家种子贮藏实验室和科罗拉多州立大学，首次提出"种子生活力测定的非破坏性方法"这一概念，并结合开展了这方面的研究。同样道理，非破坏性测定种子活力也有重要意义。国内外有关这方面的研究报道尚不多。现将这方面的研究情况做一简要的介绍。

2. 非破坏性测定种子生活力和活力的方法

（1）种子浸出液电导率、pH 值、芥子碱测定　国内外用电导法测定种子活力的研究报道很多，而电导法本身就是不必破坏种子便可预测种子生活力的方法之一。Pesck 和 Amarral（1985）报道了大豆种子渗出液的 pH 值与种子发芽之间密切相关，选用的材料是不同生活力水平的单粒大豆种子。

美国国家种子贮藏实验室和科罗拉多州立大学在研究的 4 种方法中，种子浸出液的电导率测定显示出较好的结果。单粒玉米种子吸胀 4h 后测定电导率。红三叶 27 个自然老化的种子批与生活力有很好的相关性。种子可以被回干至原来的含水量，过程重复 4 次种子生活力无显著下降。

将玉米种子在 25℃恒温下，连续进行 6 次湿平衡—浸泡—干燥处理。结果不论浸泡时间长短，前 3 次处理对玉米种子发芽率均没有显著影响。从第 4 次浸泡开始，玉米种子的发芽率与浸泡次数、吸水速率和浸出液的电导率呈现负相关关系，与种子浸出液的 pH 值呈现正相关关系。认为湿平衡—浸泡—干燥处理是研究非破坏种子生活力测定方法的一条可以途径。

浸泡后快速回干的菜心种子生活力和细胞膜的完整性较差。经过 5 次浸泡—回干—贮藏循环处理，种子活力和发芽率得以较好保持与提高，增加了耐藏性和抗老化能力，且每次循环浸泡 4h 和 6h 效果较好。渗漏物测定表明每次浸泡—回干—贮藏循环处理浸泡液的电导率和芥子碱相对含量均与种子活力呈显著负相关。

(2) 种子挥发性组分和释放量的测定　用湿平衡—吸水—回干方法得到种子浸泡液，分析浸泡液中糖、氨基酸或其他电解质的渗出量可以估计种子的活力，但随浸泡次数的增多种子活力会明显的降低。Zhang 等用气相色谱-质谱联用方法检测到 51 种种子产生的挥发性组分中的醛类物质是贮藏的种子活力下降的重要因素。测定方法为气色相谱分析，称取种子 5g，密闭于 30mL 试管中，分别在 0℃ 条件下贮藏 50d。取出后抽取 1mL 气体进行气相色谱分析。

用气色相谱分析了白菜、水稻、绿豆种子在密闭贮藏期间挥发性组分的种类与释放量。不同温度下含水量不同的各种种子都有挥发性组分产生。种子贮藏在 0℃ 比 25℃ 产生的挥发性组分多；经 32% 相对湿度平衡水分的种子比经 9% 或 64% 平衡水分的种子产生的挥发性组分释放量多。比较白菜、水稻、绿豆 3 种种子，发现在相同条件下这 3 类种子产生的挥发性组分量依次递减。Zhang 等（1994）发现种子贮藏在 -3.5℃ 比在 23℃ 下产生的挥发性组分多。

发现各类经相对湿度 32% 平衡的种子在 0℃ 产生的挥发性组分中乙醛量或乙醛/乙醇与种子活力有明显正相关。想说明通过测定此条件下密闭贮藏种子的乙醛和乙醇释放量可以人为地检测种子活力水平。这种方法是一种真正实用的非破坏性方法。

(3) 种子呼吸速率的测定　大量研究表明吸水回干处理对种子活力无明显不良影响。种子在吸水时呼吸速率急剧上升，种子呼吸速率的大小与种子活力有一定的关系。测定方法用瓦式微量法。称取 1g 种子，浸泡不同时间后，吸干水分，用 SHw-2 型呼吸计于 25℃ 下测定呼吸速率。

对不同活力的白菜种子进行连续 5 次吸水回干处理［种子在 100% 相对湿度下平衡过夜后，于 25℃ 浸泡 4h。取出吸干表面的水分。然后用电扇吹风至原始含水量（8.7%）。取出一部分种子自然老化 6 个月，其余种子用同样的方法吸水回干处理后自然老化相同时间。吸水回干处理连续进行 5 次］，发现吸水回干处理使种子的抗劣变能力显著提高。测定种子吸胀初期的呼吸速率发现：高活力种子（发芽率 82%）和中等活力种子（发芽率 68%）的呼吸速率显著高于低活力种子（发芽率 44%）的呼吸速率，但高活力种子和中等活力种子的呼吸速率差别不明显。种子经吸水回干处理（1~5 次）再自然老化后（6 个月贮藏），种子吸胀初期（吸水后 2h）的呼吸速率与种子活率呈明显的正相关，可以把高、中、低三种活力种子区分开来。

连续 5 次吸水回干处理都使白菜种子抗自然老化的能力增强，但第 5 次处理后种子的发芽率、发芽指数和平均苗长都称下降趋势。说明有限次数的吸水回干处理对种子无明显的不良影响。随着吸水回干次数增多种子活力开始下降的原因可能是一部分酶被钝化或者吸水回干处理导致一部分细胞进入的分裂期再回干对这部分细胞产生了伤害。

参 考 文 献

[1] 马缘生主编. 作物种质资源保存技术. 北京：学术书刊出版社，1989.

[2] 中华人民共和国商业部标准 LSSO-82.1982. 粮食干燥设备试验方法.

[3] 中华人民共和国国家标准. 农作物种子质量标准. GB 16715.2～16715.5—1999，GB 4404.3～4404.5—1999. 北京：中国标准出版社，1999.

[4] 中华人民共和国国家标准. 农作物种子质量标准（二）. GB 4404.1～4404.2—1996，GB 4407.1～4407.2—1996，GB 16715.1—1996. 北京：中国标准出版社，1997.

[5] 什马尔柯 B. C. 著. 种子贮藏原理. 浙江农学院作物栽培教研组译. 北京：财政经济出版社，1957.

[6] 日本种苗协会编. 种苗基础知识与实用技术. 顾克礼译. 北京：中国食品出版社，1990.

[7] 王长春，王怀宝编著. 种子加工原理与技术. 北京：科学出版社，1997.

[8] 王成艺主编. 谷物干燥原理与谷物干燥机设计. 哈尔滨：哈尔滨出版社，1996.

[9] 胡晋主编. 种子贮藏加工. 北京：中国农业大学出版社，2001.

[10] 王立军，胡风新主编. 种子贮藏加工与检验. 北京：化学工业出版社，2009.

[11] 谷茂主编. 作物种子生产与管理. 北京：中国农业出版社，2002.

[12] 陈忠辉主编. 农业生物技术. 北京：高等教育出版社，2002.

[13] 颜启传主编. 种子检验的原理和技术. 北京：中国农业出版社，1992.

[14] 颜启传主编. 种子学. 北京：中国林业出版社，2000.

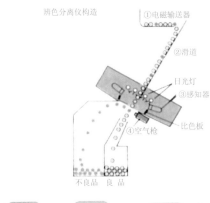

辨色分离仪构造

①电磁输送器

②滑道

日光灯

③感知器

④空气枪

比色板

不良品　良品

良品　不良品

良品　不良品

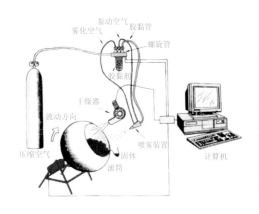

泵动空气　胶黏管

雾化空气　螺旋管

胶黏剂

干燥器

流动方向

喷雾装置

压缩空气

固体

滚筒

计算机

■ 图3-6 电光辨色分离仪精选种子示意图　　■ 图3-7 种子包衣配套设备

未处理的种子

处理过的种子

成丸的种子

■ 图3-8 种子包膜　　■ 图3-9 佩特库斯包衣机

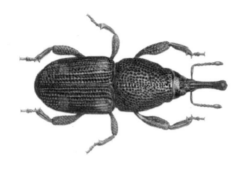

■ 图3-10 玉米蟓

■ 图3-11 米蟓

■ 图3-12 谷蟓

■ 图3-13 谷蠹

■ 图3-14 赤拟谷盗

■ 图3-15 锯谷盗